你的**细节**
决定你的成败

范祖军◎主编

团结出版社

图书在版编目（CIP）数据

你的细节决定你的成败 / 范祖军主编 . —北京：
团结出版社，2018.1
ISBN 978-7-5126-5925-4

Ⅰ．①你… Ⅱ．①范… Ⅲ．①成功心理—通俗读物
Ⅳ．①B848.4—49

中国版本图书馆 CIP 数据核字（2017）第 310910 号

出　版：团结出版社
　　　　　（北京市东城区东皇根南街 84 号　邮编：100006）
电　话：（010）65228880　65244790（出版社）
　　　　　（010）65238766　85113874　65133603（发行部）
　　　　　（010）65133603　（邮购）
网　址：http：//www.tipress.com
E—mail：65244790@163.com（出版社）
　　　　　fx65133603@163.com（发行部邮购）
经　销：全国新华书店
印　刷：北京中振源印务有限公司

开　本：165 毫米×235 毫米　16 开
印　张：20
印　数：5000 册
字　数：270 千
版　次：2018 年 1 月第 1 版
印　次：2018 年 6 月第 2 次印刷

书　号：978-7-5126-5925-4
定　价：59.00 元

前　言

　　加藤信三原本是日本狮王牙刷公司的小职员。有一天起床，他匆匆忙忙地洗脸、刷牙，不料，急忙中出了一些小乱子，牙龈被刷出血来。加藤信三不由火冒三丈。因为刷牙时牙龈出血的情况已不止发生过一次了。他本想到公司技术部大发一通脾气，但走到半路上，他努力平息自己的怒火，并开始回想自己刷牙的过程，才发现自己一直都太急躁。同时加藤发现了一个为常人所忽略的细节：他在放大镜下看到，牙刷毛的顶端由于机器切割，都呈锐利的直角。"如果通过一道工序，把这些直角都挫成圆角，那么问题就完全解决了！"于是，加藤信三一改往日的急躁、粗心，在一次次试验后终于把新产品的样品正式呈给公司。公司领导看后，欣然采纳了他的建议，迅速投入资金，把全部牙刷毛的顶端改成了圆角。

　　改进后的狮王牌牙刷很快受到了广大顾客的欢迎。对公司作出巨大贡献的加藤从普通职员晋升为课长，十几年后成为公司董事长。

　　谁也想不到，加藤信三因为关注刷牙细节，从此飞黄腾达起来。钦羡之时，也不得不令人思考"细节"这个问题。其实，生活就是由一些点点滴滴的细节组成，而往往正是这些细节在你人生中的某些时候起到了关键性的作用。

　　细节就是这样的神奇，细节就是这样的不可思议，你对平常生活中一个司空见惯、微不足道的小事情的关注或许会让你抓住生命中一次改变命运的机会！

　　在提倡精细化管理的今天，细节对于企业更是有决定生死成败的威力。企业的细节管理是一个长期的积累过程，它不会像一些叱咤风云的营销手段那样，在市场上引起立竿见影的效果，带来直接的经济效益。但细节的竞争是扎实功夫的竞争，对产品质量一丝不苟、精益求精的追求，对管理查漏补缺、力臻完善的谨慎，对顾客一点一滴的关爱、一丝一毫的服务，都是砌就企业品牌大厦的砖砖瓦瓦。可以说，正是企业在平时对细节默默无闻的耕耘才铸就了日后的辉煌。反之，一个不注重细节的企业必定是一个产品粗糙、管理粗糙、服务粗糙的企业。千里之堤，溃于蚁穴，一个漏洞百出的企业怎能经得起市场风雨的吹打？同样，对于个人，你的一言一行、一举一动无不展现着你独特的素质和修养，展示一个完美的自己很难，因为它需要每一个细节都完美，但是由于一个小细节毁掉自己却很容易。

可见，成也细节，败也细节。作为20世纪世界上最伟大的建筑师之一的密斯·凡·德罗，曾经只用5个字来描述他成功的原因，即"细节是魔鬼"。他阐释说，无论你的建筑设计方案是多么气势恢宏、美轮美奂，只要疏忽一个细节，就绝对成就不了一个杰出的建筑。细节的威力如此强大，不仅对一个建筑、一个人、一个企业，甚至对一个国家都有着相当的意义和价值。

在几千年前老子就曾经说过："图难于其易，为大于其细。天下难事，必做于易；天下大事，必做于细。是以圣人终不为大，故能成其大。"因此，对于个人来说，能把每一件简单的事做好就是不简单，能把每一件平凡的事做好就是不平凡。对于企业来说，也只有从"大处着眼，小处着手"，也才能在目前的精细化时代，打造企业品牌，铸就企业辉煌！

细节无孔不入，细节出神入化。对于企业，细节就是创新，细节就是机遇，细节就是财富，细节就是决定生死成败的关键；对于个人，细节体现素质，细节决胜职场，细节攸关幸福，细节隐藏玄机，细节具有决定命运的力量……这本《你的细节决定你的成败》将全方位、多角度地向您展示细节的全部奥秘。全书从"天下大事，必做于细"的理念入手，到"用心捕捉细节"的实质，再到"细节决定成败"的具体场景运用，结合精彩故事和典型案例，对企业管理、创业、人际交往、职场、面试、领导、识人、会议、谈判、推销、演讲、礼仪、理财、家庭、择友、穿着、健康等方方面面的细节进行了深入浅出、细致生动的描述，例如宴请前精心挑选宴请地点、谈判桌上巧妙而恰当地向对方发问、探望病人应谈些轻松话题、待客时不宜对丈夫大呼小叫、花钱买东西别忘了要发票……内容兼具指导性与实用性。可以说，这是一本指点读者学习为人处世之道、从平淡的事业走向成功、拥有幸福生活的说明书。相信开启此书，您定会领悟到成功道路中细节的力量。

目 录

第一篇 细节决定成败

第一篇

细节决定成败

企业经常面对的都是看似琐碎、简单的事情，却最容易忽略，最容易错漏百出。其实，无论企业也好，个人也好，不管有怎样辉煌的目标，如果在每一个环节连接上，每一个细节处理上不能够到位，都会被搁浅，而导致最终的失败。"大处着眼，小处着手"，与魔鬼在细节上较量，企业才能基业长青，个人才能把握好每一个机遇，成就卓越。

第一章 天下大事，必做于细

——改变对小事的观念和态度

世界级的竞争在于细节

中国有句老话叫"三百六十行，行行出状元"，不过，随着社会的飞速发展，社会分工越来越细，新兴职业越来越多，职业更替的周期也在不断加速。据统计，中国目前已经有了 1838 种职业，并且还有逐年增加的趋势。

分工越来越细，专业化程度越来越高，是社会历史发展的必然趋势。从古典经济学派的亚当·斯密、大卫·李嘉图到萨伊、马克思、马歇尔、熊彼特、凯恩斯、萨缪尔森等几乎所有的经济学家，都把分工看成是工业化进程不断深化、劳动生产率不断提高的重要根据。按照自然分工和市场要求形成的社会产业链，被认为是经由市场那只神秘的"看不见的手"巧妙安排的，从而符合社会整体利益最大化要求的天然产物。

经济学的开山鼻祖亚当·斯密的首要观点就是分工，讲专业化分工如何发展。市场经济的发展一定是越来越专业化的竞争，国际上许多优秀大企业都是上百年专注于一个领域，把工作做足、做细，然后再涉足相关领域，而不是到处插手，盲目多元化。

1981 年于瑞士 Apples 市成立的罗技电子（Logitech）是全世界知名的电脑周边设备供应商，当初罗技只是依靠生产鼠标和键盘进入电脑周边设备行业。鼠标和键盘是电脑最基本、最不可缺少的外设配件，同时也是价钱较低获利较少的配件，因此对于电脑行业的巨头们根本无法产生吸引力，这便给了罗技一个契机。从此，罗技走上了鼠标和键盘生产的专业化道路，经过了数年的努力，罗技不仅在该行业中站稳了脚跟，而且已然成为全球最大的鼠标和键盘的生产供应商。

这对中国的企业，尤其是中、小企业有很大的借鉴意义。不盲目搞多元化，因为中国的企业 95％ 都是中、小企业，多元化基本上是陷阱而不是馅饼。

中国的企业如果能在专业化上下足功夫，把产品做精，把质量做细，一定会获得高速的成长。浙江、广东的很多企业在这一点上做得非常好。最有代表性的就是鲁冠球的杭州万向节厂。整个 20 世纪 80 年代鲁冠球集中力量生产汽车万向节，实施"生产专业化，管理现代化"以后，又实现"产品系列化"，使当初只有 7 个人、4000 元资产的小厂一跃成为有数亿元资产的大型企业。2003 年，鲁冠球位列中国富豪榜第 4 名，资产 54 亿元。

但是世界上却有很多企业家并不知道"钻石就在自己的脚下"的道理，他们喜欢像蜜蜂一样，在全国和世界各地飞来飞去，寻找他们的生意机会，显得异常忙碌。其实完全没有必要，因为在你自己的后院里就可能有很多处理不完的好买卖，只要自己一件一件做好就能够赚大钱。

在美国，一个名叫赫博的人经历过一件惨事：破产！赫博很多年来一直是一个精明的建筑商，他不断地周游全国，以规模越来越大的高层写字楼和公寓楼群给自己立下了一个又一个的纪念碑。但最终他还是破产了。

后来他和他的朋友在一起谈起他的故事。赫博说："你知道，在忍受出差去远方城市开发大项目带来的所有不适和不便的同时，我花费了大量钱财。那是一个永远结束不了的噩梦：与飞机场行李搬运工、票务代理商、空姐、出租车司机和旅馆服务员频繁打交道；忙于进出宾馆以及处理商务差旅所带来的一切麻烦，我做好了这些细节，结果到头来却是竹篮打水一场空。如果这些年我呆在家里，每天只需要在我所住的那条街道上花一个小时来回散步，关注那些细微的变化，注意那些要出售的房产，几乎不用花费什么力气，我就可以轻而易举地赚到数百万美元。我需要做的只是买下那条街上出售的每一份房地产，然后等待机会将它们卖出去。当我耗心费力地在全国各地到处奔波的时候，我所住的那条街道的房地产升值了 10 倍还多。"

可见，"世界级的竞争，就是细节竞争"。在现代这样的社会里面，对细节的重视已经深入人心。作为一个企业的管理者，不仅要关注企业宏观战略的内容，更要注重企业微观方面的管理内容。企业的执行人员，要从细节入手把工作做细，从而在企业中形成一种管理文化，那就要注重战略百分百的执行，从而使企业具有极其强大的竞争威力。

但是，汪先生在书中论述说：现代管理科学的细化程度，远远赶不上现代化生产和操作中的细化程度。现代化的大生产，涉及面广，场地分散，分工精细，技术要求高，许多工业产品和工程建设往往涉及到几十个、几百个甚至上千个企业，有些还涉及几个国家。如一台拖拉机，有五六千个零部件，要几十个工厂进行生产协作；一辆上海牌小汽车，有上万个零件，需上百家企业生产协作。日本的本田汽车，80％左右的零部件是其他中小生产商提供的。一架"波音747"飞机，共有450万个零部件，涉及的企业单位更多。而美国的"阿波罗"宇宙飞船，则要2万多个协作单位生产完成。这就需要通过制定和贯彻执行各类技术标准和管理标准，从技术和组织管理上把各方面的细节有机地联系协调起来，形成一个统一的系统，从而保证其生产和工作有条不紊地进行。在这一过程中，每一个庞大的系统是由无数个细节结合起来的统一体，忽视任何一个细节，都会带来想象不到的灾难。如我国前些年澳星发射失败就是细节问题：在配电器上多了一块0.15毫米的铝物质，正是这一点点铝物质导致澳星爆炸。

可以说，随着社会分工的越来越细和专业化程度的越来越高，一个要求精细化管理的时代已经到来。

那么对于企业而言，面对这样的一个时代，如何能够在激烈的市场竞争中立于不败之地呢？作为著名的企业顾问专家的汪先生认为，今后的竞争将是细节的竞争。企业只有注重细节，在每一个细节上做足功夫，建立"细节优势"，才能保证基业长青。

作为世界上著名的动画片制作中心的迪斯尼公司就十分善于从细节上为观众和客人提供优质服务，从而使游人在离开迪斯尼乐园以后仍然可以感受到他们服务的周到。他们调查发现，平均每天大约有2万游人将车钥匙反锁在车里。于是他们抓住了这个细节，公司雇佣了大量的巡游员，专门在公园的停车场帮助那些将钥匙锁在车里的家庭打开车门。无须给锁匠打电话，无须等候，也不用付费。正是这样一个小小的细节，让成千上万的游客感受到迪斯尼公司无微不至的服务。

迪斯尼公司的服务意识与其产品一样优秀，因为公司内部流传一种"晃动的灯影"理论。所谓"晃动的灯影"，也是迪斯尼公司企业文化的一部分。这一词汇源自该公司的动画片《兔子罗杰》，其中有个人物不小心碰到了灯，使得灯影也跟着晃动。这一精心设计，只有少数电影行家才会注意到。但是，无论是否有人注意到，这都反映出迪斯尼公司的经营理念一直臻于至善，从而使迪斯尼公司越来越深入人心。

可见，这是一个细节制胜的时代：

国际名牌POLO皮包凭着"一英寸之间一定缝满八针"的细致规格，20多年在皮包行业立于不败之地；德国西门子2118手机靠着附加一个小小的F4

彩壳而使自己也像 F4 一样成了万人迷……

细节造就完美。世上不可能有真正的完美，但无论企业也好，人也好都应该有一个追求完美的心态，并将其作为生活习惯。目前，很多企业虽然有远大的目标，但在具体实施时，由于缺乏对完美的执着追求，事事以为"差不多"便可，结果是：由于执行的偏差，导致许多"差不多的计划"到最后一个环节已经变得面目全非。

企业经常面对的都是看似琐碎、简单的事情，却最容易忽略，最容易错漏百出。其实，无论企业也好，个人也好，无论有怎样辉煌的目标，但如果在每一个环节连接上，每一个细节处理上不能够到位，都会被搁浅，而导致最终的失败。"大处着眼，小处着手"，与魔鬼在细节上较量，才能达到管理的最高境界。

所以，世界级公司之间的竞争，其实就是细节的竞争。让每一个细节都将公司的理念发挥到极致，就形成了特色。有特色才能生存，才能壮大。细节无处不在，细节才能真正使企业的发展实现从 0 到 1 的质变。

战略：一切围绕细节

当今社会，企业越做越大，大得以前不敢想象，但不知道您有没有注意到，在这大的背后，企业对细节的重视度越来越高。其实这种现象是必然的。因为战略决定命运，而当今企业的战略往往就是"从细节中来，到细节中去"。这包含两个主要因素：

1．越能把握细节，战略定位越准确

战略管理大师迈克尔·波特认为：战略的本质是抉择、权衡和各适其位。

所谓"抉择"和"权衡"，就是我们所谈的每个战略制定前的调研分析，以便作出最后决定的过程；"各适其位"就是对战略定下来以后的具体细节的执行过程。那么，这个前期的过程，拆开来看，就是对每一个细节的关注。

兰德公司（RAND）是当今美国最负盛名的决策咨询机构，一直高居全球十大超级智囊团排行榜首。它的职员有 1000 人左右，其中 500 人是各方面的专家。兰德公司影响和左右着美国政治、经济、军事、外交等一系列重大事件的决策。

1950 年，朝鲜战争爆发之初，就中国政府的态度问题，兰德公司集中了大量资金和人力加以研究，得出 7 个字的结论："中国将出兵朝鲜。"作价 500

万美元（相当于一架最先进的战斗机价钱），卖给美国对华政策研究室。研究成果还附有 380 页的资料，详细分析了中国的国情。并断定：一旦中国出兵，美国将输掉这场战争。美国对华政策研究室的官员们认为兰德公司是在敲诈，是无稽之谈。

后来，从朝鲜战场回来的麦克阿瑟将军感慨地说："我们最大的失误是舍得几百亿美元和数十万美国军人的生命，却吝啬一架战斗机的代价。"

事后，美国政府花了 200 万美元，买回了那份过时的报告。

"中国将出兵朝鲜" 7 个字，字字无价。那 380 页的资料是兰德公司不知研究了多少细节问题才总结出来的。

军事上的战略决策要从研究每个细节中来，商战中的战略决策也同样如此。

麦当劳在中国开到哪里，火到哪里。令中国餐饮界人士又是羡慕，又是嫉妒。可是我们有谁看到了它前期艰苦细致的市场调研工作呢？麦当劳进驻中国前，连续 5 年跟踪调查。内容包括中国消费者的经济收入的情况和消费方式的特点，提前 4 年在中国东北和北京市郊试种马铃薯，根据中国人的身高体形确定了最佳柜台、桌椅和尺寸，还从香港麦当劳空运成品到北京，进行口味试验和分析。开首家分店时，在北京选了 5 个地点反复论证、比较，最后麦当劳进军中国，一炮打响。这就是细节的魅力。

众所周知，美国是 "车轮上的国家"，汽车普及率居全球首位，每 100 人平均有约 60 辆车，目前在全美国有超过 1 亿辆车在行驶着。美国每年销售新车约 1400 万辆左右，是全球最庞大的单一汽车市场，所以美国又是全世界汽车业最重要、竞争最激烈的地方。

但是美国在汽车界龙头老大的地位逐渐在 20 世纪 70 年代石油危机之后发生了动摇，这主要是因为日本小型汽车的崛起。从 70 年代到 90 年代，日本汽车大举打入美国市场，势如破竹，给美国汽车市场造成巨大损失，追究其中的根源，就是在于日本汽车企业制定了 "一切围绕细节" 的战略决策。

丰田公司在汽车的调研这件事上，也表现出了日本人特有的精细。发生在 20 世纪 90 年代的一件小事，说明了丰田公司市场调研的精细程度：

一位彬彬有礼的日本人来到美国，没有选择旅馆居住，却以学习英语为名，跑到一个美国家庭里居住。奇怪的是，这位日本人除了学习以外，每天都在做笔记，美国人居家生活的各种细节，包括吃什么食物、看什么电视节目等，全在记录之列。3 个月后，日本人走了。此后不久，丰田公司就推出了针对当今美国家庭需求而设计的价廉物美的旅行车，大受欢迎。该车的设计在每一个细节上都考虑了美国人的需要，例如，美国男士（特别是年轻人）喜爱喝玻璃瓶装饮料而非纸盒装的饮料，日本设计师就专门在车内设计了能冷藏并能安全放置玻璃瓶的柜子。直到该车在美国市场推出时，丰田公司才在报上刊登了他们对美国家庭的研究报告，并向那户人家致歉，同时表示感谢。

正是通过这样一系列细致的工作，丰田公司很快掌握了美国汽车市场的情况，5 年以后，丰田终于制造出了适应美国需求的轿车——可乐娜。有一个关于可乐娜的广告宣传片是这样的：一辆可乐娜汽车冲破围栏腾空而起，翻了几个滚后稳稳落地，然后继续向前开。马力强劲、坚固耐用、造型新颖，同时价格低廉（不到 2 万美元）的可乐娜推向美国后获得巨大成功。当年丰田汽车在美国销售达 3000 多辆，是上年的 9 倍多。此后 10 年丰田汽车公司在美国不断扩展市场份额，1975 年时已成为美国最大的汽车进口商，到 1980 年，丰田汽车在美国的销售量已达到 58000 辆，两倍于 1975 年的销售量，丰田汽车占美国进口汽车总额的 25％。1999 年，丰田公司在日本占据的市场份额从 38％增加到 40％以上，丰田还占据了东南亚 21％的市场，差不多是最接近它的三菱汽车公司的两倍。

试想：如果日本丰田公司不做如此细致、准确的市场调研的话，能有现在这样辉煌的情形吗？

2. 再好的战略，也必须落实到每个细节的执行上

汪中求先生一直认为，中国绝不缺少雄韬伟略的战略家，缺少的是精益求精的执行者；绝不缺少各类规章、管理制度，缺少的是对规章制度不折不扣的执行。好的战略只有落实到每个执行的细节上，才能发挥作用，也就是迈克尔·波特说的"各适其位"。

张先生在不到一年的时间中，在"宝岛眼镜连锁店"的两次经历让他在商业氛围中产生了真正的"感动"。第一次是在 2003 年 3 月初，那时张先生刚从南方来到现在工作的城市，对这个城市还不大了解。一天，路过"宝岛眼镜"，想起自己的眼镜架最近几天有点紧，压迫着太阳穴，很不舒服，径直走了进去。

刚进门，店内服务人员就向他问好，并询问他需要什么帮助。说明来意之后，服务人员把他领到一个柜台前，告知该柜台可以提供所需要的服务。由于柜台旁人很多，服务人员便让他坐在柜台附近的椅子上。坐下不久，服务人员端来一杯微微冒着热气的茶水，微笑着说："先生，先喝杯茶，桌子上的杂志您可以翻阅翻阅。很快就可以轮到您的。"张先生一边道谢，一边接过服务人员手中的纸杯。于是，一边喝水，一边翻阅杂志。没等多久就轮到了他，工作人员耐心地为他调整眼镜架的宽度，一次次试戴，直到他的感觉舒适为止。他很为工作人员发自内心的真诚感动，甚至感觉自己真的做了一回"上帝"。于是，提出付费，工作人员却微笑着说："这些服务是免费的。"但是，张先生仍然过意不去，再三提出付费的请求，但是工作人员坚持拒绝收取服务费用。

2004年1月上旬，张先生的镜架又出现不适的感觉：一边高，一边低。想起宿舍附近也有一家"宝岛眼镜"，便打算第二天去修一修。但是，考虑到服务免费的问题，又有一些说不出的"难为情"。不过，想到镜架价值较高，最终还是决定去"宝岛眼镜"维修镜架。恰巧，第二天天气很冷，走进"宝岛眼镜"同样是一张张笑脸，询问可以提供什么样的帮助后，带领他到相关柜台，并搬来椅子让他坐下。不到一分钟，一位先生端来一杯热茶。张先生端在手中，明显地感觉到温度高于2003年3月那杯，联想到当天的室外温度，张先生顿时明白了这杯茶的温度所蕴涵的真诚：细微之处替顾客着想。一想到此，另一种决定油然而生：下一次配镜一定选择"宝岛眼镜"。这是他发自内心的感动和决定，就像"宝岛眼镜"的真诚服务来自心灵深处一样。

关于海尔成功的秘密，张瑞敏这样说道："许多到海尔参观的人提出的问题跟企业管理最基础的东西离得太远，总是觉得好的企业在管理上一定有什么灵丹妙药，只要照方抓药之后马上就可以腾飞了。好的思路肯定非常重要，但饭要一口一口地吃，基础管理要一步一步地抓起来。"

海尔要求把生产经营的每一瞬间管住。在海尔，从上到下，从生产到管理、服务，每一个环节的控制方法尽管不同，却都透出了一丝不苟的严谨，真正做到了环环相扣，疏而不漏。如海尔生产线的10个重点工序都有质量控制台，每个质量控制点都有质量跟踪单，产品从第一道工序到出厂都建立了详细档案，产品到用户家里，如果出了问题，哪怕是一根门封条，也可以凭着"出厂记录"找到责任人和原因。

所以说，战略和战术、宏观和微观是相对的，战略一定要从细节中来，再回到细节中去；宏观一定要从微观中来，再回到微观中去。

做人不计小，做事不贪大

改革开放以来，我国出现了少有的蒸蒸日上、欣欣向荣的局面。这种形势为个人才能的施展搭建了舞台，使不少人走向辉煌，同时，又激发了不少人对成功的憧憬，为此去开拓、去拼搏。然而，任何事物都具有两重性，也引发了一些人一心只想做"大事"，幻想一夜成功、名扬四海。浮躁的心态，已成了一种常见的社会现象。

对此，有人质疑：中国的大学生真的过剩了吗？

中国的大学经过1998年大规模扩招之后，大学生似乎一下子多了起来，扩招的学生也已经开始走向社会，就业压力骤增，现在社会上已出现"大学生毕业即失业"的说法。据《新闻周刊》转述，2003年7月6日教育部透露，毕业即签约的比例为：研究生80%，本科生60%，专科生、职高生30%。全国有106万大学毕业生一时无法就业，还未包括此前毕业而未就业的大学生。学校、各级政府想尽办法，提高学生的就业率。但大学生人数增长更快，2003年212万，2004年260万，2005年320万，压力越来越大。

细想想，中国的大学生真的是过剩了吗？

2003年11月份，汪中求先生应河南安阳市工商联的邀请，去安阳为企业作营销培训。当地的一位知名企业的厂长在与他交谈时说："我们厂子花了60多万美元进口了两台世界上最先进的设备，可是我们操作机器的人水平达不到，两台设备发挥不出应有的效益。"汪先生问他："你们厂里操作这两台设备的人是什么水平？"他回答："是大专毕业生，而据出口这台设备的美国公司说，操作这两台设备的最低要求应该是研究生水平，而且应具有良好的英语水平和良好的责任心。"汪先生说："那你为什么不引进一些研究生和本科生呢？"他有些难为情地说："安阳是个小地方，别说研究生，就是本科生都不愿意来。"

安阳实际上不能算是个小地方，应该说是地区中心城市。我们的大学毕业生们一心盯着京、津、沪等直辖市，次一点也要去省会城市，而中国众多的中小城市却找不到合格的人才，这是不是与当代的大学生心态有关系呢？

说到底，不在于大地方、小地方，大企业、小企业，是你愿不愿意真正从基层做起，是你知不知道自己的身价几何？

客观地讲，从事业发展的角度来看，不发达的地域反而给自己的机会多些。这些地区的经济及各项事业有待于起飞，急需人才，所以那些有志气、有专长、能吃苦的人，如果下决心到这样艰苦的地区开拓事业，同样可以找到机会，同样能够大有作为。

有一位法律学校的毕业生，家在一个小县城里。毕业时，很多同学利用关系千方百计想留到大城市里，他没有任何关系只好回县城。当时还很沮丧，后来他才意识到，回到偏僻地方也许是一次难得的机遇。因为当一个好律师，必须有很多实践机会。他发现整个县城没有一个正式的律师，他是唯一一个受过正规训练的人，领导十分器重他，把很多案子交给他来办。由于他潜心学习，很爱动脑子，办了好多大案子甚至是棘手案子，取得成就的他很快崭露头角，成了顶梁柱。后来，有一个考取正式律师的名额，自然非他莫属，他刚22岁就成了一名正式律师，并当上了律师事务所所长。相反，与他同期毕业留在大城市的同学，由于省城人才济济，实习的机会少，几年之后有的还没有单独办过案子，还是见习律师，有的还在当文书，做助手。彼此见面的时候，同学们反而用羡慕的目光看他，说他是幸运儿、机遇好。其实，应该说这是落后艰苦地域给了他磨炼提高的好机会，使他很快成才。正是从这个意义上来说，艰苦的地域可以给有志青年提供有助于成长的机遇。

可见，能够做成"大事"之人都是从简单的、具体的、琐碎的、单调的"小事"中一步一步走过来的。把"小事"做好，把好事做大，是他们成就"大事"的基础和秘诀。

对此，老子早就说过："天下难事，必做于易；天下大事，必做于细。"对于企业而言，如果不重视细节的运营，用心浮躁，急功近利的话，那么很难有很大的发展。

据统计，世界500强企业的平均寿命是40～50岁，美国每年新生50万家企业，10年后仅剩4％，日本存活10年的企业比例也不过18.3％，而中国大企业的平均寿命是7～8岁，中小民营企业平均寿命是2.9岁。这的确是一个很严酷的现实。

由于浮躁，有的企业前期势头不错，刚发展到了几千万资产，就要搞多元化经营；刚搞到了几个亿，就要搞国际化，誓言几年之内进军世界500强云云。于是就头脑发热，盲目扩张；耳根发硬，听不进别人的意见；两眼发晕，看不到企业经营中的风险……

西方有句名言："罗马不是一天建成的。"说的就是做事一定要有坚忍的毅力，切忌浮躁。

与其苦苦追求缥缈的影子，不如脚踏实地一步一步前行。财富的聚敛方法也是同样的道理。

新加坡著名华人企业家、"橡胶"兼"黄梨"大王李光前有自己独特的经营方法。1928年他创建南益树胶公司时，鉴于许多胶商因把资金用来购买胶园与烟房而使资金周转不灵甚至倒闭的教训，采取与众不同的方式，没有把资金用来购买胶园与胶厂烟房。他的烟房除了麻坡武吉巴西的旧烟房外，都是租用别人的胶厂。树胶则向小园主收购。这种经营方式虽然利润较低，但流动资金充裕，可以随时调动。

李光前采取现金交易的原则，这也是与众不同的。小园主把胶液与胶丝卖给南益公司，除可一手拿钱一手交货外，在急需现款时还可以向公司预借。因此小园主都乐于与他交易，使公司不致缺货或断货，弥补了没有树胶园的短处。1929年，世界性经济危机爆发并波及到新加坡，胶价暴跌，拥有大量胶园与胶厂的树胶商损失惨重，中小胶商更是纷纷破产。而李光前的南益公司即使在胶价最低时，也现金充裕，受损失最为轻微。

此后，李光前在经营方式上更为谨慎，凡是购买胶园或增建胶厂的资金，绝不向银行借贷。银行给予的贷款，只用作流动资金。由于他信用良好，1958年，南益集团曾向新加坡汇丰银行取得4500万的抵押贷款，成为当时获得贷款最多的华人公司。因此，李光前曾经这样说过："凡是在工商业上最成功的人，就是最会利用银行信用的人。"后来，李光前进行多元化投资，其南益集团成为新加坡最大的企业集团之一。

邓小平同志说："发展是硬道理。"这是中国社会发展的大势所趋。求快、求发展是我们每个人的心愿，但如何做？这要求大家不论是做人、做事、做管理，都应当踏踏实实。从实际出发，从大处着手，从小事做起，拒绝浮躁，因此，要时刻牢记这样的一个口号："做事不贪大，做人不计小。"

万事之始，事无巨细

人生在世，做大事不拘小节，固然是一种处事态度。但这往往也是一种很危险的做法，不拘小节有时会误大事的事例不胜枚举。无论是在工作还是生活中，做事认真仔细，才能把事做得尽善尽美。很多时候，透过一件小事，足以看出一个人的态度和能力。

有三个人去一家公司应聘采购主管。他们当中一人是某知名管理学院毕业的，一名毕业于某商院，而第三名则是一家民办高校的毕业生。在很多人看来，这场应聘的结果都是很容易判断的，然而事情却恰巧相反。应聘者经过一番测试后，留下的却是那个民办高校的毕业生。

在整个应聘过程中，他们经过一番番测试后，在专业知识与经验上各有千秋，难分伯仲。随后招聘公司总经理亲自面试，他提出了这样一道问题，题目为：

假定公司派你到某工厂采购 4999 个信封，你需要从公司带去多少钱？

几分钟后，应试者都交了答卷。

第一名应聘者的答案是 430 元。

总经理问：

"你是怎么计算呢？"

"就当采购 5000 个信封计算，可能是要 400 元，其他杂费就算 30 元吧！"答者对应如流。

但总经理却未置可否。

第二名应聘者的答案是 415 元。

对此他解释道：

"假设 5000 个信封，大概需要 400 元左右，另外可能需用 15 元。"

总经理对此答案同样地没表态度。

但当他拿第三个人的答卷，见上面写的答案是 419.42 元时，不觉有些惊异，立即问：

"你能解释一下你的答案吗？"

"当然可以，"该同学自信地回答道，"信封每个 8 分钱，4999 个是 399.92 元。从公司到某工厂，乘汽车来回票价 10 元。午餐费 5 元。从工厂到汽车站有一里半路，请一辆三轮车搬信封，需用 3.5 元。因此，最后总费用为 419.42 元。"

总经理不觉露出了会心一笑，收起他们的试卷，说："好吧，今天到此为止，明天你们等通知。"

其实，工作就是由无数琐碎、细致的小事组成的，人们也是在这无数平凡的小事中创造不平凡的业绩的。这种重视细节的态度无论对个人和企业都是有益的。

当宝洁公司刚开始推出汰渍洗衣粉时，市场占有率和销售额以惊人的速度向上飙升，可是没过多久，这种强劲的增长势头就逐渐放缓了。宝洁公司的销售人员非常纳闷，虽然进行过大量的市场调查，但一直都找不到销量停滞不前的原因。

于是，宝洁公司召集了很多消费者开了一次产品座谈会，会上，有一位消费者说出了汰渍洗衣粉销量下滑的关键，他抱怨说："汰渍洗衣粉的用量太大。"

宝洁的领导们忙追问其中的原由，这位消费者说："你看看你们的广告，倒洗衣粉要倒那么长时间，衣服是洗得干净，但要用那么多洗衣粉，算计起来更不划算。"

听到这番话，销售经理赶快把广告找来，算了一下展示产品部分中倒洗衣粉的时间，一共 3 秒钟，而其他品牌的洗衣粉，广告中倒洗衣粉的时间仅为 1.5 秒。

也就是在广告上这么细小的一点疏忽，对汰渍洗衣粉的销售和品牌形象造成了严重的伤害。这是一个细节制胜的时代，对于自己的工作无论大小，都要了解得非常透彻，数据应该非常准确，事实也应该非常真实，这样才能脚踏实地完成宏伟的目标。

美国绝大部分企业家都知道一些十分精确的数字：比如全国平均每人每天吃几个汉堡包、几个鸡蛋。之所以要了解得这么清楚，是因为他们想确保细节上多方面的优势，不给竞争者可乘之机，哪怕是一些细枝末节的漏洞。

只要保证产品在一比一的竞争中获胜，那么整个市场的绝对优势就形成了，而这些恰恰是市场拓展的精髓所在；要打败对手，惟有做到比对手更细！

在市场竞争日益激烈残酷的今天，任何细微的东西都可能成为"成大事"或者"乱大谋"的决定性因素。家乐福单是在选择商圈上就可谓细致入微，它通过 5 分钟、10 分钟、15 分钟的步行距离来测定商圈；用自行车的行驶速度来确定小片、中片和大片；然后对这些区域再进行进一步的细化，某片区域内的人口规模和特征，包括年龄分布、文化水平、职业分布以及人均可支配收入等等。如此细微的规划和考察，是家乐福一直保持在零售业第一梯队的关键原因之一。

类似的以细节取胜的经营之道逐渐成为一种流行的趋势，例如，很多餐厅准备了专供儿童使用的"baby 椅"，客人吃完螃蟹后滚烫的姜茶便端送到其手中；商场在晚上关门前会播放诸如《回家》之类的音乐，让客人在萨克斯的情调中把轻松带回家……

在这么多例子中，能够把细节服务做到极致的是诺顿百货公司，这家由 8

家服装专卖店组成的百货公司，靠的就是细节服务取胜而不是削价赢利的竞争策略。诺顿百货公司的细节化服务有：

- 替要参加重要会议的顾客熨平衬衫。
- 为试衣间忙着试穿衣服的顾客准备饮食。
- 替顾客到别家商店购买他们找不到的货品，然后打 7 折卖给顾客。
- 在天寒地冻的天气里替顾客暖车。
- 有时甚至会替顾客支付交通违章的罚款。

诺顿公司的总裁约翰先生在服务的细节上起到了带头作用，在高峰时间他从不占用可以多容纳一位顾客的电梯，而是从楼梯走上走下。

在诺顿百货公司的细致服务下，大批的忠实顾客都喜欢把自己称为"诺家帮"，诺顿百货公司也因此长盛不衰。可以说，做事情就是做细节，任何细微的东西都可能成为"成大事"或者"乱大谋"的决定性因素。

张瑞敏在 1996 年海尔正在快速发展时还一再强调："目前，我们的一些中层干部目标订得很大，但工作不细，只在表面上号召一下，浮浮夸夸，马马虎虎，失败了不知错在何处，成功了不知胜在何处，欲速则不达。"他的行动风格是，凡欲成就一件大事，事先都要做艰苦、周密的策划工作，对过程还要进行严密的监控。

可见，在海尔，细节的重要在领导人的头脑里简直就是关键因素，正是这种注重细节的严谨精神，使海尔获得了巨大的成功。

真可谓"成也细节，败也细节"。

要成大事，先做小事

俗语说"一滴水，可以折射整个太阳"，许多"大事"都是由微不足道的"小事"组成的。日常工作中同样如此，看似琐碎，不足挂齿的事情比比皆是，如果你对工作中的这些小事轻视怠慢，敷衍了事，到最后就会因"一着不慎"而失掉整个胜局。所以，每个员工在处理小事时，都应当引起重视。

工作中无小事，要想把每一件事情做到无懈可击，就必须从小事做起，付出你的热情和努力。士兵每天做的工作就是队列训练、战术操练、巡逻排查、擦拭枪械等小事；饭店服务员每天的工作就是对顾客微笑、回答顾客的提问、整理清扫房间、细心服务等小事；公司中你每天所做的事可能就是接听电话、整理文件、绘制图表之类的小事。但是，我们如果能很好地完成这些小事，没准儿将来你就可能是军队中的将领、饭店的总经理、公司的老总。反之你如果对此感到乏味、厌倦不已，始终提不起精神，或者因此敷衍应付差事，勉强应对工作，将一切都推到"英雄无用武之地"的借口上，那么你现在的位置也会岌岌可危，在小事上都不能胜任，何谈在大事上"大显身手"呢。没有做好"小事"的态度和能力，做好"大事"只会成为"无本之木，无源之水"，根本成不了气候。可以这样说，平时的每一件"小事"其实就是一个房子的地基，如果没有这些材料，想像中美丽的房子，只会是"空中楼阁"，根本无法变为"实物"。在职场中每一件小事的积累，就是今后事业稳步上升的基础。

美国已逝的总统罗斯福曾说过：

成功的平凡人并非天才，他资质平平，却能把平平的资质，发展成为超乎平常的事业。

有一位老教授说起过他的经历：

"在我多年来的教学实践中，发觉有许多在校时资质平凡的学生，他们的成绩大多在中等或中等偏下，没有特殊的天分，有的只是安分守己的诚实性格。这些孩子走上社会参加工作，不爱出风头，默默地奉献。他们平凡无奇，毕业分手后，老师同学都不太记得他们的名字和长相。但毕业后几年十几年中，他们却带着成功的事业回来看老师，而那些原本看来有美好前程的孩子，却一事无成。这是怎么回事？

"我常与同事一起琢磨，认为成功与在校成绩并没有什么必然的联系，但和踏实的性格密切相关。平凡的人比较务实，比较能自律，所以许多机会落在这种人身上。平凡的人如果加上勤能补拙的特质，成功之门必定会向他敞开。"

人们都想做大事，而不愿意或者不屑于做小事，中国人想做大事的人太多，而愿意把小事做好的人太少。事实上，随着经济的发展，专业化程度越来越高，社会分工越来越细，真正所谓的大事实在太少，比如，一台拖拉机，有五六千个零部件，要几十个工厂进行生产协作；一辆福特牌小汽车，有上万个零件，需上百家企业生产协作；一架波音 747 飞机，共有 450 万个零部件，涉及的企业单位更多。

因此，多数人所做的工作还只是一些具体的事、琐碎的事、单调的事，它们也许过于平淡，也许鸡毛蒜皮，但这就是工作，是生活，是成就大事不可缺少的基础。所以无论做人、做事，都要注重细节，从小事做起。一个不愿做小事的人，是不可能成功的。要想比别人更优秀，只有在每一件小事上比功夫。不会做小事的人，也做不出大事来。

日本狮王牙刷公司的员工加藤信三就是一个活生生的例子。有一次，加藤为了赶去上班，刷牙时急急忙忙，没想到牙龈出血。他为此大为恼火，上班的路上仍是非常气愤。

回到公司，加藤为了把心思集中到工作上，还是硬把心头的怒气给平息下去了，他和几个要好的伙伴提及此事，并相约一同设法解决刷牙容易伤及牙龈的问题。

他们想了不少解决刷牙造成牙龈出血的办法，如把牙刷毛改为柔软的狸毛；刷牙前先用热水把牙刷泡软；多用些牙膏；放慢刷牙速度等等，但效果均不太理想，后来他们进一步仔细检查牙刷毛，在放大镜底下，发现刷毛顶端并不是尖的，而是四方形的。加藤想："把它改成圆形的不就行了！"于是他们着手改进牙刷。

经过实验取得成效后，加藤正式向公司提出了改变牙刷毛形状的建议，公司领导看后，也觉得这是一个特别好的建议，欣然把全部牙刷毛的顶端改成了圆形。改进后的狮王牌牙刷在广告媒介的作用下，销路极好，销量直线上升，最后占到了全国同类产品的40%左右，加藤也由普通职员晋升为课长，十几年后成为公司的董事长。

牙刷不好用，在我们看来都是司空见惯的小事，所以很少有人想办法去解决这个问题，机遇也就从身边溜走了。而加藤不仅发现了这个小问题，而且对小问题进行细致的分析，从而使自己和所在的公司都取得了成功。

看不到细节，或者不把细节当回事的人，对工作缺乏认真的态度，对事情只能是敷衍了事。这种人无法把工作当作一种乐趣，而只是当作一种不得不接受的苦役，因而在工作中缺乏热情。而考虑到细节、注重细节的人，不仅认真地对待工作，将小事做细，并且注重在做事的细节中找到机会，从而使自己走上成功之路。

我们普通人，大量的日子，很显然都在做一些小事，怕只怕小事也做不好，小事也做不到位。身边有很多人，不屑于做具体的事，总盲目地相信"天将降大任于斯人也"。孰不知能把自己所在岗位的每一件事做成功、做到位就很不简单了。不要以为总理比村长好当。有其职斯有其责，有其责斯有其忧。如果力不及所负，才不及所任，必然祸及己身，导致混乱。所以，重要的是做好眼前的每一件小事。所谓成功，就是在平凡中做到不平凡的坚持。

周恩来位居总理之职，官不可谓不大，而他强调的却是"关照小事，成就大事"。他一贯要求身边的工作人员尽可能地考虑到事情的每个细节，最反感"大概""可能""也许"的做法和言语。一次在北京饭店举办涉外宴会，他问："今晚的点心是什么馅？"一位工作人员答道："大概是三鲜馅吧。"周恩来马上追问："什么叫大概？究竟是，还是不是？客人中如果有人对海鲜过敏，出了问题谁负责？"

周恩来总理正是以他这种一丝不苟的精神，不仅赢得了中国人民的爱戴，同样受到了国际友人的尊敬。尼克松说："对于周恩来来说，任何大事都是从注意小事入手这一格言，是有一定道理的。他虽然亲自照料每棵树，也能够看到森林。"尼克松回忆道："我们在北京的第三天晚上应邀去看乒乓球表演，当时天已下雪，而我们预定第二天要去参观长城。周恩来离开了一会儿，通知有关部门清扫通往长城的路上的积雪。"

"海不择细流，故能成其大；山不拒细壤，方能就其高。"

周恩来总理重视细节的作风，希望能够对我们改变观念起到一定的作用。有的朋友以为做了大官才能做大事，或者只想做大事，最终肯定是不但成不了大事，反而连小事也做不好。

任何一位成功者都是磨炼出来的，人的生命具有无限的韧性和耐力，只要你始终如一地脚踏实地做下去，无论在怎样的处境，无论大事或小事，都不放松自我。不自暴自弃，你便可以创造出令自己和他人都震惊的成就。

不积跬步，无以至千里；不积小流，无以成江海。凡成就一份功业，都需要付出坚强的心力和耐性，你想坐收渔利，那只能是白日做梦。你想凭侥幸靠运气夺取丰硕的果实，运气永远不会光顾你。

也许你勤奋地工作，到头来却家徒四壁，一事无成。但是，你如果不去勤奋工作，你就肯定不会有香车豪宅，不会有成就。所以，如果你想成功，你就要去做，马上做，即使是小事。

大的利益源于小的付出

对艾伦一生影响深远的一次职务提升是由一件小事情引起的。一个星期六的下午，一位律师（其办公室与艾伦的同在一层楼）走进来问他，哪儿能找到一位速记员来帮忙——手头有些工作必须当天完成。

艾伦告诉他，公司所有速记员都去观看球赛了，如果晚来 5 分钟，自己也会走。但艾伦同时表示自己愿意留下来帮助他，因为"球赛随时都可以看，但是工作必须在当天完成"。

做完工作后，律师问艾伦应该付他多少钱。艾伦开玩笑地回答："哦，既然是你的工作，大约1000美元吧。如果是别人的工作，我是不会收取任何费用的。"律师笑了笑，向艾伦表示谢意。

艾伦的回答不过是一个玩笑，并没有真正想得到1000美元。但出乎艾伦意料，那位律师竟然真的这样做了。6个月之后，在艾伦已将此事忘到了九霄云外时，律师却找到了艾伦，交给他1000美元，并且邀请艾伦到自己公司工作，薪水比现在高出1000多美元。

一个周六的下午，艾伦放弃了自己喜欢的球赛，多做了一点事情，最初的动机不过是出于乐于助人的愿望，而不是金钱上的考虑。艾伦并没有责任放弃自己的休息日去帮助他人，但那是他的一种特权，一种有益的特权，它不仅为自己增加了1000美元的现金收入，而且为自己带来一项比以前更重要、收入更高的职务。

因此，我们不应该抱有"我必须为老板做什么？"的想法，而应该多想想"我能为老板做些什么？"一般人认为，忠实可靠、尽职尽责完成分配的任务就可以了，但这还远远不够，尤其是对于那些刚刚踏入社会的年轻人来说更是如此。要想取得成功，必须做得更多更好。一开始我们也许从事秘书、会计和出纳之类的事务性工作，难道我们要在这样的职位上做一辈子吗？成功者除了做好本职工作以外，还需要做一些不同寻常的事情来培养自己的能力，引起人们的关注。

如果你是一名货运管理员，也许可以在发货清单上发现一个与自己的职责无关的未被发现的错误；如果你是一个过磅员，也许可以质疑并纠正磅秤的刻度错误，以免公司遭受损失；如果你是一名邮差，除了保证信件能及时准确到达，也许可以做一些超出职责范围的事情……这些工作也许是专业技术人员的职责，但是如果你做了，就等于播下了成功的种子。

付出多少，得到多少，这是一个众所周知的因果法则。也许你的投入无法立刻得到相应的回报，也不要气馁，应该一如既往地多付出一点。回报可能会在不经意间，以出人意料的方式出现。最常见的回报是晋升和加薪。除了老板以外，回报也可能来自他人，以一种间接的方式来实现。

伟大始于平凡，一个人手头的小工作其实是大事业的开始，能否意识到这一点意味着你能否做成一项大事业，能否取得成功。

从前在美国标准石油公司里，有一位小职员叫阿基勃特。他在远行住旅馆的时候，总是在自己签名的下方，写上"每桶 4 美元的标准石油"字样，在书信及收据上也不例外，签了名，就一定写上那几个字。他因此被同事叫做"每桶 4 美元"，而他的真名反倒没有人叫了。

公司董事长洛克菲勒知道这件事后说："竟有职员如此努力宣扬公司的声誉，我要见见他。"于是邀请阿基勃特共进晚餐。

后来，洛克菲勒卸任，阿基勃特成了第二任董事长。

这是一件谁都可以做到的事，可是只有阿基勃特一个人去做了，而且坚定不移，乐此不疲。嘲笑他的人中，肯定有不少人才华、能力在他之上，可是最后，只有他成了董事长。

一人的成功，有时纯属偶然，可是，谁又敢说，那不是一种必然呢？

恰科是法国银行大王，每当他向年轻人回忆过去时，他的经历常会令闻者沉思起敬，人们在羡慕他的机遇的同时，也感受到了一个银行家身上散发出来的特有精神。

还在读书期间，恰科就有志于在银行界谋职。一开始，他就去一家最好的银行求职。一个毛头小伙子的到来，对这家银行的官员来说太不起眼了，恰科的求职接二连三地碰壁。后来，他又去了其他银行，结果也是令人沮丧。但恰科要在银行里谋职的决心一点儿也没受到影响。他一如既往地向银行求职。有一天，恰科再一次来到那家最好的银行，"胆大妄为"地直接找到了董事长，希望董事长能雇佣他。然而，他与董事长一见面，就被拒绝了。对恰科来说，这已是第 52 次遭到拒绝了。当恰科失魂落魄地走出银行时，看见银行大门前的地面上有一根大头针，他弯腰把大头针拾了起来，以免伤人。

回到家里，恰科仰卧在床上，望着天花板直发愣，心想命运对他为何如此不公平，连让他试一试的机会也没给，在伤心中，他睡着了。第二天，恰科又准备出门求职，在关门的一瞬间，他看见信箱里有一封信，拆开一看，恰科欣喜若狂，甚至有些怀疑这是否在做梦——他手里的那张纸是录用通知。

原来，昨天恰科蹲下身子去拾大头针的细节，被董事长看见了。董事长认为如此精细小心的人，很适合当银行职员，所以，改变主意决定雇佣他。恰科是一个对一根针也不会粗心大意的人，因此他才得以在法国银行界平步青云，终于有了功成名就的一天。

人生的美德再没有比爱心来得更宝贵的了。它是一切美好事物的头。"如果把爱拿走，地球就变成一座坟墓了。"而当你献出心中的爱时，得到的爱会成倍地增加，甚至一个小小的爱心之举就会改变你的命运，让你一举成名。

韩国韩进企业集团的董事长赵重熏，原来只是在仁川干货运生意的一名司机，由于当时司机这一行业是很低贱的工作，所以他设立的韩进商场发展得一直很慢。使他真正发达起来的转折点，就是他做了富有爱心的一件事。

一天，赵重熏由汉城开车前往仁川，经过富平时，看到路旁有辆抛锚的轿车，是位美国女士的。他马上下车热心地帮这位美国女士修好车。令人意想不到的是这位女士竟然是驻韩美军高级将领的夫人，她在感激之余把赵重熏介绍给自己的丈夫。从此，这位企业家开始真正地起飞了。因为当时朝鲜战争结束不久，韩国国内物资极度匮乏，全靠美军援助。在这位驻韩美军高级将领的帮助下，赵重熏接下了美援物资运输这笔大生意，他开始日进斗金，快速发展起来。后来，在越南战争期间，他又利用和驻韩美军的亲密关系，获得了在越南从事军运的许可，从此赚到了 1.3 亿美元。

如今，韩进企业集团包括大韩航空在内，一年总营业额为 12000 亿元韩币。这一切成就的根源，就是赵重熏的爱心。

爱心的力量不可估量，它是一个人走向成功的内在动力。它不仅可以让你的心灵得到满足，重要的是，在你献出爱心的同时，他人会记住你的爱心，在你需要帮助的时候，他们也就会真心实意地支持你。爱心是互补的，只要你充满了爱心，你就会被别人的爱心所包围，这样的人自然更容易取得成功。

但是要培养出良好的"爱"的艺术并非轻而易举的事，它需要你通过自身的努力实践来获得。在生活中，你要处理好与同事、邻里和上司的关系，一旦他们有什么困难需要帮助时，你就要挺身而出，帮他们做一些力所能及的事。

总之，你要加强自我修养，多向一些修养好、品德高尚、富有爱心的人学习。毕竟人生因为有爱才有意义、有激情、有奔头。而能使你走向成功的唯一动力，也正是它——爱心。

第二章　千里之堤，溃于蚁穴

——忽视细节的代价

忽视细节让他屡屡败走大公司

人生一世，无论做人、做事，都要注重细节，从小事做起。由此，我们需要改变心浮气躁、浅尝辄止的毛病，提倡注重细节、把小事做细、做实。

可是，生活中偏偏有不少人总是忽略这些轻微的细节，结果往往栽在这些不起眼的小事上，张先生因为忽视细节致使屡屡败走大公司的事例可以充分说明这一点。

每年金秋 10 月，都是跳槽的高峰季节之一，而 500 强外资大公司又乘机把目光锁定在各路精英的身上，同时各路精英也在搜索着自己钟情的大公司。但是，并非每位精英都能如愿以偿。连续向 500 强外资大公司发起了多次"冲击"的张先生感叹道："从 6 月到国庆前夕，我先后参加了 30 家企业的面试，其中仅 500 强大公司就有 TNT、东芝、三星、UPS、玫琳凯等，结果却无一过关。唉！我为何屡屡败走大公司？"

3 年前，张先生毕业于某交通大学交通运输专业，到东北某大型国有集团找到一份工作。2 年后，来到上海。不久就进了一家合资物流公司，在仓储部门任仓储调度。

2004 年 5 月合同到期，已升迁到仓储主管的张先生离开了公司。踌躇满志的他把目光瞄准了 500 强外资大公司。理想是美好的，可现实是无情的，屡屡碰壁后，他的自信心开始动摇了……

张先生第一次面试的大公司是世界 500 强、全球 4 大快递公司之一的荷兰 TNT 的子公司——一家专做汽车配件的汽车物流公司。

5 月上旬某日下午 1 点，他去参加面试。他先填写的是中文报名表。在填报具体职位时，他有点犹豫，便在空格中写了两个职位：运输主管和仓储主管。

面试官是两位中国人——一位人力资源部经理和一位物流部经理。自我介绍结束后，物流部经理首先问道："你为什么填两个职位，你到底应聘哪个职位呢？"张先生说："我学的是交通运输，在东北做过运输管理工作；来上海后又做了1年仓储管理工作，两个岗位都可以做。"

物流部经理用不太信任的口气说："我们要求有5年相关工作经验，你只工作了3年，经验不足！你以前做的是快速消费品，我们做的是汽车配件，你的专业经历不行！"尽管他竭力辩解，两位面试官还是不为所动。这次面试就这样流产了。

后来张先生分析其原因觉得面试失败的主要原因虽是专业经历欠缺，但填两个应聘职位这一细节失误也难辞其咎。

8月下旬，张先生意外接到了东芝一家分公司的通知面试的电话，让他第二天上午10点过去面试，也是巧事，韩国三星公司也通知他在这天下午2点30分参加面试，一天应聘两家500强企业，他真是忙得有点昏头转向。此外，他还有点担心，万一他们用日语、韩语面试怎么办？他可从来没学过这些。

在等待面试时，张先生发现公司员工都说上海话，此时，他的心稍轻松了一些，毕竟上海话他能听懂一些。

但是一踏进小会议室时，张先生马上意识到了对面经理的眼神里有一丝失望——他的穿着太随意，只穿了一件旧的休闲T恤，头上的汗还没有擦干净。

自我介绍完后，她问："你的数据库编程水平怎么样？"他很奇怪："我是做物流或做仓储工作的，会操作就可以了。干吗要会数据库编程呢？"于是他如实回答："数据库编程我不太懂行。"面试中，她问了很多令人不愉快的问题，话里语间处处流露着不信任，似乎在审问一个囚犯。这使得张先生很气愤，于是没等她说完张先生就主动提出退出了面试。

面试自然又失败了。张先生反省道："其原因可能就是第一印象不太好。虽然责任在自己，但我心里还是有气；你们主动找上我的，还那么苛刻，还专门问一些令人难堪的问题！"

怀着几分气愤的心情，下午他提前10分钟赶到了韩国三星的分公司。前台小姐很客气地将他领进一间会议室。他想这次应该有点戏了吧。会议室里坐着3个人：人力资源部经理、运作部经理和一位会说汉语但带着明显的口音的，应该是韩国人。三人看起来都很友好和善。

他向他们微笑了一下，便用流利的英语作自我介绍。他的表述很快得到了他们的首肯。接着，韩国人用汉语问了一些问题："来上海几年了?""工作情况怎么样啊?"他都认真地作了回答。

可能是因为这段时间他不断地投简历，不断地参加面试，事前的准备有点松懈了。接到三星的面试通知后，他竟然想不起应聘的是哪个职位。他当然不能问面试官，便婉转地问："我应聘的职位有什么具体要求?"谁知，这些老江湖很快明白了张先生的心思。运作部经理当即问："你难道连这个职位的要求都不知道吗?"张先生慌忙辩解说："不是的，我是想了解清楚以后，便于将来迅速开展工作。"他很快微微地笑了一下："那是，那是!"接着，他又问了有关海关报关方面的问题。因为张先生的专业经历不大对口，他的回答不太理想。他居然边回答边做手势，可能是动作大了点，说着说着，他们突然大笑起来。张先生尴尬地看着他们。这次面试就在他们的欢笑和张先生的尴尬中收场了。

心情低落的张先生回到家里没精打采地打开电脑查信息。不查不知道，一查吓一跳：原来昨天他应聘三星公司的是物流专员!此时，他不觉感到有点羞愧了。原来这次面试失败的原因在于仓促上阵，对自己应聘的职位不了解，一些专业问题事先没准备。

仔细地分析张先生屡屡失败的原因，不难看出他忽略了面试中许多细微的小事：比如说面试前没有做充分的准备，尤其对应聘的职位了解得不太透彻，而且衣着打扮也不太合体，没有充分重视第一印象的作用，而且面试中还要注意言行举止，切忌手舞足蹈，给人一种不注重仪表的感觉……但是还有一件至关重要的事情，那就是凡事都要有充分准备，切不可不做好准备，匆忙上阵，否则只有像张先生一样落荒而逃。

现在的社会，不再像过去"走一步，算一步"了。做什么事情，都得有准备才行。这好比一个人身体有了病，要到医院治疗，就必须预先经过检查、验血、照 X 光等诊断，然后才能治疗。做事预先计划周全，早做准备，才能事半功倍。如果做事前不做任何准备，临时抱佛脚，要想事情圆满成功，那就难了!

幽默大师林语堂，一生应邀做过无数场演讲，但是他不喜欢别人未经事先安排，临时就要他即席演讲，他说这是强人所难。他认为一场成功的演讲，只有经过事先充分的准备，内容才会充实。

对于一个如林语堂这么擅长演讲的学者，他都不作没有准备的演讲，可见事先准备工作的重要。

"凡事预则立。"每件事，只有事先做好相关的准备工作，到时才不至于手忙脚乱，才能把事情圆满地做好做完善。

苏格拉底说："没有经过考验的人生是一文不值的。同样，没有做事前准备的工作是不会一帆风顺的。"有了第一天的短短几分钟的准备过程，就能对第二天的工作有充分的认识，这样就知道第二天哪件事最重要，哪件事是应该最先做的，就能知道做事的轻重缓急和先后次序。相反，如果你在工作中无视"准备"，事前准备不充分，事后就会麻烦多多。

做任何事情，都要提前做好充分的准备。作为一个上班族，要想把第二天的工作做好，你最好在每天下班前的几分钟制定出第二天的工作计划，如果拖到第二天上午上班时候才制定工作计划表，那就很容易做得比较费劲，因为那时又面临新一天的工作压力。而前一天晚上就把第二天要做的准备工作做好，到第二天工作起来就会轻松多了。

在头一天做好准备工作，可以了解第二天每项工作可能会发生的问题，并能采取预防措施，防微杜渐。

每一天都在做准备，每一天做的事情都是在为将来做准备，当你做好了充分的准备，机会来临时你就会抓住，如果你没有做好准备，不管任何机会都不会是你的。

凡事做好准备。每一天都可以很轻松地达成你的目标。所有成功的人，都是凡事有准备的人。

迟到几分钟，丢掉大生意

诚实守信是一种美好的品德，更是做人的基本原则。近年来，诚实守信在社会上的被重视程度逐渐提高。

很多人能够认识到诚实守信的重要性，也希望自己能够成为一个有诚信的人。但不少人认为诚信的原则只是在大事中才能体现，而事实上要做到诚实守信，必须从小事做起。在商业谈判中，有许多人因为不重视"守时"这个做人的原则，结果毁掉了大好的合作机会。

一位朋友向周总推荐一位印刷公司老板。这位老板知道周总的公司在印刷方面花不少钱，想争取周总的生意。他带来了精美了样本、仔细考虑的价钱建议和热情的许诺。周总有礼貌地坐着，尽管他未到会前就决定不把生意交给他，因为他迟了20分钟才来。准时对取得周总公司的印刷品生意是十分关键的。周总公司的产品的印刷资料星期三送到，星期四装订，星期五发送到周总下星期出席的座谈会地点，迟一天就跟迟一年那么糟糕。周总的公司可能要十多位工人在既定的一天来将销售信、小册子和订货单叠好塞进信封，如果印刷品没运到，啥事都干不成。所以，当那位印刷公司老板第一次会议就不能准时出席时，周总就推断出不能指望这个印刷公司老板能把他的工作干好。

许多你想打交道的精明、成功和有影响力的人士，并没什么"系统"去判断别人和决定买谁的东西，与谁做生意，帮助或信任谁。如果你不是守时者，别人会对你作负面评价。可以说遵守时间是一个有助于打动别人的简单方法。

成功人士从来都懂得要守时。

守时就是遵守承诺。按时到达要去的地方；没有例外，没有借口，任何时候都必须做到。如果你对别人的时间不表示尊重，你别指望别人会尊重你的时间。如果你不守时，你就没有影响力或没有道德的力量。守时的人会取得职员、助手、货商、顾客乃至每一个人的好感。

恪守时间是工作的灵魂和精髓所在，同时也代表了明智与信用。

守时代表了彬彬有礼、温文尔雅的大家风范。有些人总是手忙脚乱地完成工作，他们总是给你急匆匆的样子，就好像他们总是在赶一辆马上就要启动的火车。他们没有掌握适当的做事方法，所以很难会有什么大的成就。学校生活最大的优点之一就是有铃声催你起床，告诉你什么时间该去晨读或者上课，教你养成恪守时间、从不误时的习惯。每个年轻人都应该有一块表，可以随时看时间。事事习惯"差不多"是个坏毛病，从长远来看更是得不偿失。在著名商人阿蒙斯·劳伦斯从事商业生涯的最初 7 年里，他从不允许任何一张单据到星期天还没有处理。商业界的人士都明白，商业活动中某些重大时刻会决定以后几年的业务发展状况。如果你到银行晚了几个小时，票据就可能被拒收，而你借贷的信用就会荡然无存。

"哦，我多么喜欢那个任何事情都按时完成的年轻人！"布朗先生说，"你很快就会发现，自己可以信赖他，并且很快就会让他来处理越来越重要的事情。"

恪守时间是使人信任的前提，会给人带来好名声。它清楚地表明，我们的生活和工作是按部就班、有条不紊的，使别人可以相信我们能出色地完成手中的事情。恪守时间的人一般都不会失言或违约，都是可靠和值得信赖的。

办事一贯准时、恪守时间的好名声，往往是积累成功资本的第一步。有了第一步，成功自然水到渠成。

例如，美国银行大王摩根与人洽谈生意，能利用最少时间产生最大效用。他为了严守纪律，而招致了许多怨恨。其实，对我们每个人而言，这是一种值得学习和提倡的美德。

他每天上午9点半来到办公室，下午5点回家。通常他总是在一间宽敞的办公室里，与无数办事人员一同工作，而不像许多商界要人，只和他的秘书在一个房间里。他随时都在指挥手下的员工，依照他的计划行事。除了与生意有重要关系的接洽外，他从来不与人交谈5分钟以上的时间。如果你走进那间办公室，会很容易见到他，但如果你没有要紧的事，他绝不会欢迎你。

摩根有卓越的眼力，能够判断一个人要来接洽什么事情。你对他说话，一切转弯抹角的手段都会失去效力，他能够立刻猜出你的目的，这一招使他节省了很多时间。摩根最不能容忍的是原本没有什么重要事情需要接洽，只是为了想找个人谈天，而去耗费工作繁忙的人许多宝贵光阴的人。

在许多成功人士的眼中，时间就是金钱，时间就是生命。

在福尔顿报社前面的商店里，一位犹豫了将近一个小时的男人终于开口问店员了："这本书多少钱？"

"1美元。"店员回答，

"1美元？"这人又问，"你能不能少要点？"

"它的价格就是1美元。"没有别的回答。这位顾客又看了一会儿，然后问："福尔顿先生在吗？"

"在，"店员回答，"他在印刷室忙着呢。"

"那好，我要见见他。"这个人坚持一定要见福尔顿。于是，福尔顿就被找了出来。

这个人问："福尔顿先生，这本书你能出的最低价格是多少？"

"1美元25分。"福尔顿不假思索地回答。

"1美元25分？你的店员刚才还说1美元1本呢！"

"这没错，"福尔顿说，"但是，我情愿倒给你1美元也不愿意离开我的工作。"这位顾客惊异了。他心想，算了，结束这场自己引起的谈判吧，他说："好，这样，你说这本书最少要多少钱吧。"

"1美元50分。"

"又变成 1 美元 50 分？你刚才不还说 1 美元 25 分吗？"

"对，"福尔顿冷冷地说，"我现在能出的最好价钱就是 1 美元 50 分。"这人默默地把钱放到柜台上，拿起书出去了。这位著名的物理学家和政治家给他上了终生难忘的一课：对于有志者，时间就是金钱。

这个男人从此争分夺秒地去学习，最后终于成为一个有名的作家。

福尔顿说："你热爱生命吗？那么别浪费时间，因为时间是组成生命的材料。"

向时间要效益，合理利用时间就是与时间争夺宝贵的生命。"忙里偷闲"，会这样做的人，才是会生活的人。

守护好你的时间，养成守时的好习惯，也就意味着守护好你自己的生命。时间一去不复返，不管你高兴还是忧伤。

一顿奢侈的晚餐吓走了外商

不拘小节常被人看做是大度潇洒的表现：大礼不拘小让，做大事的人哪顾得了那些鸡毛蒜皮的小事？

错矣。知道吗？大事全部是由不起眼的小事组成的，惟有把每件小事做好，才有可能做成大事业。更何况，许多生活社交上的所谓小事也许不会给你带来明显的财富收入，但却是一个人修养素质的全部体现，是一个人潜在的形象及人际资源方面的投资。但是，生活中有许多人并不重视这些诸如像"吃饭"一样的小节，结果毁掉了大好的合作机会。

东北某国有企业与一家美国大公司商谈合作问题，这家企业花了大量功夫做前期准备工作。在一切准备就绪之后，公司邀请美国公司派代表来企业考察。前来考察的美国公司的代表在这家企业领导的陪同下，参观了企业的生产车间、技术中心等一些场所，对中方的设备、技术水平以及工人操作等，都表示了相当程度的认可。中方工厂非常高兴，设宴招待美方代表。宴会选在一家十分豪华的大酒楼，有 20 多位企业中层领导及市政府的官员前来作陪。美方代表以为中方还有其他客人及活动，当知道只为招待他一人之后，感到不可理解。美国代表在回国之后，发来一份传真，拒绝与这家中国企业合作。中方认为企业的各种条件都能满足美方的要求，对代表的招待也热情周到，却莫名其妙地遭到美方拒绝，对此也相当不理解，便发信函询问。美方代表回复说："你们吃一顿饭都如此浪费，要是把大笔的资金投入进去，我们如何能放心呢?"

对于这家东北企业来说,能得到一笔巨额投资对于其未来发展具有重要作用,所以这次合作是一件大事,但这件大事却因为一顿饭的"小节"而毁于一旦。

如果说吃饭是一种"小节",那么也有人因为重视这种"小节"而赢得了商业上合作的机会,可见细节的威力是无穷的。

一个青年来到城市打工,不久因为工作勤奋,老板将一个小公司交给他打点。他将这个小公司管理得井井有条,业绩直线上升。有一个外商听说之后,想同他洽谈一个合作项目。当谈判结束后,他邀这位也是黑眼睛黄皮肤的外商共进晚餐。晚餐很简单,几个盘子都吃得干干净净,只剩下两只小笼包子。他对服务员小姐说,请把这两只包子装进食品袋里,我带走。外商当即站起来表示明天就同他签合同。

因将吃剩下的两只小笼包带走这样极其平凡的小事感动了外商,使外商顺利地与他签订了合同,由此我们可以看出"吃饭"这等小事带给人的影响。

上面的例子充分说明了"小节"的重要性,可见小节非小,事事关大。但是生活中,总是有太多的人忽略这些所谓的小节,给自己的事业和人生带来巨大的障碍和麻烦。

不妨再举一件发生在我们周围的真人真事。

国内有家工厂,为了能从美国引进一条生产无菌输液软管的先进流水线,曾做了长期的艰苦努力,终于说服了对方。可是,也就是在签字的那一天,在步入签字现场那一刹那,中方厂长突然咳嗽了一声,一口痰涌了上来,他看看四周,一时没能找到可供吐痰的痰盂,便随口将痰吐在了墙角,并小心翼翼地用鞋底蹭了蹭,那位精细的美国人见此情景不由地皱了皱眉。

显然,这个随地吐痰的小小细节引起了他深深的忧虑:输液软管是专供病人输液用的,必须绝对无菌才能符合标准,可西装革履的中方厂长居然会随地吐痰,想必该厂工人素质不会太高,如此生产出的输液软管,怎么可能绝对无菌!于是美国人当即改弦更张,断然拒绝在合同上签字——中方将近一年的努力也便在转眼间前功尽弃!

随地吐了一口痰结果砸了一笔大生意,这难道不值得三思!

每天我们都置身于不同的场合,作为社交一分子,我们要做的就是让自己的行为与场合和身份相称。但是,偶尔一疏忽就会露出马脚,这个时候你不妨检查一下自己有什么细小的地方不妥当。

曾经有一位朋友说他不会与一家公司的另一位同学合作。于是有人惊讶地问他：大家都是同学，生意上又可互惠互利，为什么呀？他说："这么多年了还是一点长进都没有，我听着他嚼口香糖的声音就想吐。还有我拉他去跟人家谈判，出来后我直为有这样的同学而丢人，他的形体语言太夸张了，时而摇头晃脑，时而拍手大笑，让对方觉着我们跟人家不在一个层面上，怎么做生意啊！"

据人所知，那位同学人不错，也有不少其他优点，但修养、礼仪上的这些小问题竟然给他带来如此大的负面影响真是出乎人的意料。

现在就让我们来看看你的行为，你是否在当众打哈欠？在大庭广众中，你能忍住不打呵欠吗？打呵欠在社交场合中给人的印象是，表现出你不耐烦了，而不是你疲倦。

有些耳痒的人，只要他看见什么可以用，就会随手取一支来掏耳朵，尤其是在餐室，大家正在饮茶、吃东西的当儿，掏耳朵的小动作，往往令旁观者感到恶心，这个小动作实在不雅，而且失礼。有些头皮屑多的人，在社交的场合也忍耐不住皮屑刺激的搔痒而搔起头皮来。搔头皮必然使头皮屑随风纷飞，这不仅难看，而且令旁人大感不快。

宴会席上，谁也免不了会有剔牙的小动作，既然这小动作不能避免，就得注意剔牙的时候不要露出牙齿，更不要把碎屑乱吐一番，这是失礼的事情。假如你需要剔牙，最好用左手掩住嘴，头略向侧偏，吐出碎屑时用手巾接住。

因此，由于自己不拘小节的习性，而破坏了自己的形象，这实在不好，针对此必须注意：

手—最易出毛病的地方是手。以手掩住鼻子、不停地抚弄头发、使手关节发出声音、玩弄接过手的名片。无论如何，两只手总是忙个不停，很不安稳的样子。本来想使对方称心如意，谁知道却因为这样而惹人厌烦。

脚—神经质地不住摇动，往前伸起脚，紧张时后脚跟踮起等等动作，不仅制造紧张气氛，而且也相当不礼貌。如果在讨论重要提案时伸起脚，准会被人责骂。

在参加会议时更不要当众双腿抖动。这种小动作多发生在坐着的时候，站立时较为少见。这种小动作，虽然无伤大雅，但由于双腿颤动不停，令对方视线觉得不舒服，而且也给人以情绪不安定的感觉，这是失礼的。同样，让跷起的腿儿钟摆似的耍秋千也是相当难看的姿态。

背—老年人驼背是正常的事，如果二三十岁的年轻人都驼背的话，可就不太好了。我们主张挺直腰杆和人交谈。

眼睛—目光惊慌，在该正视时，却把眼光移开，这些人都是缺乏自信，亦或隐藏着不可告人的秘密，这种人容易使人反感，然而直盯着对方的话，又难免会让人产生压迫感，使别人不满。因此只要能安详地注视对方眼睛的部位就可以了。

表情—毫无表情，或者死板的、不悦的、冷漠的、无生气的表情，会给对方留下坏的印象。应该赶快改正，不要让自己脸上有这种表情。为使说话生动，吸引对方，最好能有生动活泼的表情。

动作—手足无措、动作慌张，表示缺乏自信。动作迟钝、不知所措，会使人觉得没劲儿，而且让人觉得他可遇不可及。昂首阔步、动作敏捷、有生气的交谈等会使气氛变得开朗。所以，千万别忘了人是依态度而被评价，依态度而改变气氛的。

不要以为这些小节不重要，它会严重影响到你的社交形象，以至于影响到你在他人眼中的印象，因此，为了不至于因"小节伤大雅"，因"小节损伤自己形象"，请从此刻起：密切关注生活中这些细微的"小节"，树立良好的形象，多方位地完善自我，最终使自己登上大雅之堂。

小不忍则乱大谋

小谭费了九牛二虎之力进了这家带"中国"字头的大公司。这公司虽说也是上市公司，但国有企业长期积累的一些习气仍在发生作用。这些天小谭他们 11 楼的锅炉热水器坏了，喝开水要到 15 楼去打。这样，每天提热水壶上 15 楼打开水自然成了小谭份内的事，谁让他在办公室资历最浅。这天上午，小谭先到外面办事，11 点过回到办公室，回来时大汗淋漓，他揭开热水壶盖一看，里面空空如也。小谭很生气，大声说从明天起轮流打开水，他不能一个人承包。没人响应，于是，第二天早晨上班后他也不打开水了……结果可想而知，当天中午他就被领导叫去训了一通，让他勤快一点……

这太不公平了！小谭心里想，觉得自己再也不能这么夹着尾巴做人了，于是，他开始琢磨跳槽的事了。

应该说，这事对小谭的确不公平，但在现代职场上，永远也不会有绝对"公平"出现！道理很简单，无论社会进步到什么程度，企业管理如何扁平化，企业内部永远是个金字塔结构。既然是个金字塔，就必然会有上下之分，既然有上下之分，就必然会有不平等的现象存在。企业作为一台利润压榨机，与追求"公平"相比，它更喜欢"效率"。在一个公司内部，如果没有适当的等级制度和淘汰制度，它就会因为自己的"仁义"而失去竞争力，就会在竞争中遭到淘汰。因此，在现实生活之中，永远不会出现你想像中的那种"公平"。

这就需要你学会控制自己，学会忍耐，学会去适应身处的这个真实的环境和社会，这是许多成功人士能够超越他人成就大事的一个重要方面。

大学毕业后，李明应聘到一家公司做助理。刚开始，他很难受，特别是老张、小李什么的动不动就唤他去打杂时，他就会发无名火，觉得很没尊严。他觉得他们在把他当奴才使唤。不过，事后他冷静一想。又觉得他们并没有错，他的工作就是这些。刚进来时，王经理也这么事先对他说过，但一旦涉及具体事情，他的情绪就有点失控。有时咬牙切齿地干完某事，又要笑容可掬地向有关人员汇报说："已经做好了！"如此违心的两面派角色，他自己都感到恶心。有几次，他还与同事争吵起来。从此以后，他的日子更不好过了，同事们都不理他，李明在公司感到空前的孤独。

有一天，女秘书小吴不在，王经理便点名叫李明到他办公室去整理一下办公桌并为他煮一杯咖啡。他硬着头皮去了。王经理是很厉害的，他一眼就看出了李明的不满，便一针见血地指出："你觉得委屈是不是？你有才华，这点我信，但你必须从这个做起。"

他叫李明先坐下来，聊聊近况。可李明身旁没有椅子，他不知道自己该坐到哪里，总不能与王经理并排在长条双人沙发上坐下吧！

这时，王经理意有所指地说："心怀不满的人，永远找不到一个舒适的椅子。"难得见到他如此亲切和慈祥的面孔，李明放松了很多。

手脚忙乱地弄好一杯咖啡后，李明开始整理王经理的桌子，其中有一盆黄沙，细细的，柔柔的，泛着一种阳光般的光。李明觉得奇怪，不知道这干吗用的。

王经理似乎看出他的心思。伸手抓了一把沙，握拳，黄沙从指缝间滑落，很美！王经理神秘地一笑："小伙子，你以为只有你心情不好，有脾气，其实，我跟你一样，但我已学会控制情绪……"

原来，那一盆沙子是用来"消气"的。那是王经理的一位研究心理学的朋友送的。一旦他想发火时，可以抓抓沙子，就可以舒缓一个人紧张激动的情绪。朋友的这盆礼物，已伴他从青年走向中年，也教他从一个鲁莽少年打工仔，成长为一位稳重、老练、理性的管理者。王经理说："先学会管理自己的情绪，才能管理好其他。"

一个人的发展往往会受到很多因素的影响，这些因素有很多是自己无法把握的，工作不被认同、才能不被重用、职业发展受挫、上司待人不公平、别人总用有色眼镜看自己……这时，能够拯救自己出泥潭的只有忍耐。比尔·盖茨曾告诫初入社会的年轻人：社会是不公平的，这种不公平遍布于个人发展的每一个阶段。在这一现实面前任何急躁、抱怨都没有益处，只有坦然地接受这一现实并忍受眼前的痛苦，才能扭转这种不公平，使自己的事业有进一步发展的可能。

莎莉·拉斐尔很早就立志于播音事业。但由于当时美国各家无线电台都约定俗成地只聘用男性，所以，当她在各家电台应聘时，都被认为不能胜任这类工作而屡遭拒绝。

后来，她在纽约的一家电台找到一份工作，但不久却以"赶不上时代"为由遭到辞退，结果又失业了。

一天，她向一家广播公司的负责人谈起她的节目构想。"我相信公司会有兴趣。"那人说。但此后不久那人便离开了公司，她的美梦破灭了。后来，她又找到公司另外两名职员，却被要求主持她最不擅长的政治节目。

但是，她并没有退缩，而是抓住了这次机会，通过自己的勤奋，使她主持的节目一时间成为最受欢迎的节目。

"我遭人辞退18次，本来大有可能被这些遭遇所吓退，做不成我想做的事；结果相反，这鞭策我勇往直前。"拉斐尔自豪地说。

如今，莎莉·拉斐尔已成为著名的自办电视节目主持人。在美国、加拿大和英国，每天都有800万观众收看她的节目。

莎莉靠着坚忍的毅力承受了一次又一次的挫折，她不但没有丧失信心，反而勇敢地面对一切，用积极的心态赢得了最终的成功。

有很多人，遇到挫折后，不是去寻求合适的方法克服困难，而是把一切原因都归结到别人的身上，喜欢迁怒于别人。挫折心理都是由刺激即挫折源引起的。自然逆境引起的挫折没有人为性，而社会逆境和个体自身因素引起的挫折都具有人为性的特点，这样就必然涉及挫折后要如何对待他人的问题。

社会逆境引起的挫折，挫折源都是人为的。对于有意为自己设置障碍的人，受挫折者该如何对待呢？是耿耿于怀，视为永远的敌人，还是宽容大度，化干戈为玉帛呢？应该是后者。因为，迁怒于别人只能给自己的人际交往带来障碍，对排除困难没有好处。

情绪是人对事物的一种最浮浅、最直观、最不用脑筋的情感反应。它往往只以维护情感主体的自尊和利益出发，不对事物作复杂、深远和智谋的考虑，这样的结果，常使自己处在很不利的位置上或为他人所利用。本来，情感离智谋就已距离很远了（人常常以情害事，为情役使，情令智昏），情绪更是情感的最表面部分、最浮躁部分，以情绪做事，焉有理智？不理智，能有胜算吗？能占别人的便宜吗？

但是我们在工作、学习、待人接物中，却常常依从情绪的摆布，头脑发热（情绪上来了），什么蠢事都愿意做，什么蠢事都做得出来。

但是明智的人却能以包容之心，以宽容的态度来化解人生中各种矛盾和麻烦。

明朝长洲的一老翁尤某开了家当铺，临近年关，有一位曾在当铺典当衣物的邻居前来闹事，不还钱却要取回衣物。那个人蛮横不讲理又不示弱。老翁慢慢地劝解他说："我知道你的意思，不过是为过新年考虑罢了。这是小事，为什么要争吵呢？"他让人拣出那人原来典当的衣物，找到的衣服不过四五件。老翁指着棉衣说："这件御寒不能缺少。"又指着道袍说："（这件）给你作为拜年时用，其他的衣物不是着急穿的，自然可以留下。"那人却不知所措，只好拿着衣服悻悻地走了。这天夜里那人竟死在别人家里，牵连那家春节都打官司。原来这个人因为欠债多，已经喝了毒药，知道老翁富有便来敲诈，结果没得手，诈死在别人家里。有人问尤翁事先知道怎么又容忍了他，老翁说："凡是无理取闹的，其中一定有什么依仗。小事如果不包容，那么大祸立刻就到了。"人们佩服他的包容和见识。

包容是为那些曾经侵犯我们的人着想而作出的，它使我们从中看到了非常强大的力量，可以帮助我们恢复友谊、爱情和事业，它的最高境界是心灵的净化和升华。

一个人的品德往往是体现在能否包容他人这一点上。这就决定了他在别人心目中的位置，而人们在选择自己所追随的目标时，也往往是以包容为标准的。也就是说，包容的人能以德服人。

莫因小利失荆州

很多人对自己使用的东西都有一种修补心理。我们在生活中做每件事情，都应陔有一个大局的眼光，但是有时候我们常常被眼前的蝇头小利所迷惑。

某家报纸曾经刊登过这样一个事例：一个香港的老板来大陆投资，机器设备都是从国外进口的最好的，生产效率极高。但是有一天突然这个地方发了洪水，虽然经过奋力抢救使大部分机器脱离了险情，但是还是有一台设备没有抢救出来。洪水退了，为了尽快恢复生产，香港老板就在当地市场上采购了一台中国大陆制造的机器来充当重任。

这台机器质量还过得去，用了一段时间也没有什么大的问题，但是不久它就原形毕露，各种小毛病开始显现出来。今天这个螺丝松了，明天那个零件坏了，总得不断修理，这样常常影响整个生产任务的顺利进行。老板想重新买一台进口的新机器，但是进口机器非常贵，再说这台机器也还能用，所以就这么一天又一天地耗着。但是那个大陆产的机器还是不争气，总是出毛病，而且损坏的周期越来越短。到年底一算细账，就因为这台机器的这些各种小毛病，产量较上年度有明显的减少，这些损失加上维修费用等，足可以换一台进口机器了。香港老板这才痛下决心，以低廉的价格把这台机器处理掉，从国外购置回一台新机器。

但凡我们想把一件事情做好的时候，就不能有凑合的心理，应该更换的东西一定要换，该重新购置的东西就要重新买，只有这样才能提高整个工作的效率。细枝末节上的修修补补，虽然能够满足暂时的需求，但是从整个长远的计划完成的角度来看，这是非常不明智的做法。

现实生活中，更为不明智的做法就是有些人因为贪图小利而失掉自己最起码的做人原则，毁掉大好的人生前程。

张平在一家大公司供职，能说会道，才华横溢，所以他很快被提拔为技术部经理，他认为，更好的前途正在等着他。

有一天，一位港商请张平喝酒。席间，港商说："最近我的公司和你们的公司正在谈一个合作项目，如果你能把手头的技术资料提供给我一份，这将使我们公司在谈判中占据主动。"

"什么，你是说，让我们做泄露机密的事？"张平皱着眉道。

港商小声说："这事儿只有你知我知，不会影响你。"说着，将15万元的支票递到张平面前。张平心动了。

在谈判中，张平的公司损失很大。事后，公司查明真相，辞退了张平。

真是赔了夫人又折兵。本可大展鸿图的张平不但因此失去了工作，就连那15万元也被公司追回以赔偿损失。张平懊悔不已，但为时已晚。

在所有老板的心目中，"谁是忠诚的，谁才有责任感，谁才是最可靠的"。本着这种认识，老板一旦发现你露出不忠诚的端倪，那么任凭你有惊世之才，他也不会信任你，更不会给你发展的空间。

也许，像张平这样的人，在利欲的诱惑之下，完全忘记了"天下没有免费的午餐"的真理。

数百年前，一位聪明的老国王召集了聪明的臣子，交代了一个任务："我要你们编一本《各时代的智慧》，好流传给子孙。"

这些聪明人接受命令以后，工作了很长一段时间，最后完成了一本12卷的巨作。老国王看了后说："各位先生，我确信这是各时代的智慧结晶。然而，它太厚了，我怕人们不会去读完它。把它浓缩一下吧！"

这些聪明人又经过长期的努力工作，几经删减之后，完成了一卷书。然而，老国王还是认为太长了，又命令他继续浓缩。

这些聪明人把一本书浓缩为一章，然后浓缩为一页，浓缩为一段，最后则浓缩成一句。老国王看到这句话时，显得很得意，说："各位先生，这真是各时代的智慧结晶，并且各地的人一旦知道这个真理，他们担心的大部分问题就可以解决了。"

这句千锤百炼的话是："天下没有免费的午餐。"

一个优秀的员工永远也不会被利欲蒙蔽眼睛，他将时刻用职业道德与高尚人格规范自己的行为，努力保持德与行的一致性。当利益在前时，他丝毫不为所动，因为他的心头有一把打不开的锁。

面对种种诱惑，包括利益放在面前需要作出取舍的那一刻，真的需要强大的精神力量来支撑自己的行为。只有德积累到一定厚重的时候，个人的行才会显得自然而不生硬；也只有德积累到一定程度，行才会自然而然地流露。这也就是德与行的关系吧。那么，怎么做才能培养德与行呢？只有以一贯之养成的自觉才能做到这一点。于是，自觉与否就成了关于培养德行的重要问题。

有一个老锁匠，手艺远近闻名，更让人敬重的却是他的人品。因为他每次为顾客配钥匙，总要告诉人家自己的姓名和住址，说："如果你家发生了盗窃，只要家门是用钥匙打开的，你就来找我!"

老锁匠老了，为了不让自己的手艺失传，他决定在两个年轻的徒弟中选一个做自己的接班人。为此，他进行了一次考试。他准备了两个保险箱，分别放在两个房间，事先规定，谁能在最短的时间里打开，谁就有资格得到自己的真传。

大徒弟不到 10 分钟就打开了保险箱，二徒弟却用了更多的时间。答案好像已经十分明显。可就在这时，老锁匠突然向大徒弟发问道："保险箱里有什么?"

大徒弟连忙回答："师傅，里面有很多钱。"

这个同样的问题又给了二徒弟，二徒弟支支吾吾了半天，不好意思地说："师傅，我只是开锁，没注意里面。"

老锁匠点点头，把保险箱里的钱给了大徒弟，宣布二徒弟为自己的接班人。大徒弟不服气，在场的许多看热闹的人也都议论纷纷，很不理解。老锁匠说话了："我培养接班人有一个根本的标准，就是他必须做到心中只有锁而无其他，对钱财视而不见。否则，心存私念和贪心，一旦把持不住，去登门入室或打开人家保险箱取钱都易如反掌，最终只能是害人害己。我们修锁的人，每个人心上都要有一把不能打开的锁啊。"

佛语说：万恶皆由贪字起。贪念足可使人丧失良知，而一旦人的良知被贪念所蒙蔽，便什么样的坏事也做得出来。如同一头野兽，没有是非善恶的判断力，也没有道德的约束力，只知逞凶斗狠，以取得自己的所求。

一念己私，足以使刚毅的正气消失殆尽，而化为柔弱无主的邪欲；一贪，明理的智慧就会被蒙蔽、阻塞，而成为一个昏庸无能的人；人只要有了贪念，原本慈祥的仁心，就将转为残酷、凶暴，甚至原本无瑕的思想，也将因为贪念而变得邪恶，人品也因此染上污点，坏了一生不易修得的人格，这是多么不值得的事啊。

人因贪婪偶尔会犯起傻来，什么蠢事也会干出来。所以任何时候要都有自己的主见和辨别是非的能力，不要被假象所迷惑。

不可否认有些幸运儿也许会有中大奖的运气，但这些看似免费或费用很低的"午餐""馅饼"，很可能让你付出别的代价：失去生命力、创造力。

有得必有失，有贪也必有失!

小疏忽带来大损失

从前屋檐下有一块石头，他非常坚硬也非常自信。他常常认为自己坚不可摧，非常看不起周围的朋友。

一天，一滴水从屋檐上掉下来，正好落在石头身上。石头觉得软软的一点感觉也没有。他非常轻蔑的问："小鬼，你这么柔弱。还敢向我挑战？"

水滴说："我虽然柔弱，但我有决心向你挑战！因为我有打败你的法宝！"

石头哈哈大笑起来："小小水滴，口气倒不小。快告诉我你有什么法宝能打败我？"

水滴说："我用你自己打败你。"

"哈哈哈——荒唐，你有我壮吗？你有我强吗？你有我硬吗？你有我大吗？凭哪一点，你都是我的手下败将。"

水滴说："就凭你自己，我就能战胜你！"

"你做梦吧！"

水滴说："只要我重视你、你忽略我的话，我就能战胜你！"

"我偏不信！想用这种办法来哄着我重视你。"

"那走着瞧吧！你必会败的！"

石头哼哈着，根本没把水滴说的当回事。

水滴不停地滴在石头背上，月复一月，年复一年。石头照样唯我独尊，根本不在乎水滴。

好多年以后，石头背上出了一个大洞。石头终于醒悟过来了。他望着自己带有伤痕的身子，后悔地说："没想到我一个小小的疏忽，竟导致我如此悲惨的命运！"

是呀，后悔归后悔，但只要"前事不忘，后事之师"，买个经验教训也还是有它的意义的。可是悲剧却还在重演，而且有时有愈演愈烈之势。

许多企业就像石头那样，两只眼睛只盯着那些表面的利益，却不去考虑其可能带来的损失，蒙骗顾客。

只有那种经营时不让顾客有丝毫的遗憾、不满，不再经营时让顾客遗憾万分的公司，才是真正经营成功的公司，才是名利双收的公司。

办企业一定要诚实，对所有顾客负责，靠欺骗顾客混日子是长久不了的。

做生意必须彻底实践对顾客应尽的礼仪和责任。不仅用嘴说要如何为顾客服务，而且要用实际行动实践这项义务。

如果发现公司有不合理的现象，要立刻设法铲除，不可姑息。对产品同样，不要因为是自己做的产品有了毛病就讳而不宣，等到让消费者发觉时，受损害的就不止你本人，很可能连整个公司的名誉，信用也受到拖累。

有着百年辉煌历史的爱立信与诺基亚、摩托罗拉并世称雄于世界的移动通讯业。但自 1998 年开始的 3 年里，当世界蜂窝电话业务高速增长时，爱立信的蜂窝电话市场份额却从 18％迅速降至 5％，即使在中国市场，其份额也从 1/3 左右迅速地滑到了 2％！爱立信在中国的市场销售额一日千里地从手机销售头把交椅跌落，不但退出了销售三甲，而且还排在了新军三星、飞利浦之后。在中国这样一个快速成长的市场上，国际上很多濒危的企业一到这个市场就能起死回生、生龙活虎，但爱立信却在这块风水宝地上失去了它往日的辉煌。

2001 年，在中国手机市场上，大家去买手机时，都在说爱立信如何如何不好。当时，它一款叫做"T28"的手机存在质量问题。这本来就是一种错误，但更大的错误是爱立信漠视这一错误。"我的爱立信手机的送话器坏了，送到爱立信的维修部门，很长时间都没有解决问题；最后，他们告诉我是主板坏了，要花 700 块钱换主板。而我在个体维修部那里，只花 25 元就解决了问题。"这位消费者确切地说出了爱立信存在的问题。那时，几乎所有媒体都注意到了"T28"的问题，似乎只有爱立信没有注意到。爱立信一再地辩解自己的手机没有问题，而是一些别有用心的人在背后捣鬼。然而，市场不会去探究事情的真相，也不给爱立信以"伸冤"的机会，无情地疏远了它。

其实，信奉"亡羊补牢"观念的中国消费者已经给了爱立信一次机会，只不过，爱立信没能好好把握那次机会。

1998 年，《广州青年报》从 8 月 21 日起连续 3 次报道了爱立信手机在中国市场上的质量和服务问题，引发了消费者以及知名人士对爱立信的大规模批评。而且，爱立信的 768C、788C 以及当时大做广告的 SH888，居然没有取得入网证就开始在中国大量销售。当时，轻易不表态的电信管理部门的声明，证实了此事。至此，爱立信手机存在的问题浮出了水面。但爱立信一如既往地采取掩耳盗铃的方式来解决问题。据当时参加报道的一位记者透露，爱立信试图拿出几万元广告费来封媒体的嘴；爱立信广州办事处主任还心虚嘴硬地狡辩：我们的手机没有问题！既然选择拒不认错，爱立信自然不会去解决问题，更不会切实去做服务工作。

质量和服务中的缺陷，使爱立信输掉了它从未想放弃的中国市场。

无独有偶，美国也有类似的事件发生。但他们因事后采取的措施及时、正确，使得公司效益迅速回升，转危为安。

美国强生公司生产的泰乐诺胶囊是一种止痛药，1981年的销售额达到13.5亿美元，占强生公司总销售额的7%，利润的17%。1982年9月，一位患者服药后当天死亡。消息传出后，强生公司在止痛药的市场份额迅速由35.3%下降到7%，公司面临着巨大危机。公司迅速作出反应，妥善处理相关事宜。

结果，经过一番努力，在8个月后，公司重新赢得了35%的市场份额，使公司起死回生。

同样是面临这样的危机事件，爱立信输掉中国市场，而强生公司却转危为安。这其中的奥妙有多少人研究过呢？

其实并不是企业才有可能"千里之堤，溃于蚁穴"，就个人而言，有时也会因一个细节而栽跟头。

诸立昌的第一次求职经历，令他一生都难以忘怀。

诸立昌是大专生，三年里他勤奋学习，英语、写作、专业课样样不懈怠，业余时间还参加了会计本科考试，到毕业前诸立昌即将获得学士学位。对自己的功底诸立昌是颇为自信的。

诸立昌应聘的是一家全国知名的国有大型企业。人事部对他的资料相当满意，对他的英语水平和写作能力也很欣赏。也许是由于惜才之故，人事部主管对诸立昌极为客气，当即电话通知财务经理对他进行面试。10分钟不到，财务经理就来了。财务经理是一位十分瘦削的老先生，衣着朴素。几句寒暄之后，便转入正题，他说他想考几个会计科目方面的问题。如此简单的问题，让诸立昌不禁窃喜。"你说吧，你说吧。"诸立昌说，一点儿也不紧张。

考核极为顺利，对他的问题诸立昌几乎是不假思索，对答如流，同时还旁征博引，援引财政部最新颁布的有关会计法规加以论证。诸立昌想用自己的学识来赢得这位经理赏识。一个小时后，他被宣布留用了。成功如此之容易，骄傲的情绪自然也就滋长起来了。

上班的第一天，财务经理交给诸立昌的第一份工作就是依据凭证录入原材料明细账。这个过程极为简单，就是一个数字转抄的事儿。一千多张凭证诸立昌两天就抄完了。他不免有些看轻这份工作，言语之间有所流露。财务经理却依然是一副水波不兴的样子。到第七天开始与总账核对。诸立昌惊奇地发现自己竟对不上账。据其所登录明细金额，10次20次地加总，与总账总是对不上。诸立昌慌了手脚，几千笔金额要查出错误可不是一件易事，反复核查几次后仍与总账对不上。诸立昌开始怀疑是总账有误。他再一次自信地找到财务经理，用极其肯定的语气告诉经理没有错，应该是总账错了。财务经理并没有直接回答诸立昌的话，只是笑了笑说："小伙子，世上好像任何事都是相对的，没有太绝对的吧。"诸立昌不以为然。财务经理将其登录的明细账拿去复核，结果不到 10 分钟就查出了一笔错误，322579 误写成了 22579，二者之间相差近 14 倍！

诸立昌羞愧满面，无言以对。财务经理当即让诸立昌去人事部结账，他恳请经理能原谅自己的这次过错。而财务经理言出必行，毫无挽回的余地。临行时，财务经理意外地抽出时间和诸立昌谈心："小伙子，你很聪明，但人不能聪明得过了头。一开始你就很傲气，记不记得我问你问题时，你一连说了两个：你说吧。我看你有才，姑且原谅你。这几天我交给你一个简单会计工作，旨在考察你，结果你完成得怎么样？照抄你都会抄错，你的能力何在？因为你这一错，公司有可能损失 20 多万，这个责任是你负还是我负呢？本来我可以原谅你，但我今天不得不辞退你。我的年龄与你的父亲相当，正因为如此，我想如果今天不给你一个沉重的打击，你就不能吸取这个教训。请体会我的良苦用心。你不能怪我，要怪只能怪你自己没有迈好你的第一步。"

一份年薪 6 万元的工作就这样与他失之交臂了。从公司到学校是一段极长的路，平常都是公司的班车接送诸立昌上下班。而今天，诸立昌第一次要从公司走回去了。他为这错误的一步付出了高昂的代价。

可见，无论是企业还是个人，都不要忽略一些细小的错误，否则就有可能付出惨重的代价。

荣华鸡为何败走麦城

"魔鬼在细节"，这是美国人讨论一些有影响的成功或失败事件，或谈论立法、政策时使用频率非常高的成语。中国也有类似说法，如"不积跬步，无以至千里"，"一屋不扫，何以扫天下"，"千里之堤，溃于蚁穴"，"见微知著"等。它们强调"细小"的东西可"成大事"，亦可"乱大谋"。

世界建筑大师密斯·凡·德罗在被要求用一句话描述其成功的原因时，他也用"魔鬼在细节"作了回答。在设计大剧院时，他精确地测算了每个座位与音响、舞台间的距离及因此导致的不同听觉、视觉感受，并根据每个座位设计了最合适的摆放方向、大小、倾斜度、螺丝钉位置等。

日本人的精细为其产品赢得了全球极高的美誉度。所以，细节工作在日本是至关重要的。丰田汽车社长认为其公司最为艰巨的工作不是汽车的研发和技术创新，而是生产流程中一根绳索的摆放，要不高不矮、不粗不细、不偏不歪，而且要确保每位技术工人在操作这根绳索时都要无任何偏差。

众所周知的荣华鸡最终败给肯德基的事件就是很典型的例子。

细节能够造就天使。但它也能造就魔鬼。往往更多的是造就魔鬼。

肯德基是美国著名的快餐连锁企业。他自从 1987 年在中国开了首家店以后，发展速度一直很快，到现在几乎是孺叟皆知。

肯德基以其鲜明的特色、优美简洁的环境、按标准化制作的食品、热情周到的服务，吸引了大批国人，尤其是年轻人。

外国餐饮业的"入侵"大大刺激了中国传统的饮食业。一些国内餐饮业也纷纷搞起了连锁，企图抵抗"外敌入侵"，其中上海的荣华鸡就是突出的代表。

20 世纪 90 年代初，上海新亚集团老总去肯德基考察了一番后，自己配了几种调料，做油炸鸡：除了有一个鸡腿，还有国人爱吃的罗宋汤、上海人爱吃的咸菜炒毛豆和一个酸辣菜。

1991 年 12 月 28 日，荣华鸡快餐公司成立。荣华鸡以适合中国人口味和比较便宜的价格，受到了广大消费者的青睐。开始两年，公司最高日营业额 11.9 万元，月平均营业额达 150 万元，两年累计营业额 1500 万元，职工很快发展到 300 人。北京、天津、深圳等 24 个省市纷纷向荣华鸡发出邀请，欢迎荣华鸡安家落户，甚至连捷克、新加坡等国的外商也纷纷邀请荣华鸡去开店。

1994 年，荣华鸡在北京开了第一家分店，并扬眉吐气地称："肯德基开到哪，我就开到哪！"

荣华鸡举起民族大旗对抗肯德基时，生意门庭若市，其中效益最好的黄浦店，一年就有 300 多万的利润。全国南到江西，北到黑龙江，都有荣华鸡的分店。在某些地段，荣华鸡的生意远远超过了洋鸡，这着实让中式快餐扬眉吐气了一番。可是，好景不长，荣华鸡在与肯德基较量中逐渐地占了下风。2000 年，随着荣华鸡在北京安定门的撤出，结束了为期 6 年的京城生涯。这标志着在与肯德基的较量中彻底失败。

与此相反的是，肯德基在中国的市场越做越大，并在北京宣布在中国的连锁店超过 400 家。《亚洲周刊》在 2000 年 4 月刊登的世界著名调研公司 AC 尼尔森公司在中国 30 个城市所做的一份调查：在顾客"经常惠顾"的国际品牌中，肯德基居第一。据统计，2001 年，肯德基在中国大陆的营业额达 40 亿人民币，在全世界的营业总额高达 220 亿美元，居所有餐饮业之首。

随后，红高粱也叫板肯德基，并一鼓作气地在 10 个月内红遍了全中国。接着又是马兰拉面创造了"马兰拉面一拉一片"的壮举。但是，洋式快餐在中国的市场份额却越来越大，中餐对西餐的冲击效果微乎其微。

中国有几千年的美食文化传统，无论是小吃、菜系，还是快餐，都有着上千年的历史。单以鸡为主料的就有：扒鸡、烧鸡、辣子鸡、文昌鸡、白切鸡、手撕鸡、炖土鸡等等，其口味更符合大多数人的消费习惯，但为什么在竞争中"土鸡"对不过"洋鸡"？

曾败走麦城的新亚领导层们经过一番反思发现：竞争优势，产品只是一个表面现象，在产品背后有很多深层的管理方面的东西，肯德基的真正优势在于其产品背后的一套严格的管理制度。

肯德基曾在全球推广"CHAMPS"冠军计划，其内容为：

C	Cleanliness	保持美观整洁的餐厅
H	Hospitdity	提供真诚友善的接待
A	Accuracy	确保准确无误的供应
M	Mainten	维持优良的设备
P	ProductQuality	坚持高质稳定的产品
S	Speed	注意快速迅捷的服务

"冠军计划"有非常详尽、可操作性极强的细节，保证了肯德基在世界各地每一处餐厅都能严格执行统一规范的操作，从而保证了它的服务质量。

肯德基在进货、制作、服务等所有环节中，每一个环节都有着严格的质量标准，并有着一套严格的规范保证这些标准得到一丝不苟的执行，包括配送系统的效率与质量、每种佐料搭配的精确（而不是大概）分量、切青菜与肉菜的先后顺序与刀刃粗细（而不是随心所欲）、烹煮时间的分秒限定（而不是任意更改）、清洁卫生的具体打扫流程与质量评价量化，乃至于点菜、换菜、结账、送客、遇到不同问题的文明规范用语、每日各环节差错检讨与评估等等上百道工序都有严格的规定。为了保证员工能够服务到位，肯德基对餐厅的服务员、餐厅经理到公司的管理人员，都要按其工作性质的要求，进行严格培训。例如，餐厅服务员新进公司时，每人平均有 200 小时的"新员工培训计划"，对加盟店的经理培训更是长达 20 周时间。餐厅经理人员不但要学习引导入门的分区管理手册，同时还要接受公司的高级知识技能培训。

现代文明赋予快餐的定义是工厂化、规模化、标准化、依托现代化管理的连锁体系。肯德基就是这些要求的产物，而包括荣华鸡在内的中式快餐，还远没有达到这种要求。因为中式快餐的厨师都是手工化操作，食品没办法根据标准进行批量化生产。因为没有标准化，食品的质量难以得到保证，比如肯德基规定它的鸡只能养到七星期，一定要杀，到第八星期虽然肉长得最多，但肉的质量就太老。而包括荣华鸡在内的所有中式快餐，恐怕就没有考虑到，或者即便考虑过也没有细致到这种份上。因为没有标准化，卫生状况、服务质量也难以得到保证，例如，当年荣华鸡的店员就曾当着顾客的面在柜台内用苍蝇拍打苍蝇，而盛着炒饭、鸡腿的柜台根本就不加遮盖。这正是荣华鸡在与肯德基的较量中败走麦城的原因。

可见，在现代企业管理之中，决不能简单地从产品质量和结构来看竞争优势。竞争的优势归根结底是管理的优势，而管理的优势是通过细节来体现出来的。肯德基就是能把这种细节融入其管理标准的一个代表。

荣华鸡败北事件证明了一点：细节确实是一个幽灵，往往在我们不注意的时候，向我们扑来。我们往往最易漠视的就是那些看似简单、琐碎的事情。在从事企业与项目管理时，最普遍最突出的问题就是简单容易的事做起来总是马马虎虎，漏洞百出。其实反过来看，什么才叫不简单？可以说能够把简单的事情天天做好就是不简单。什么叫不容易？大家公认容易的事情，非常认真地做好它，就是不容易。

"魔鬼就存在于细节之中。"为什么说细节会成为魔鬼的栖身之地呢？因为在企业的日常工作和经营当中，经常会忽略了细节的存在，从而让魔鬼有机可乘。正所谓：成也细节，败也细节！企业的经营，只有重视细节，并从细节入手，才能取得有效的进展和实质的突破。

一个小阀门酿成大惨剧

一只雌猫爱上一位英俊的青年，就向女神亚福罗迪特祈祷，请求把它变成人的样子。女神被它的真情感动，就把它变成美丽的少女。青年看到这位少女，一见钟情，两人彼此爱慕，就结婚了。

有一天，亚福罗迪特想试探猫在变成人形后性格有没有改变，就在房间里放进一只老鼠。这时，猫忘记自己已经是人，就从床上跳下来，敏捷地捉住那只老鼠，放进嘴里吃掉。青年看到了以后，马上知道了真相，于是离开了妻子。

女神看了叹息一声，只好将它恢复成原来的模样。

　　且不论猫是否真的能变成少女，这个故事的可信度有多少，也不讨论青年该不该因为妻子曾是猫就离开她。单单说，仅仅因为这个细节，这只猫就毁掉了后半生的幸福，之前的努力也前功尽弃。只有再次做一只猫了。可见忽视细节的后果是惨重的，它有可能会毁了你的一生。

　　当然细节的威力决不仅仅在这上面了。不但是一只猫的幸福可以被毁掉，甚至数以万计人的生命和未来，都有可能掉进细节编织的罗网里去。

　　20世纪初期，美国联合碳化物公司首先预见到从石油及天然气产品中炼制出合成有机化学品及塑料的发展潜力，并且作出了开创性的努力。这种远见导致了美国石油化学工业的诞生，同时联合碳化物公司也发展成为世界主要化学公司。长期以来，由于公司一贯重视各个生产领域内的科学研究和发展工作，同时有一个明确的战斗方针，因此，一直在工艺技术上保持着领先地位。

　　至1983年，该公司的销售额达90亿美元，资产额达102亿美元，员工人数近10万，在美国本土及海外各地共设有81家子公司。这在美国所有大公司中名列第37位。

　　然而，这家著名的跨国公司，在1984年因为管理上的疏忽，发生了一次毒气泄露事故，造成3000余人丧生、5万人双目失明、20万人中毒、10万人终生致残的悲剧，酿成了20世纪以来最大的一起工业惨案。

　　1984年12月3日子夜，联合碳化物公司下属的印度博帕尔农药厂的一个储气罐的压力在急剧上升。储气罐里装的45吨液态剧毒性异氰酸甲酯（MIC）是用来制造农药西维因和滋灭威的原料。0时56分，储气罐阀门失灵，罐内的剧毒化学物质漏了出来，以气体的形态迅速向外扩散。由于缺少严格的管理和防范措施，事故发生后，生产工人惊慌失措，只顾自己逃跑，没有一人去实施抢救措施，也没有人向公司领导报告，直到毒气形成的浓重烟雾笼罩在全市上空。

　　从农药厂漏出来的毒气越过工厂围墙，首先进入毗邻的贫民区，数百名居民立即在睡梦中死去。火车站附近有不少乞丐因怕冷而拥挤在一起，毒气弥漫到那里，几分钟之内，便有10多人丧生，200多人出现严重中毒症状。毒气穿过庙宇、商店、街道和湖泊，飘过25平方英里的市区。那天晚上没有风，空中弥漫着大雾，使得毒气以较大的浓度缓缓扩散，传播着死亡。

　　发生事故的第二天早晨，博帕尔市好像遭到了中子弹袭击一样，一座座房屋完好无损，但是到处是人和牲畜的尸体，好端端的城市变成了一座恐怖之城。

人们发现，市内的一条街道上，至少有 200 人死亡，半数以上是儿童，其中身体瘦小、发育不良的，成了最易受毒气残害的受难者。

街道上，死尸旁边倒着死尸。双目失明的人们你拉着我，我拉着你，张皇地惊叫着，不知道哪里才是安全的地方。

事故发生后，印度中央邦首席部长阿·辛格下令关闭这家工厂。然后警察以"玩忽职守，造成严重伤亡事故"的罪名，逮捕了公司的 6 名主要负责人。这件震惊世界的毒气泄漏事件发生后，联合碳化物公司破产倒闭了。

联合碳化物公司重视产品质量，也有明确的战斗方向，结果依然造成破产的悲剧，其原因就是因为管理上的细节没有做好。导致公司失败的最直接的原因就是因为没有及时发现安全阀门的失灵，这其实并非偶然的原因，而是因为公司平时在管理上就不严格。事故发生后，员工不知所措，也说明公司平时根本就没进行有关安全方面的培训，最终酿成巨大的悲剧。

千万不要忽略细节。一个细节的管理不善会造成如此严重的后果，所以，我们在管理上、生产上以及企业运行的其他环节上，一定要注重细节。但是，生活中却总有这样的悲剧发生，有时也许每个人只错一点点，却会使一条海轮最终沉没，"环大西洋"号海轮事件的发生就是一个例子。

当巴西海顺远洋运输公司派出的救援船到达出事地点时，"环大西洋"号海轮已经消失了，21 名船员不见了，海面上只有一个救生电台有节奏地发着求救的信号。救援人员看着平静的大海发呆，谁也想不明白在这个海况极好的地方到底发生了什么，导致这条最先进的船沉没。这时有人发现电台下面绑着一个密封的瓶子，打开瓶子，里面有一张纸条，21 种笔迹，上面这样写着：

一水理查德：3 月 21 日，我在奥克兰港私自买了一个台灯，想给妻子写信时照明用。

二副瑟曼：我看见理查德拿着台灯回船，说了句这小台灯底座轻，船晃时别让它倒下来，但没有干涉。

三副帕蒂：3 月 21 日下午船离港，我发现救生筏施放器有问题，就将救生筏绑在架子上。

二水戴维斯：离岗检查时，发现水手区的闭门器损坏，用铁丝将门绑牢。

二管轮安特尔：我检查消防设施时，发现水手区的消防栓锈蚀，心想还有几天就到码头了，到时候再换。

船长麦凯姆：起航时，工作繁忙，没有看甲板部和轮机部的安全检查报告。

机匠丹尼尔：3月23日上午理查德和苏勒的房间消防探头连续报警。我和瓦尔特进去后，未发现火苗，判定探头误报警，拆掉交给惠特曼，要求换新的。

机匠瓦尔特：我就是瓦尔特。

大管轮惠特曼：我说正忙着，等一会儿拿给你们。

服务生斯科尼：3月23日13点到理查德房间找他，他不在，坐了一会儿，随手开了他的台灯。

大副克姆普：3月23日13点半，带苏勒和罗伯特进行安全巡视，没有进理查德和苏勒的房间，说了句"你们的房间自己进去看看"。

一水苏勒：我笑了笑，也没有进房间，跟在克姆普后面。

一水罗伯特：我也没有进房间，跟在苏勒后面。

机电长科恩：3月23日14点，我发现跳闸了，因为这是以前也出现过的现象，没多想，就将闸合上，没有查明原因。

三管轮马辛：感到空气不好，先打电话到厨房，证明没有问题后，又让机舱打开通风阀。

大厨史若：我接马辛电话时，开玩笑说，我们在这里有什么问题？你还不来帮我们做饭？然后问乌苏拉："我们这里都安全吗？"

二厨乌苏拉：我也感觉空气不好，但觉得我们这里很安全，就继续做饭。

机匠努波：我接到马辛电话后，打开通风阀。

管事戴思蒙：14点半，我召集所有不在岗位的人到厨房帮忙做饭，晚上会餐。

医生莫里斯：我没有巡诊。

电工荷尔因：晚上我值班时跑进了餐厅。

最后是船长麦凯姆写的话：19点半发现火灾时，理查德和苏勒房间已经烧穿，一切糟糕透了，我们没有办法控制火情，而且火越烧越大，直到整条船上都是火。我们每个人都犯了一点错误，但酿成了人毁船亡的大错。

看完这张绝笔纸条，救援人员谁也没说话，海面上死一样的寂静，大家仿佛清晰地看到了整个事故的过程。

这太多的悲剧向我们证实了当今企业界流行的一句话：把简单的事情千万遍地做对就是不简单，而把容易的事情千万遍地做对就是不容易。因为忽视细节，注定要付出代价。

密斯·凡·德罗作为20世纪世界上最伟大的建筑师之一，只用五个字来描述他成功的原因，即"细节是魔鬼"。

第三章　魔鬼在细节中

——认清细节的实质

细节是一种创造

有位医学院的教授，在上课的第一天对他的学生说："当医生，最要紧的就是胆大心细！"说完，便将一只手指伸进桌子上一只盛满尿液的杯子里，接着再把手指放进自己的嘴中，随后教授将那只杯子递给学生，让这些学生学着他的样子做。看着每个学生都把手指探入杯中，然后再塞进嘴里，忍着呕吐的狼狈样子，他微微笑了笑说："不错，不错，你们每个人都够胆大的。"紧接着教授又难过起来："只可惜你们看得不够心细，没有注意到我探入尿杯的是食指，放进嘴里的却是中指啊！"

教授这样做的本意，是教育学生在科研与工作中都要注意细节。相信尝过尿液的学生应该终生能够记住这次"教训"。

其实我们做企业更需要养成注意细节的习惯。所谓千里之堤，溃于蚁穴，但是细节更为宝贵的价值在于，它是创造性的，独一无二的。因为在每一个看似细小的环节当中，都凝结着经营者点点滴滴的心血和智慧。台湾首富王永庆就是一个善于在经营中创新之人。

王永庆早年家里非常穷，根本读不起书，只好去别人的米行里做伙计。他做伙计期间，一边留心观察来来往往的各种人，特别是老板怎么谈生意，一边积累一点资金。

16岁那年，王永庆在老家嘉义开了一家米店。当时，小小的嘉义已有30家米店，竞争相当激烈。当时仅有200元资金的王永庆，只能在一条偏僻的巷子里租一个很小的铺面。他的米店地段偏僻，开得晚，规模小，没有任何优势。刚开张的时候，生意冷冷清清，门可罗雀。

王永庆就背着米袋，一家一家地上门推销，但效果就是不行。王永庆感觉到，要想立足米市场，自己就必须有一个别人没做到或做不到的优势。仔细思量以后，王永庆决定在米的质量和服务上下工夫。

20 世纪 30 年代的台湾，农村还非常落后，做饭的时候，都要淘米，很不方便。但长期积累的习惯，买卖双方都见怪不怪。

王永庆经过长期的观察在这里找到了突破口。他带领弟弟一起动手，不辞辛苦，不怕麻烦，一点点的将米里的秕糠、沙石之类的杂物挑出来，再出售。

这样，王永庆店里米的质量就比别人的高一个档次，深受顾客的喜爱，生意也就一天天好起来了。同时，王永庆在服务质量上也更进了一步。当时，客户都是自己来买米，自己扛回去。这对年轻人来说，也许并没什么；对老年人来说，就有些不方便了。王永庆注意到了这一点，便主动送货上门。这就大大方便了顾客，尤其是一些行动不便的老年人。这些为米店树立了非常好的声望。

王永庆送货上门并不是简单地一放了事。他送货时，还要将米倒到米缸里。如果缸里有米，他就将旧米倒出来，擦干净米缸，然后将新米倒进去，把旧米放在上层。这样，使米不至于因存放时间过长而变质。这一精细的服务，赢得了许多顾客的心，使回头客一天天变多了。

不光如此，王永庆每次送货上门后，还要用本子记下这家的米缸有多大，有多少人吃饭，多少大人，多少小孩，每人的饭量如何等等。他根据记载的情况估计顾客会什么时候要米。等时候一到，不用顾客上门，他就将相应数量的米送上门来了。

在送米的过程中，王永庆发现，当地的许多居民大多数都靠打工为生，经济条件不富裕，许多家庭还未到发薪的时候，就已经没钱花了。由于王永庆是主动送货上门的，货到要收款，有的顾客手头紧张，一时拿不出钱来，会弄得大家都很尴尬。于是，王永庆采取"按时送米、定时收钱"的办法，先送米上门，等他们发工资后，再约定时间上门收钱。这样极大地方便了一些经济条件较差的顾客，同时在社会上树立了好口碑。

酒香不怕巷子深。王永庆米行的生意很快就吸引了整个嘉义城。

经过一年多的资金积累和客户积累，王永庆便自己办了一个碾米厂，并把它设在最繁华的地段。从此，王永庆开始向台湾首富的目标迈进。

事业发展壮大后，王永庆在管理企业时，同样注重每一个细节。他的部属深深为王永庆精通每一个细节所折服。当然也有不少人批评他"只见树木，不见森林"，劝他学一学美国的管理，抛开细节只管大政策。针对这一批评，王永庆回答说："我不仅做大的政策，而且更注意点点滴滴的管理，如果我们对这些细枝末节进行研究，就会细分各操作动作，研究是否合理，是否能够将两个人操作的工作量减为一个人，生产力会因此提高一倍，甚至一个人兼顾两部机器，这样生产力就提高了4倍。"

　　一个企业要创新，必须加强对细节的关注。一向以创新意识著称的海尔集团总裁张瑞敏曾经说过："创新存在于企业的每一个细节之中。"

　　曾经留意到一家小餐厅内部的布置颇有一丝新意。各个餐桌上都摆上了一个颇有创意的牙签筒：筒体以"露露"的蓝、白色为基色，印有"露露"的logo，并且表面绘有与露露杏仁露包装罐体图案一致的图案，看似一件设计精美的艺术品；另外餐厅的墙壁上也挂上了一个很有个性的店表：整个店表同样以蓝、白为基色，配以红色的表针，表面中上端印有"露露"的logo，下半部分印有"喝露露葆健康""中国驰名商标""美容养颜、调节血脂、调节非特异性免疫"（露露宣传广告语）等字样，整个店表浑然一体，没有丝毫的杂乱之感。

　　小小的牙签筒，设计精美，图案简洁，色彩明快，告别了单调的白色，既为顾客的就餐消费提供了方便，同时，又通过与产品包装罐体一致的图案设计吸引了顾客的眼球，形成了"露露"品牌极强的品牌联想力与品牌亲和力。据餐厅老板反映，露露牙签筒因设计精美、实用性强，存在比较严重的丢失现象，排除社会道德方面的因素，我们应该怎样从宣传效果的角度看待这一现象呢？结论只有一个：露露的牙签筒受欢迎！不仅商家欢迎，消费者也欢迎。顾客吃完饭，把牙签筒拿回家，再配以家庭范围内的口碑宣传，最终使露露宣传品的宣传效果得到了放大。而"露露餐厅"以蓝、白为主色，红色为点缀，三色构成了"露露"宣传品的代表色，极易与周围餐厅的装潢风格融为一体，起到了一般宣传品所没有的装饰效果。还是听听餐厅老板对露露餐厅的评价吧："露露为我们考虑得很周到，并非单纯为了宣传他们自己，倒像是为装饰我们，虽说上面也有他们的宣传语，不过很简洁明了，可是谁看了还都知道是露露的东西，这个度很难掌握。不像有些厂家只顾自己宣传了，广告的感觉太浓，甚至地址、电话、联系人都写上了，显得太乱，我们不爱用，即使当时勉强用上，他们厂家的人一走，我们就赶快换了"。

　　也许，有的企业并不重视这些细小的事情，但在世界上凡是知名的服务企业都是非常注重从细节上提高服务质量，而且制定了明确的服务标准，一切为顾客设想的服务方式，添置了舒适的服务设施，重视提高员工的服务素质，努力为顾客提供细致入微，超越顾客期望的服务。

又如，美国希尔顿大酒店发现旅客最害怕的是在旅馆住宿会睡不着觉，即人们通常所说的"认床"，于是和全美睡眠基金会达成协议，联合研究是哪些因素促使一些人一换了睡眠环境，就会难以入眠，然后对症下药，消除这些因素。从 1995 年 3 月起，美国希尔顿大酒店用不同的隔音设备，为顾客配用不同的床垫、枕头等，欢迎顾客试用。通过一段时间的试验，摸索出一种基本上适合所有旅客的办法，从而解决了一些人换床后睡不着的问题。

我们的经营在于从细小处着手，致力于从细小处创新，把顾客置于真正"正常"的位置，给他们一个优良的服务环境，才能达到经营的效果。

细节是一种能力

人常说："世事洞明皆学问，人情练达即文章。"要想在生活中练就一双发现细节的眼睛，需要你经历一个长期积累，细致观察的过程，只有如此，你才能拥有鹰一样敏锐的目光，发现别人所观注不到的东西。

宋代的米芾是个大画家，专爱收集古画，甚至到了不择手段的程度。他在汴梁城闲逛时，只要发现有人在卖古画，总会立即上前细细观赏，有时还会要求卖画者把画让他带回去看看。卖画者认得他是当朝名臣，也就放心地把画交给了他，他便连夜复制一幅假画，第二天将假画还去而将真画留下。由于他极善临摹，那假画的确足已乱真，故此得到不少名人真迹。

又一日，当他又用此法将自己临摹的一幅足以以假乱真的假画还去时，画主人却说了一句："大人且莫玩笑，请将真画还我！"米芾大惊，问道："此言何意？"那人回答："我的画上有个小牧童，那小牧童的眼里有个牛的影子，您的画上没有。"米芾听罢，这才叫苦不迭。

上述这个极易被人忽略的小牧童眼里牛的影子，就是细节，而一向"稳操胜券"的米芾，也正是"栽"在眼中的牛这个小小的细节上！而画主人之所以能够发现这一细节，肯定是对于画作有着非凡的鉴赏力和卓越的观察力，这绝非一天的功夫。

类似的情节还常常见于文学作品，《聊斋志异》中就有一篇。

有个老人一向为人豪爽，常常主动借钱接济四方。有个好赌的无赖听说此事，就找到老人也想借钱，老人于是答应了他。可也就在这时，老人却发现了这位借钱者的一个极其熟练的动作——这位借钱者见案头放着几枚铜钱，便伸出手来，将那几枚铜钱"高下叠放，如此再三"。老人立即由这个细节看出，此乃赌徒的习惯动作，故此不再借钱给他。

汪中求先生也曾在书中说过："素养来自于日常生活中一点一滴的细节积累，这种积累是一种功夫。"为此他还特意举了一个例子：

某著名大公司招聘职业经理人，应者云集，其中不乏高学历、多证书、有相关工作经验的人。经过初试、笔试等四轮淘汰后，只剩下 6 个应聘者，但公司最终只选择一人作为经理。所以，第五轮将由老板亲自面试。看来，接下来的角逐将会更加激烈。

可是当面试开始时，主考官却发现考场上多出了一个人，出现 7 个考生，于是就问道："有不是来参加面试的人吗？"这时，坐在最后面的一个男子站起身说："先生，我第一轮就被淘汰了，但我想参加一下面试。"

人们听到他这么讲，都笑了，就连站在门口为人们倒水的那个老头子也忍俊不禁。主考官也不以为然地问："你连考试第一关都过不了，又有什么必要来参加这次面试呢？"这位男子说："因为我掌握了别人没有的财富，我本人即是一大财富。"大家又一次哈哈大笑了，都认为这个人不是头脑有毛病，就是狂妄自大。

这个男子说："我虽然只是本科毕业，只有中级职称，可是我却有着 10 年的工作经验，曾在 12 家公司任过职……"这时主考官马上插话说："虽然你的学历和职称都不高，但是工作 10 年倒是很不错，不过你却先后跳槽 12 家公司，这可不是一种令人欣赏的行为。"

男子说："先生，我没有跳槽，而是那 12 家公司先后倒闭了。"在场的人第三次笑了。一个考生说："你真是一个地地道道的失败者！"男子也笑了："不，这不是我的失败，而是那些公司的失败。这些失败积累成我自己的财富。"

这时，站在门口的老头子走上前，给主考官倒茶。男子继续说："我很了解那 12 家公司，我曾与同事努力挽救它们，虽然不成功，但我知道错误与失败的每一个细节，并从中学到了许多东西，这是其他人所学不到的。很多人只是追求成功，而我，更有经验避免错误与失败！"

男子停顿了一会儿，接着说："我深知，成功的经验大抵相似，容易模仿；而失败的原因各有不同。用 10 年学习成功经验，不如用同样的时间经历错误与失败，所学的东西更多、更深刻；别人的成功经历很难成为我们的财富，但别人的失败过程却是！"

男子离开座位，做出转身出门的样子，又忽然回过头："这10年经历的12家公司，培养、锻炼了我对人、对事、对未来的敏锐洞察力，举个小例子吧——真正的考官，不是您，而是这位倒茶的老人……"

在场所有人都感到惊愕，目光转而注视着倒茶的老头。那老头诧异之际，很快恢复了镇静，随后笑了："很好！你被录取了，因为我想知道——你是如何知道这一切的？"

老头的言语表明他确实是这家大公司的老板。这次轮到这位考生一个人笑了。

其实，这个考生从一进门就开始留意到这个倒茶水的老人的眼神、气度、举止等，看出他是这个企业的老板，说明他是一个观察力很强的人。这种洞察入微的功夫不是一朝一夕能够练就的，而需要长期的积累，在注重对每一个细节的观察中不断地训练和提高。这一点，对于一个人和一个企业来说都是相当重要的。

那些目光敏锐、头脑有准备的伟人、创业者，总能审时度势抓住机遇，取得成功。"商品"这个资本主义的产儿，自资本主义社会诞生之日起，就经常和人们打交道，走进千家万户。由于司空见惯，没有人对它特别注意。然而，马克思却紧紧抓住了它，并花费毕生的精力研究、剖析它，从而揭开了资本主义社会的内幕和秘密，写出了巨著《资本论》。我国江西省某县民办教师段元星，在极差的条件下，长期坚持业余观测，用目测方法独立发现了一颗新星。

注意细节其实是一种功夫，这种功夫是靠日积月累培养出来的。谈到日积月累，就不能不涉及到习惯，因为人的行为的95%都是受习惯影响的，在习惯中积累功夫，培养素质。勉强成习惯，习惯成自然。爱因斯坦曾说过这样一句有意思的话："如果人们已经忘记了他们在学校里所学的一切，那么所留下的就是教育。"也就是说"忘不掉的是真正的素质"。而习惯正是忘不掉的最重要的素质之一，否则，人们怎么会说"好运气不如好习惯"呢？

大家也许还记得达·芬奇画蛋的故事吧，为了把一个蛋画圆，达·芬奇成百上千次地不停画圆圈。任何事情都是这样，把细节做好，最好的办法就是对小事进行训练，并形成习惯。

前美国国务卿基辛格博士，在诸事繁忙之时，仍然坚持让自己的下属不断地培养对细节关注的习惯。当他的助理呈递一份计划给他的数天之后，该助理问他对其计划的意见。基辛格和善地问道："这是不是你所能做的最佳计划?"

"嗯……"助理犹疑地回答,"我相信再做些改进的话,一定会更好。"

基辛格立刻把那个计划退还给他。

努力了两周之后,助理又呈上了自己的成果。几天后,基辛格请该助理到他办公室去,问道:"这的确是你所能拟定的最好计划了吗?"

助理后退了一步,嗫嚅地说:"也许还有一两点可以再改进一下……也许需要再多说明一下……"

助理随后走出了办公室,腋下夹着那份计划,他下定决心要研拟出一份任何人——包括亨利·基辛格都必须承认的"完美"计划。

这位助理日夜工作,有时甚至就睡在办公室里,三周之后,计划终于完成了!他很得意地跨着大步走入基辛格的办公室,将该计划呈交给国务卿。

当听到那熟悉的问题"这的确是你能做到的最最完美的计划了吗"时,他激动地说:"是的,国务卿先生!"

"很好。"基辛格说,"这样的话,我有必要好好地读一读了!"

基辛格虽然没有直接告诉他的助理应该做什么,然而却通过这种严格的要求来训练自己的下属怎样完成一份合格的计划书。

其实任何事情在刚一开始的时候都很难做,都没有可循的模式,只有按照某一种步骤进行训练,用自己的意志来坚持,才会慢慢形成运动员一个标准的动作、艺术家潇洒而俊美的一笔一画。有一句话叫"勉强成习惯,习惯成自然",说的就是这个道理。

现在的企业都在强调格式化,但是格式化的前提就应当是操作规范的培训,只有培训才能使所有的人找到一个统一的标准,行动步调才能一致起来,更进一步讲,团队精神便是从培训中得来的。

所以说,员工进入企业一定要训练,而且任何小事都要训练,只有这样长期坚持下去,才能成就优秀的员工、优秀的业绩,优秀的企业。

细节隐藏机会

在一些正式场合,人们对一个陌生人的了解,注意的往往就是他的小节。在互不熟悉的情况下,人们在不知不觉中就会先入为主地认为:一个小节常常反映出大问题。所以,我们的小节便是我们的名片,是我们身份的象征。

鲁尔先生要雇一名勤杂工到他的办公室打杂,他最后挑了一个男童。

"我想知道，"他的一位朋友问，"你为什么挑他，他既没有带介绍信，也没有人推荐。"

"你错了，"鲁尔先生说，"他带了很多介绍信。他在门口时擦去了鞋上的泥，进门时随手关门，这说明他小心谨慎。进了办公室，他先脱去帽子，回答我的问题干脆果断，证明他懂礼貌而且有教养。其他所有的人直接坐到椅子上准备回答我的问题，而他却把我故意扔在椅子边的纸团拾起来，放到废纸篓中。他衣着整洁，头发整齐，指甲干净。难道这些小节不是极好的介绍信吗？"

可见，小节不小，体现大素质，无独有偶的是，某公司高价招聘一位白领员工，不少能人前来应聘，但只有一人顺利过关，为什么？因为细心的经理注意到了一个细节，这就是当女服务员为这些应聘者递送茶水时，只有他一个人挺礼貌地站起来并用双手接过，还说了声"谢谢"。

这两则事例充分说明了，在交际场合尤其是事关重大的交际场合，请千万注意细节，因为这些细节之中隐藏着很多改变你人生的机遇，所以，不要放过你身边的一件细小之事，哪怕是为一位陌生的老人送去一把椅子。

一个阴云密布的午后，由于瞬间的倾盆大雨，行人们纷纷进入就近的店铺躲雨。一位老妇也蹒跚地走进费城百货商店避雨。面对她略显狼狈的姿容和简朴的装束，所有的售货员都对她心不在焉，视而不见。

这时，一个年轻人诚恳地走过来对她说："夫人，我能为您做点什么吗？"老妇人莞尔一笑："不用了，我在这儿躲会儿雨，马上就走。"老妇人随即又心神不定了，不买人家的东西，却借用人家的店堂躲雨，似乎不近情理，于是，她开始在百货店里转起来，哪怕买个头发上的小饰物呢，也算给自己的躲雨找个心安理得的理由。

正当她犹豫徘徊时，那个小伙子又走过来说："夫人，您不必为难，我给您搬了一把椅子，放在门口，您坐着休息就是了。"两个小时后，雨过天晴，老妇人向那个年轻人道谢，并向他要了张名片，就颤巍巍地走出了商店。

几个月后，费城百货公司的总经理詹姆斯收到一封信，信中要求将这位年轻人派往苏格兰收取一份装潢整个城堡的订单，并让他承包写信人家族所属的几个大公司下一季度办公用品的采购订单。詹姆斯惊喜不已，匆匆一算，这一封信所带来的利益，相当于他们公司两年的利润总和！

他在迅速与写信人取得联系后，方才知道，这封信出自一位老妇人之手，而这位老妇人正是美国亿万富翁"钢铁大王"卡内基的母亲。

詹姆斯马上把这位叫菲利的年轻人，推荐到公司董事会上。毫无疑问，当菲利打起行装飞往苏格兰时，他已经成为这家百货公司的合伙人了。那年，菲利22岁。

随后的几年中，菲利以他一贯的忠实和诚恳，成为"钢铁大王"卡内基的左膀右臂，事业扶摇直上、飞黄腾达，成为美国钢铁行业仅次于卡内基的富可敌国的重量级人物。

菲利只用了一把椅子，就轻易地与"钢铁大王"卡内基攀亲附缘、齐肩并举，从此走上了让人梦寐以求的成功之路。这真是"莫以善小而不为"。

有人说："上帝就在细节中。"当然了，你如果留意了这些细节，并且能做好这些细节，未必能够像菲利一样幸运地赢得平步青云的机会，但如果你不做的话，那你也永远不会有这样的机会。

虽然一个人的成功，有时纯属偶然，可是，谁又敢说，那不是一种必然呢？在芸芸众生之中，有几人能像菲利一样不去拒绝那些平凡而又高尚的小事；又有多少人能长时间地坚持做好这些小事呢？这就看出来在很多看似偶然成功的背后，必有必然的因素在起作用。那种必然支配着这些偶然，很可能就是他们高出众人的整体素质。很多时候，这种素质就表现在坚持将"小事"做好。

许多人都因为事小而不屑去做，对待事情常常不以为然，抱有严重的轻视态度。有一个关于古希腊著名先哲苏格拉底和名徒柏拉图的故事，说明了做与不做之间的巨大差别，也使善于做"小事"可以成就"大事"这个观点更具说服力。

开学第一天，苏格拉底站在讲台上，对他的学生们说："今天大家只要做一件事就行，你们每个人尽量把胳膊往前甩，然后再往后甩。"说着，他先给大家作了一次示范。接着他又说道："从今天开始算起，大家每天做300下，大家能做到吗？"学生们都自得地笑了，心想：这么简单的事，谁会做不到？可是一年过去了，等到苏格拉底再次走上讲台，询问大家的完成情况时，全班大多数人都放弃了，而只有一个学生一直坚持着做了下来。这个人就是后来与其师齐名的古希腊大哲学家——柏拉图。

这也许正说明了柏拉图认真做"小事"的态度，为他以后闻名世界，在哲学领域有所建树奠定了最起码的"精神基础"，虽没有直接联系，但可以说，二者之间也不无关系吧！"这么简单的事，谁会做不到？"这正是许多人的共同心态。但是，世界上所有人与事，最怕"认真"二字。所有学有所长的成功者，虽然一开始，他们与我们都做着同样简单的微不足道的琐事，但是结果却大相径庭。细细分析，唯一的区别是，能成功者，他们从不认为他们所做的事是简单的小事，他们始终认为，现在所做的"小事"是为今后的"大事"做准备，他们目光所及之处，是十分辽阔的沃野，是浩瀚无边的大海，而常人眼中，现在所从事的工作，只是毫无生机的衰草和茫无目标的沙漠。

无论是"把胳膊往前甩"，还是"军营训练""服务顾客"，它们都要求我们必须具备锲而不舍的精神，坚持到底的信念，脚踏实地的务实态度和自动自发、精益求精的责任心。小事如此，大事当然概莫能外，古语"一屋不扫，何以扫天下"也是一个绝佳的佐证。如果你想飞得更快更高，那么就从眼前的"小事"做起吧！

细节产生效率和效益

每一条跑道上都挤满了参赛选手，每一个行业都挤满了竞争对手。如果你任何一个细节做得不好，都有可能把顾客推到竞争对手的怀抱中。可是，任何对细节的忽视，都会影响企业的效益。

很多企业都在对细节的管理上下足了功夫：

戴尔电脑公司的CMM（软件能力成熟度模型），软件开发分为18个过程域，52个目标和300多个关键实践，详细描述第一步做什么，第二步做什么。

麦当劳对原料的标准要求极高，面包不圆和切口不平都不用，奶浆接货温度要在4℃以下，高一度就退货。一片小小的牛肉饼要经过四十多项质量控制检查。任何原料都有保存期，生菜从冷藏库拿到配料台上只有两小时的保鲜期，过时就扔掉。生产过程采用电脑操作和标准操作。制作好的成品和时间牌一起放到成品保温槽中，炸薯条超过7分钟，汉堡包超过19分钟就要毫不吝惜地扔掉。麦当劳的作业手册，有560页，其中对如何烤一个牛肉饼就写了20多页，一个牛肉饼烤出20分钟内没有卖出就扔掉。

当然也有一些企业因为对细节的疏忽造成了许多不必要的损失，以至于大意失荆州。

有一家广告公司承接了国内著名的某家电集团一批商场海报的设计和印刷任务，在设计稿设计完毕准备输入写真的时候，突然设计师小N发现海报上的E-mail有一个字母不对，在准备打电话通知暂缓写真的时候，身后的广告公司经理说："不用了，那样要耽搁时间，这个稿子上的文字我们是依据 H 公司提供的文字设计的，而且他们也已经签过了字认可。""可是这的确与我们原来设计时附加的 E－mail 不一样……"小 N 还没来得及说完，"听我的，就这样了！"经理一锤定音。交稿之后，在该家电集团领导到商场检查工作时，不经意间发现了这个错误的 E－mail。"哪家做的?"部长指着海报问。"××广告公司。"产品经理回答。"看，这哪是我们的 E－mail?"第二天，这个广告公司就被这个家电集团停止了业务。

也许一个 E－mail 并不是广告公司被暂停业务的全部理由，但我们却不能不说这样的工作的失误无疑加速了广告公司被暂停的脚步。就此，如果重新定义服务的标准，我们可以说——在我们为客户服务的过程中，在我们的职责和能力之内，我们有理由为客户把细节工作做得更好。

有人认为"针头线脑"，零零碎碎的小买卖，纯属"服务性"生意，经济效益不高，因而不受重视。与此相反，北京天桥百货商场，却非常重视小买卖。他们把小商品品种数量的多少，列为考核柜台组、售货员的重要指标，全商场经营的商品中，小商品占 6/10，达 6000 多种！天桥的经理们说：从政治上讲，群众需要小商品，商店不能不做小买卖。从经济效益上说，小买卖连着大买卖，这里也有辩证法。

1979 年夏天，一位从东北来京出差的顾客，上衣的一只纽扣脱落了，到"天桥"来买一个一分钱的纽扣。正值傍晚时分，百货柜台前，顾客云集，业务繁忙。可售货员照样热情地接待这位只买一分钱东西的顾客，先是精心替他挑了一只一分钱的纽扣，然后又拿出针线，替他把纽扣缝好，说了声"欢迎您下次再来"，这才去接待别的顾客。

第二天，这位顾客又来了，还带来了 3 个伙伴，他们一起来到商场党支部，向书记、经理表达了他们的谢意。然后又在"天桥"买了两块手表、两套服装，还有一些其他商品，一共花了 550 元。买纽扣的那位顾客，还特意把手中的笔记本递到那位售货员的跟前，指着其中的"备忘录"说："这两块手表是别人托我买的，您看看，本上写着，让我上'亨得利'去买，可我要在你们'天桥'买。你们的服务态度好，叫人信得过！"

一个商场经营成败与否，不仅仅在于商品的质量好坏、样式多寡和管理是否有效上，而售货员的服务是至关重要的，他们服务的好与坏对一个百货商场的经营起到生命线作用。顾客都喜欢去售货员服务热情的商场购物，然而，就是由于这种热情服务，给商场赢得了多少固定客户和回头客呀。

这就是细节的魅力，只要您能够以细心的态度和真诚的服务去关注和满足客户需要的每个细节，即使是一个微笑，一束鲜花也会为您带来非常的惊喜，非常的效益。

在今天，凡是做营销的人没有不知道乔·吉拉德的，他被认为是"世界上最伟大的推销员"。他是如何成功的呢？

乔·吉拉德认为，卖汽车，人品重于商品。一个成功的汽车销售商，肯定有一颗尊重普通人的爱心。他的爱心体现在他的每一个细小的行为中。

有一天，一位中年妇女从对面的福特汽车销售商行，走进了吉拉德的汽车展销室。她说自己很想买一辆白色的福特车，就像她表姐开的那辆，但是福特车行的经销商让她过一个小时之后再去，所以先过这儿来瞧一瞧。

"夫人，欢迎您来看我的车。"吉拉德微笑着说。妇女兴奋地告诉他："今天是我55岁的生日，想买一辆白色的福特车送给自己作为生日的礼物。""夫人，祝您生日快乐！"吉拉德热情地祝贺道。随后，他轻声地向身边的助手交待了几句。

吉拉德领着夫人从一辆辆新车面前慢慢走过，边看边介绍。在来到一辆雪佛莱车前时，他说："夫人，您对白色情有独钟，瞧这辆双门式轿车，也是白色的。"就在这时，助手走了进来，把一束玫瑰花交给了吉拉德。他把这束漂亮的鲜花送给夫人，再次对她的生日表示祝贺。

那位夫人感动得热泪盈眶，非常激动地说："先生，太感谢您了，已经很久没有人给我送过礼物。刚才那位福特车的推销商看到我开着一辆旧车，一定以为我买不起新车，所以在我提出要看一看车时，他就推辞说需要出去收一笔钱，我只好上您这儿来等他，现在想一想，也不一定非要买福特车不可。"就这样，这位妇女就在吉拉德这儿买了一辆白色的雪佛莱轿车。

正是这种许许多多细小行为，为吉拉德创造了空前的效益，使他的营销取得了辉煌的成功，他被誉为"全世界最伟大的销售商"，创造了12年推销13000多辆汽车的最高纪录。有一年，他曾经卖出汽车1425辆，在同行中传为美谈。

你对你的客户服务愈周到，他们就愈会和你保持良好的关系。你提供的服务越细致、越全面，顾客对你的印象就越深刻。

1971年，年轻的布伊诺刚从学校毕业完成医护训练，口袋里空空如也，但他却具备了企业家天生的特质果断且有敏锐的判断力，命中注定会成为声名显赫的企业家。

　　布伊诺医师的事业生涯开始于一家位于杜奎德卡斯这个贫困城市的小医院，在这家仅有 35 张病床的医院里，有九成的病人是孕妇。事实上若以医院的标准来看，这家濒临破产边缘的医院，只不过是一间设置了一些简易的医疗器材的房舍罢了。而病人更是少得可怜，每天大约只有三位病人来医院做每周的产前检查。

　　面对这种惨淡经营，布伊诺忧心如焚。照这样下去，医院不日就会关门大吉，他不想做一个"关门院长"，于是他果断地作出以下决定：送顾客礼物。

　　医院的第一份礼物是免费为病人提供可乐。

　　这家医院的病人大多是非常贫困的，每月平均的收入约 60 美元左右，对他们而言，能够喝一罐可乐，就是个天大的享受。

　　因此，布伊诺决定，凡是来医院做产前检查的孕妇，就可以免费得到一罐可乐。

　　医院的第二份礼物是免费为病人提供接送的专车。

　　医院原本有一辆只在下午供团体使用的厢型车，布伊诺决定在每天上午利用这辆车送新生儿及其母亲回家。这种极具关爱的行动，给当地妇女带来很大的便利，立刻受到当地人的欢迎，进而得到了病人的感激。

　　医院的第三份礼物是免费讲授产妇育婴知识。

　　只要妇女参加这类预防疾病的课程，就可获得一些食物，并可参加抽奖。奖品有婴儿床、高脚椅、尿布等等，而且这一切都是免费的。

　　第四份礼物是免费提供儿童读物。

　　1992 年，布伊诺在医院设立了一个儿童俱乐部，只要父母带孩童加入，就可以得到一些小礼物以及一些教导小孩良好卫生习惯的儿童书刊，供病人及病人家属免费取阅。

　　第五份礼物是不分昼夜，随时都有专家医生的接待。

　　一般的医院，所谓的专家教授，接受患者的求诊，还得事先预约，摆足了架子。而在布伊诺所在的医院却随时都安排专家接诊。

　　如果病人打电话进来，电话旁的医师便会告诉他应到哪栋楼哪一个科室。同时通知医护人员待命。因此，当病人送到，医护人员包括医护专家早已在旁等候了。

　　第六份礼物是为边远地区的病人准备救护直升机以及救护车。

　　救护直升机和漆着"全方位关心"的救护车在机场随时待命。这不仅是光鲜亮丽的直升机及救护车而已，它代表机动的强力医疗救援体系，以科技来挽救生命，和死神赛跑，而这所有的一切都是免费的。可以说，服务是一项非常具体而又需要细心的工作，客户对服务的要求通常是较高的，需要100%满意。正是因为布伊诺经营的医院抓住了做好服务细节这一关键性因素，使这所频临关闭的小医院不仅起死回生，而且成了远近闻名、受人欢迎的大医院。这就是经营细节带来的神奇效益，所以精明的企业家都是关注和钟爱细节之人，只要抓住细节的手，就抓住了企业未来的命运之手。

细节有时正是事物的关键所在

王老板最怕淹水，因为他卖纸，纸重，不能在楼上堆货，只好把东西都放在一楼。

天哪！还差半尺。天哪！只剩两寸了。每次下大雨，王老板都不眠不休，盯着门外的积水看。所幸回回有惊无险，正要淹进门的时候，雨就停了。

一年、两年，都这么度过。这一天，飓风来，除了下雨，还有河水泛滥，门前一下子成了条小河，转眼水位就漫过了门槛，王老板连沙包都来不及堆，店里几十万的货已经泡了汤。

王太太、店员、甚至王老板才十几的儿子都出动了，试着抢救一点纸，问题是，纸会吸水，从下往上，一包渗向一包，而且外面的水，还不断往店里灌。

大家正不知所措，却见王老板一个人，冒着雨、趟着水，出去了。"大概是去找救兵了。"王太太说。而几个钟头过去，雨停了、水退了，才见王老板一个人回来。这时候就算他带几十个救兵回来，又有什么用？店里所有的纸都报销了，又因为沾上泥沙，连免费送去做回收纸浆，纸厂都不要。

王老板收拾完残局，就搬家了，搬到一个老旧公寓的一楼。他依旧做纸张的批发生意，而且一下子进了比以前多两三倍的货。

"他是没淹怕，等着关门大吉。"有职员私下议论。果然，又来台风，又下大雨，河水又泛滥了，而且，比上次更严重。好多路上的车子都泡了汤，好多地下室都成了游泳池、好多人不得不爬上屋顶。

王老板一家人，站在店门口，左看，街那头淹水了；右看，街角也成了泽国，只有王老板店面的这一段，地势大概特高，居然一点都没事，连王老板停在门口的新车，都成了全市少数能够劫后余生的。王老板一下子发了，因为几乎所有的纸行都泡了汤，连纸厂都没能幸免，人们急着要用纸，印刷厂急着要补货、出版社急着要出书，大家都抱着现款来求王老板。

"你真会找地方，"同行业问，"平常怎么看，都看不出你这里地势高，你怎会知道？"

"简单嘛。"王老板笑笑，"上次我店里淹水，我眼看没救了，干脆趟着水、趁雨大，在全城绕了几圈，看看什么地方不淹水。于是，我找到了这里。"

王老板拍拍身边堆积如山的纸，得意地说："这叫救不了上次，救下次，真正的'亡羊补牢'哇"。

其实，王老板之所以能够成功是与他留意到在大雨中，全城哪里不淹水这样的一个细节是紧密相联的，这充分说明了细节有时恰恰是事物的关键所在。当然，"成由细节，败由细节"，就看你能不能充分发现并重视这些细节。

同样，对于营销来说，一个营销方案是否能取得预期效果，就还原创意和实现创意的过程而言，执行过程中的细节绝对是重中之重。

某乳品企业营销副总谈起他们在某市的推广活动时说："我们的推广非常注重实效，不说别的，每天在全市穿行的 100 辆崭新的送奶车，醒目的品牌标志和统一的车型颜色，本身就是流动的广告，而且我要求，即使没有送奶任务也要在街上开着转。多好的宣传方式，别的厂家根本没重视这一点。"

然而，这个城市里原来很多喝这个牌子牛奶的人，后来却坚决不喝了，原因正是送奶车惹的祸。原来，这些送奶车用了一段时间后，由于忽略了维护清洗，车身粘满了污泥，甚至有些车厢已经明显破损，但照样每天在大街上招摇过市。人们每天受到这种不良的视觉刺激，喝这种奶还能有味美的感觉吗？

创造这种推广方式的厂家没想到："成也送奶车，败也送奶车。"对送奶车卫生这一细节问题的忽视，导致了创意极佳的推广方式的失败。

同样的问题越来越多地出现在各企业的各个营销环节中。很多企业在营销出现问题的时候，一遍遍思考营销战略、推广策略哪儿出了毛病，但忽视了对执行细节的认真审核和严格监督。

为什么企业界会发生如此多的悲剧呢？看看这些企业当年的发展规模和发展速度，看看这些企业当年的运作模式，有哪一家的失败不是"千里之堤，溃于蚁穴"的呢？尤其是保健品巨头三株。

三株，曾在短短的 3 年时间里，销售额提高了 64 倍，达到 80 亿，创造了中国保健品行业无比辉煌的帝国，其销售网络遍布全国城市，甚至村镇。总裁吴炳新曾吹嘘过："在中国有两大网络，一是邮政网，一是三株销售网。"但是，一篇《八瓶三株口服液喝死一条老汉》的新闻报道，便使三株这个庞然大物轰然倒下，气病了难得的企业帅才吴炳新，同时也使许多企业界人士长嗟短叹，唏嘘不已。

三株的垮掉原因当然是仁者见仁，智者见智。但是，其中有一种很奇怪的现象——当三株遭危机时，各级销售人员纷纷挟款而去，值得人们深思。如此大的企业，居然管理纪律不严，财务监督不严，没有对付突发事件的应急方案。

我们来看看总裁吴炳新在 1997 年年终大会上总结的三株"十五大失误"吧。

（1）市场管理体制出现了严重的不适应，集权与分权的关系没处理好。

（2）经营体制未能完全理顺。

（3）大企业的"恐龙症"严重，机构臃肿，部门林立，程序复杂，官僚主义严重，信息不流畅，反应迟钝。

（4）市场管理的宏观分析、计划、控制职能未能有效发挥，对市场的分析估计过分乐观。

（5）市场营销策略、营销战术与消费需求出现了严重的不适应。

（6）分配制度不合理，激励制度不健全。

（7）决策的民主化、科学化没有得到进一步加强。

（8）部分干部骄傲自满和少数干部的腐化堕落，导致了我们许多工作没做到位。

（9）浪费问题严重，有的子公司 70％广告费被浪费掉，有的子公司一年电话费 39 万元，招待费 50 万元。

（10）山头主义盛行，自由主义严重。

（11）纪律不严明，对干部违纪的处罚较少。

（12）后继产品不足，新产品未能及时上市。

（13）财务管理严重失控。

（14）组织人事工作和公司的发展严重不适应。

（15）法纪制约的监督力不够。

由此可见，三株的倒闭并非是因哪家新闻报道所为，而是三株的"大堤"早已被"蚁穴"掏空了。试想，内部如此混乱不堪的一家企业，怎么经得起市场的大潮呢？如果不是三株内部管理存在这么多"蚁穴"，像三株这样大的企业产品质量不可能出现如此大的失误；如果不是三株内部存在这么多"蚁穴"，三株完全有能力事后补救，找出解救良药。

这也回答了这样一个问题，即为什么有的企业能够历尽风雨而长盛不衰，而有的企业却只能红火一时轰然倒下。重要的原因是对细节的态度和处理存在着根本的不同。从企业管理的角度来看，细节是管理是否到位的标志。管理不到位的企业很难成为成功的企业，更难以根基牢固。当前，忽视细节，管理不到位是不少企业的通病。如何在激烈的市场竞争中立于不败之地，是每个企业面临的重大课题。今后的竞争将是细节的竞争。企业只有注意细节，在每一个细节上下够功夫，才能全面提高市场竞争力，保证企业基业长青，在企业基本战略抉择成形以后，决定企业成败的就是"细节管理"。

在高科技日新月异，经济全球化飞速发展的形势下，伴随着社会分工的越来越细和专业化程度的越来越高，一个要求精细化管理的时代已经到来。细节成为产品质量和服务水平的有力表现形式。企业只有细致入微地审视自己的产品或服务，注意细节、精益求精才能让产品或服务日臻完美，在竞争中取胜。同样，如何处理好细节，从企业领导方面看，是领导能力与水平的艺术体现；从企业作风上看，是企业认真负责精神的体现；从企业发展上看，是企业实现目标的途径。

细节贵在执行

贝聿铭是一位我们熟知的华裔建筑师，他认为自己设计最失败的一件作品是北京香山宾馆。他在这座宾馆建成后一直没有去看过，认为这是他一生中最大的败笔。

实际上，在香山宾馆的建筑设计中，贝聿铭对宾馆里里外外每条水流的流向、水流大小、弯曲程度都有精确的规划，对每块石头的重量、体积的选择以及什么样的石头叠放在何处最合适等等都有周详的安排，对宾馆中不同类型鲜花的数量、摆放位置，随季节、天气变化需要调整不同颜色的鲜花等等都有明确的说明，可谓匠心独具。

但是工人们在建筑施工的时候对这些"细节"毫不在乎，根本没有意识到正是这些"细节"方能体现出建筑大师的独到之处，随意"创新"，改变水流的线路和大小，搬运石头时不分轻重，在不经意中"调整"了石头的重量甚至形状，石头的摆放位置也是随随便便。看到自己的精心设计被无端演化成这个样子，难怪贝聿铭要痛心疾首了。

因此，香山宾馆建筑的失败不能归咎于贝聿铭，而在于执行中对细节的忽视。

可见，一个计划的成败不仅仅取决于设计，更在于执行。如果执行得不好，那么再好的设计，也只能是纸上蓝图。唯有执行得好，才能完美地体现设计的精妙，而执行过程中最重要的在于细节。有时，看似一个微小细节的执行会给一个企业带来起死回生的神奇威力。

一位年轻人大学毕业后到一家大型企业工作。参加工作的前三年，公司的效益非常好，每个月他总会有一笔不菲的工资和奖金。在外人眼里，他能拥有这一切已经很不错了，他也很知足。和他一起共事的大都是大学毕业的年轻人，随着时间的推移，按部就班的工作节奏使他们变得懒散，总觉得工作生活中缺少激情。他们厌倦了目前的工作和生活，想跳槽换个环境。

市场的竞争是残酷的，经济的风云变幻是很难预料的。就在他们决定跳槽的时候，公司由于在一个重大项目上决策失误，损失惨重，多年来公司创造的辉煌一夜之间化为乌有，面临破产的困境。平时公司的经理带领他们创业，对这些年轻人也格外照顾。在公司处于困境的时候选择跳槽，他们很是过意不去，但是长期在公司呆下去不会有太大的发展前途。权衡再三，他们决定离开，另谋高就。就这样他们联合了几个年轻人写好了辞职报告。

盛夏时节酷暑难耐，为了节约用电，公司老总把自己办公室空调的温度从23℃提高到24℃。为此，经理特意在门口贴了一张小纸条："关键时刻，让我们从点滴做起。尽管公司处于困境，但困难只是暂时的，如同乌云遮不住太阳。为了节省1℃的电量，你们进入我的办公室时，可以随便减去一件衣服。"

在这个以严格的等级制度管人的公司，没有人可以在进入经理的办公室之前随随便便脱去西装。尽管经理贴出了小纸条，可是没有人在进入他的办公室之前减衣服。时间长了，经理发现了这一点，立即从自己做起，自己先减去一件衣服，穿着随便些，让来汇报工作的员工放松心情，自然一些。

那天他们走到经理办公室，看到小纸条，没敢脱衣服，但心微微地被震动了一下。走进办公室，他们发现经理穿着很随便，而且他们观察到经理室的空调温度比往常高了1℃。经理让他们脱去外套，有什么想法慢慢汇报。先前想好的理由顷刻间化为乌有，最后他们红着脸退了出去。此后，他们的心长久地被那1℃温暖着，尽管那1℃对一个员工上千的企业算不了什么，但是他们从那微不足道的1℃中看出了一种温暖，一种精神。几个月过去了，始终没有人提辞职的事情。后来那家公司走出了困境，企业的发展蒸蒸日上。有人说企业的成功与1℃有关，也有人说与1℃无关。但是，可以肯定大家都从企业的高出的1℃的温度中感受到了企业发展的内在潜力，留住了员工的心，也赢得了企业发展的机遇。

现代企业处在一个迅猛发展的时代，很多决策者制定的方针路线都是正确的。但是，往往出现这样一种情况，就是落实时，再好的计划都会走样变形，甚至完全失败。

反观这些企业所走的每一步路，就会发现，很多事之所以没有做好是因为细节没有做透，这就是执行力的问题。如果细节做到位了，执行力就不存在问题。这个问题是企业中的每一个人、每一个机构、每一个团队都有必要注意的。

有分析家认为，海尔企业精确管理的经验之一，就是把任何一个总目标科学准确地细化分解。

海尔细化、分解组织目标是按"集团—本部—事业部—各职能部门—责任部门—个人"的方式层层展开的。在细分的过程中，每个分目标的具体指标和详细的执行措施也随之逐层细分，纵向到底，直至落实到员工个人。科学的细化、分解举措保证了企业的各项工作的目的性和有效性，减少了资源浪费，为企业目标的实现提供了强有力的实施保障。

在对总目标进行细节分解时，首先要对员工进行认真的分析，把每个员工的长处和短处分析清楚，制定出最佳的细化方案，把任务安排给最合适的人去完成。做到了这一点，管理者手下就没有不可用之人，所有的人都会成为好的工作者。本着这样的精神去安排每一个人的工作，做到在自己所在范围内"人人有事做，事事有人管"，连办公室的玻璃由谁擦，电灯由谁关这样的细节都落实到人了，就会充分调动每个人的责任感和积极性。

而国内许多企业在投入与产出之间往往形成一个巨大的空档。只对投入产出作了理想的规划，对如何落实则没有扎实的手段。一些企业的领导者表面上气势很大，敢于拍板，实际上缺乏周密考虑，对战略实施的困难估计不足。这些企业都实行"大概级"的管理，其水平低下正是目前影响企业效益的根本原因之一。

还是以飞龙为例。飞龙集团总裁姜伟是"中国改革风云人物"之一，

1990 年 10 月创立企业时，注册资金只有 75 万元，第 2 年就实现利润 400 万元，1992 年实现利润 6000 万元，1993 年、1994 年连续两年利润超过两个亿。这个靠"飞燕减肥茶"起家、"延生护宝液"发财的民营企业，资本积累速度决不亚于海尔，其"地毯式"广告轰炸产生的品牌效应一时间也不亚于海尔，可为什么 1995 年一遇上保健品市场下滑就一蹶不振？

此中原因非常复杂，姜伟本人对此进行过深刻反省。在其《总裁的 20 大失误》里，姜伟对飞龙跌落的原因从决策、管理、市场、人才等诸个方面进行了剖析。其中第 11 大失误是：

"管理规章不实不细。飞龙集团发展 6 年中制定了无数条规章和纪律，规章制度已经比较完整。但这些规章大部分没有严密的具体细则，没有落实到具体责任人，导致有规难依的局面。纠正这一错误要从现在开始，总部各部门、市场各公司重新把现有的法规完善后，要增加两方面内容，即法规实施细则和实施检查细则。"

其实，像飞龙公司等企业，其规章制度不可谓无，也不可谓不严、不实、不细。但这些规章制度往往说在口头上、写在纸上、钉在墙上，就是落实不到行动上。

"天下大事，必做于细"我们可以延伸为"天下企业，必做于细"，关键在于一个"做"字，没有实际行动，领导者的宏伟目标只是空想而已。

第二篇

细节怎样决定成败

　　生活中充满了细节，绝大多数细节会像我们每天数以亿万计脱下的皮屑一样，看不到扬起或落下便无影无踪了，总有一些看起来非常偶然的细节会帮助或伤害我们，所以认清生活中各种细节如何影响我们的成败十分重要。

第一章　用心才看得见

——细节隐藏机遇

事事留心皆机遇

　　人生漫漫，机遇常有，但决定我们命运的不是我们的机遇，而是我们对机遇的看法。机遇悄然而降，稍纵即逝。因此，你若稍不留心，她就将翩然而去，不管你怎样地扼腕叹息，她却从此杳无音讯，一去不复返。因此，有些人认为，一些人之所以不能成功，并不是因为没有机遇，并不是幸运之神从不照顾他们，而是因为他们太大意了，他们的大意使他们的眼睛混浊而呆板，因而机遇一次次地从他们眼前溜走而自己却浑然不觉。因此，对于这些人来说，他们要想取得成功，要想捕捉到成功的机遇就必须擦亮自己的双眼，使自己的双眼不要蒙上任何的灰尘。这样，他们才能够在机遇到来的时候伸出自己的双手，从而捕捉到成功的机遇。而那些之所以能够取得成功的人并不是幸运之神偏爱他们，幸运之神对谁都一视同仁，幸运之神不会偏爱任何一个人。成功的人之所以能每每抓住成功的机遇，完全是由于他们在生活中处处都很留心，他们具有一双捕捉机遇的慧眼，当机遇来临的时候，他们就能迅速作出反应，从而把机遇牢牢地抓在自己的手中。

　　捕捉机遇一定要处处留心，独具慧眼。其实只要你仔细留心身边的每一件小事，这每一件小事当中都可能蕴藏着相当的机会，成功的人绝不会放过每一件小事。他们对什么事情都极其敏感，能够从许多平凡的生活事件中发现很多成功的机遇。

　　有一次，日本索尼公司名誉董事长井琛大到理发店去理发，他一边理发一边看电视，但由于他躺在理发椅上，所以他看到的电视图像只能是反的。就在这时，他突然灵机一动。心想："如果能制造出反画面的电视机，那么即使躺着也能从镜子里看到正常画面的电视节目。"有了这些想法，他回到索尼公司之后就组织力量研制和生产了反画面的电视机，并把自己研制出来的电视机投放到市场上去销售。果然这种电视机受到了理发店、医院等许多特殊用户的普遍欢迎，因而取得了成功。这则事例给我们的启示就是功夫不负有心人，只要你能够处处留心，那么就有很多的机会在向你招手。

美国第四大家禽公司——珀杜饲养集团公司董事长弗兰克·珀杜，讲述了他成功的经历和童年的一段故事：

珀杜10岁时，父亲给了他50只自己挑选剩下的劣质仔鸡，要他喂养并自负盈亏。在小珀杜的精心照料下，这些蹩脚的鸡日见改观、茁壮成长。不久，产蛋量竟超过了父亲的优质鸡种，每日卖蛋纯收入可得15美元左右，这在大萧条时期可是一笔大钱。开始时，父亲不相信，当他亲眼看见小珀杜把鸡蛋拿出去时才开始相信他。后来珀杜开始帮助父亲管理部分鸡场，事实再一次证明他的管理和销售能力。他管理的几个鸡场的效益超过了父亲。1984年，父亲终于将他的整个家禽饲养场全部交给珀杜管理。

珀杜之所以能比父亲经营管理得好，是因为他能注意到一些很细小的环节。因为他对事物的仔细观察，使他发现了隐藏在细小事物中的机遇，从而见微知著。

10岁的时候，珀杜对鸡的生活习性一点也不了解。但是他认真观察后发现，当一只鸡笼里的小鸡少了时，小鸡吃得就多，成长得就快，但是太少了又会浪费鸡笼和饲料。于是他就慢慢地寻找最佳结合点，最后总结出每只笼子里养40只小鸡是最合理的。注意事物的每一个细节，从中可以发现使人成功的机遇，从而对总体的把握更加准确。抓住了微妙之处，也就把握了荦荦大端。

处处留心皆机遇，要做生活当中的有心人是因为机会往往来得都很突然或者很偶然。因此，只有留心、用心的人才有可能在机会来临的一瞬间捕捉到它。比如说世界上第一个防火警铃就是在实验室的一次实验中偶然发明的。第一个防火警铃的发明者杜妥·波尔索当时正在试验一个控制静电的电子仪器，忽然他注意到他身边的一个技师所抽的香烟把仪器的马表弄坏了。开始时，杜妥·波尔索的第一反应是非常懊恼，因为马表坏了必须中止实验，重新再装上一个马表。但他很快地就想到，马表对香烟的反应可能是一个非常有价值的资讯。这个只是一瞬间发生的看似很不起眼的偶然事件，就促使杜妥·波尔索发明了第一个防火报警警铃，在防火领域作出了突破性的贡献。

不仅仅像防火报警警铃的发明来自生活中很突然的偶发事件，其实，世界上有很多的发明创造都是来自这种生活中突发的偶然事件。被称为"杂交水稻之父"的我国农业科学家袁隆平发明杂交水稻也是如此。袁隆平有一次在稻田里，无意之中突然发现了一株自然杂交的水稻。由此，他想到目前我们人类所认定的水稻不能杂交的结论可能是个错误的结论。于是，通过艰苦的科学研究，他攻克了一个又一个难关，终于成功地培育出了杂交水稻，从而一举成了足以改变人类命运的世界级的科学家。

面对许许多多这样成功的事例，你也许会说，我整天都坐在果园里，苹果树上的苹果把我的头都砸烂了，为什么我就没有像牛顿一样发明出一个什么定律？可能你还会说，我一年四季都不停地在稻田里转悠，我的脑子都快要被水稻装满了，我自己也快要变成水稻了，可我怎么就没有发现一株自然杂交的水稻？

有一句谚语说："有恒为成功之本。"这句话一语点破了勤奋出机遇的道理。机遇的出现是同个人的打拼紧密联系在一起的。

每个人心里都清楚，机遇并不是一朵开在花园里的鲜花，你伸手就能将它采摘，它是一朵开在冰天雪地、悬崖峭壁上的雪莲，只有那些不畏艰险，勇于攀登高峰的人才能闻得它的芳香，才能将它拥有。

拿著名漫画家方成来说，每个人都知道他以画漫画为业，但很少有人知道他曾经是一位从事化学研究的工作人员。方成在漫画上取得如此高的成就，完全是凭借个人的奋斗精神。多年以来，方成一直在报社当编辑，专门为文章配漫画，常常是夜里定下题目，然后仔细构思，反复揣摩，第二天就要交稿见报。然而并不是每次工作都能顺利完成，有时画稿交上去以后，回家后又想出新的主意，于是又重新画一幅；有时费尽心思也想不出好的点子，他就把头放在水龙头下冲一冲，继续思索，直到画出一幅自己满意的漫画为止。

几十年如一日，方成凭借自己的勤奋努力，抓住了一个几乎不存在的机遇——作为一个漫画家享誉中外。由此可见，如果方成缺乏一种奋斗精神，那么他不可能碰到这种得之不易的机遇；如果对一开始的退稿感到心灰意冷，那么他不可能最终成为知名的漫画家。

方成的成功，向我们说明了任何机遇都不是偶然的，而是"得之在俄顷，积之在平日"。只有平时的刻苦勤奋，只有敢于在荆棘丛生、充满危险的无路之处走出一条平坦的大道，才能创造出原本不属于自己的机遇。"天赐良机"，只是对那些平日潜心奋斗者的回报。

在人的一生中，总会碰到各式各样的偶然性的机会，但是，假如没有平时对知识的积累、辛勤持久的思索，那么，机会即使降临了，也无从知晓，知晓了也不会捕捉利用，所以，人不能把希望寄托在偶然性的机会上。

不放弃万分之一的机会

绝不放弃万分之一的可能，终归有收获；轻易放弃一分希望，得到的将是失败。

这是一个崇尚开拓创新的时代，人人都渴望能证实自我。正因为如此，我们更应该勇敢地面对失败。失败并不可怕，由于恐惧失败而畏缩不前才是真正可怕的。

要战胜失败，就不要放弃尝试各种的可能性。

以精益求精的态度，不放弃尝试种种的可能，终会有成果的。

有个年轻人去微软公司应聘，而该公司并没有刊登过招聘广告。见总经理疑惑不解，年轻人用不太娴熟的英语解释说自己是碰巧路过这里，就贸然进来了。

总经理感觉很新鲜，破例让他一试。面试的结果出人意料，年轻人表现糟糕。他对总经理的解释是事先没有准备，总经理以为他不过是找个托词下台阶，就随口应道："等你准备好了再来试吧。"

一周后，年轻人再次走进微软公司的大门，这次他依然没有成功。

但比起第一次，他的表现要好得多。而总经理给他的回答仍然同上次一样："等你准备好了再来试。"就这样，这个青年先后5次踏进微软公司的大门，最终被公司录用，成为公司的重点培养对象。

也许，我们的人生旅途上沼泽遍布，荆棘丛生；也许，我们追求的风景总是山重水复，不见柳暗花明；也许，我们前行的步履总是沉重、蹒跚；也许，我们需要在黑暗中摸索很长时间，才能找寻到光明；也许，我们虔诚的信念会被世俗的尘雾缠绕，而不能自由翱翔；也许，我们高贵的灵魂暂时在现实中找不到寄放的净土……那么，我们为什么不可以以勇敢者的气魄，坚定而自信地对自己说一声"再试一次!"永不放弃万分之一的可能性。

1832年，有一个年轻人失业了。而他却下决心要当政治家，当州议员，糟糕的是他竞选失败了。在一年里遭受两次打击，这对他来说无疑是痛苦的。他又着手办自己的企业，可一年不到，这家企业就倒闭了。在以后的17年里，他不得不为偿还债务而到处奔波、历尽磨难。

此间，他再一次决定竞选州议员，这次他终于成功了。他认为自己的生活可能有了转机，可就在离结婚还差几个月的时候，未婚妻不幸去世。他心力憔悴卧床不起，患上了严重的神经衰弱症。

1838年，他觉得身体稍稍好转时，又决定竞选州议会长，可他失败了；1843年，他又参加竞选美国国会议员，但这次仍然没有成功……

试想一下，如果是你处在这种情况下会不会放弃努力呢？他一次次地尝试，一次次地失败，企业倒闭，情人去世，竞选败北，要是你碰到这一切，你会不会放弃你的梦想？他没有放弃，也始终没有说过：要是失败会怎样？1846年，他又一次参加竞选国会议员，终于当选了。

在以后的日子里，他仍在失败中奋起，一次又一次地努力，最后，1860年，他当选为美国总统，他就是亚伯拉罕·林肯。

林肯一直没有放弃自己的追求，一直在做自己生活的主宰，他用永不言败的精神迎来了成功。他以自己的经历告诉我们：成功不是运气和才能的问题，关键在于适当的准备和不屈不挠的决心。面对困难，不要退却，不要逃避。林肯压根就没有想过要放弃努力。他不愿放弃，也从不言败。

很多时候，所谓的困难只是一只"纸老虎"，它横在路上阻碍你前行，如果你被吓住了，那么你永远也遇不到它后面的成功。人们经常在做了90%的努力后，放弃了最后可以让他们成功的10%的努力。这不仅使他们输掉了全部的投资，更丧失了最后发现宝藏的喜悦。

告诉你一个保证失败的规律：每当你遭受挫折时便放弃努力。再告诉你一个保证成功的诀窍：每当你失败时，再去尝试，成功也许就在你的一点点努力之后。

在向成功之巅攀登的途中，我们必须记住：梯子上的每一级横级放在那儿是让搁脚的，是让我们向更高处前进的，而不是用来让你休息的。我们常常又累又乏，但举重冠军詹姆士·J. 柯伯特常说："再奋斗一回，你就成了冠军。事情越来越艰难，但你仍需再努把力。"威廉·詹姆士指出，我们不仅要重整旗鼓，而且还要做第3次、第4次、第5次、第6次甚至是第7次的努力，在每个人体内都有巨大的储备力量，除非你明白并坚持开发使用，否则它是毫无意义的。因此，我们在工作和生活中碰到困难，绝不应轻言放弃。

邱吉尔下台之后，有一回应邀在牛津大学的毕业典礼上演讲。那天他坐在主席台上，打扮一如平常，还是一顶高帽，手持雪茄。

经过主持人隆重冗长的介绍之后，邱吉尔走上讲台，注视观众，沉默片刻。然后他用那种特别的邱吉尔式的风度凝视着观众，足足有30秒之久。终于他开口说话了，他说的第一句话是："永不放弃。"然后又凝视观众足足30秒。他说的第二句话是："永远，永远不要放弃！"接着又是长长的沉默。然后他说的第三句话是："永远，永远，永远不要放弃！"他又注视观众片刻，然后迅速离开讲台。当台下数千名观众明白过来的时候，立即响起了雷鸣般的掌声。

赌徒有一句名言："不怕输得苦，就怕断了赌。"意思很简单，输了不要紧，只要继续赌就可能赢回来。可能因为这个原因，于是有了"久赌无输赢"的赌谚。

我们是反对赌博的，但是这句赌博的谚语在人的生活中还是很有用的。一个人，只要心中充满了希望，就会不断地前进，最后实现自己的人生理想。如果没有理想，就像没有赌资的赌徒一样，就输到底了。

希望获得成功，必须坚持下去，平时做好准备，一是可以应付不时之需，二是为机会的到来做好准备。

两个人横穿大沙漠，一段时间以后，他们的水喝光了。烈日当空，酷热难当，其中一个人中暑倒下。

另一个人给他留下了一把枪和5发子弹，并叮嘱他："三小时后，每隔半小时向天空放一枪，我会尽快回来的。"说完，这个人就找水去了。

中暑的那个人在沙漠里焦急地等待。

时间是那样难熬，好不容易才过了两个半小时，他忍不住了，鸣响了第一枪；然后，第二枪、第三枪、第四枪也相继鸣响。可是找水的伙伴还是无影无踪。

只剩下最后一颗子弹了，怎么办？如果最后一颗子弹还不能唤回伙伴的话，自己就会被酷热的沙漠灼烤着痛苦地死去。

他一次次地问自己"怎么办"、"怎么办"，最后，他完全失去了信心和毅力，把最后的子弹，也就是第五颗子弹对准了自己的头打响了。

可是，他万万没有想到的是，正是这最后的第五颗子弹鸣响的时候，伙伴回来了，手里拿着满壶的清水……

在生活中，每个人都会遇到各种各样的难关。此时，我们只有两种选择：要么逃避，甚至于像那位中暑的人那样，用第五颗子弹结束自己的生命；要不就咬紧牙关挺过去。显然，任何人都应该做第二种选择。因为，只有挺过去，才能为自己赢得机会——生命的机会！

说者无意，听者有心

少说多听，会更利于谈判者抓住对方的种种细节，以便找准突破口，使谈判成功。工于心计的谈判高手，往往用不到两分钟的时间介绍自己，而留下 20 分钟让对方发言。

倾听是了解对方需要、发现事实真相的最简捷的途径。谈判是双方沟通和交流的活动，掌握信息是十分重要的。一方不仅要了解对方的目的、意图，还要掌握不断出现的新情况、新问题。因此，谈判的双方都十分注意收集整理对方的情况，力争了解和掌握更多的信息，但是没有什么方式能比倾听更直接、更简便地了解对方的信息了。

倾听能使你更真实地了解对方的立场、观点、态度，了解对方的沟通方式、内部关系，甚至是小组内成员的意见分歧，从而使你掌握谈判的主动权。

日本某公司在与美国某公司因购买设备而进行的谈判中，接连派出 3 个谈判小组，都是只提问、记录，而美方则滔滔不绝地介绍，把他们自己的底细全盘交给了日本人。当然，结果是日本人大获全胜，以最不利的交易条件争取到最大的利益。可见，会利用倾听也是一种非常有用的谈判战术。

其实，现在我们处在一个信息爆炸的时代。机遇就来自这浩如烟海的资讯，有时，一句话、一则消息，一件微不足道的小事，就包含着难得的机遇，关键看你是否善于倾听，留心这些信息以及如何对待它，能不能及时抓住它。

香港有"假发业之父"称号的刘文汉则是靠餐桌上的一句话抓住机遇的。

1958 年，不满足于经营汽车零配件的小商人刘文汉到美国旅行、考察商务。有一天，他到克利夫兰市的一家餐馆同两个美国人共进午餐，美国人一边吃、一边叽哩哇啦谈着生意经，其中一个美国人说了一句只有两个字的话："假发。"刘文汉眼睛一亮，脱口问道："假发？"美国商人又一次说道："假发"，说着，拿出一个长的黑色假发表示说，他想购买 13 种不同颜色的假发。

像这样餐桌上的交谈，在当时来说，只不过是商场上普通的谈话，一句只有两个字的话，按说也没有什么特殊意义和价值，但是，言者无意，听者有心。刘文汉凭着他那敏捷的头脑，很快就作出判断：假发可以大做一番文章。这顿午餐，竟成了刘文汉发迹的起点。

他经过一番苦心的调查了解发现，一个戴假发的热潮，正在美国兴起，在刘文汉面前，展现了一个十分广阔的市场。他一回到香港，就马不停蹄，开始了对制造假发的原料来源的调查。他发现，把从印度和印尼输入香港的人发（真发）制成各种发型的发笠（假发笠），成本相当低廉，最贵的每个不超过 100 港元，而售价却高达 500 港元。刘文汉喜出望外，算盘珠一拨，立即作出决定：在香港创办工厂，制造假发出售。

但是，制造假发的专家到哪里去找？刘文汉又陷入了苦恼和焦虑。一天，一位朋友来访，闲谈中提到一个专门为粤剧演员制造假须假发的师傅。刘文汉不辞辛苦地追踪开了，终于找到了他。可是，这位高手制造一个假发，需要 3 个月的时间！这样怎么能做生意？怎么办？刘文汉的思路没有就此停止，他在头脑中飞快地将手工操作与机器操作联系起来，终于想出了办法。把这位独一无二的假发"专家"请来，再招来一批女工，精通机械之道的刘文汉又改造了几架机器，他手把手地教工人操作，由老师傅把质量关，发明与生产同步进行，世界第一个假发工厂就这样建成了。

各种颜色的假发大批量地生产出来，消息不胫而走，数千张订货单雪片般飞来，刘文汉兜里的钞票也与日俱增，到了 1970 年，他的假发外销额突破 10 亿港元，并当选为香港假发制造商会的主席。

刘文汉学会了听别人的话从而抓住了机遇，这不是点石成金，而是给他打开了一座机遇的宝库。所以说者无意，听者要有心。

说起来，机遇对于每个人都是公平的，它不在等待中出现，更不在幻想中降临，它只偏爱那些专注细节善于留心各种信息的人们，偏爱那些时刻奋斗着的人们，但是，很少有人会知道世界闻名的"希尔顿饭店"的诞生竟然是从一句话开始。

第一次世界大战结束之后，还不满 30 岁的希尔顿从法国战场回到美国，光荣退伍。

可是不久，他的父亲车祸丧生，这使他伤心至极。这时，他突发奇想，想在一种流浪式的移动中充分认识自己，从而寻找到未来生活的归宿。

他几乎走遍了新墨西哥州，并且处处留心观察州内的石油工业、小城镇的银行业、杂货店、公寓及旅店的生意情况，最后，他终于下定决心从事银行业。

希尔顿在新墨西哥州找不到银行业的事做，他的口袋里还有 5000 美元，但是他不想放弃，就继续向前，越过了州界，来到得克萨斯州。

得州盛产石油，他便决定到充满石油和发财机会的休斯哥镇去冒险。抵达镇上，得知靠近火车站有一家银行，便走进去问经理："你们这家银行要多少钱才出售?"

经理告诉他:"只要你出得起 7.5 万美元就会售给你。"

希尔顿听了满怀信心,心里对自己说:"对于一个渴望得到某种东西的人应该而且完全能够想尽办法去获得它。"

这时,他完全忘了自己身上有多少钱,也顾不得和对方讨价还价,就急忙走到火车站,在电报柜台给那家银行的业主拍出一份电报,表示他愿意以 7.5 万美元的价格买下这家银行。

电报发出之后,希尔顿的心情轻松起来,便悠闲自得地来到大街上漫步,心里还想着今后如何专心经营这家银行。他开始梦想着如何成为"银行业王国"的国王。

然而,当他重新回到这家银行时,报务员立即交给他一份电报说:"售价已经涨到 8 万美元,买不买随你。"

希尔顿挨了这当头一棒,一时气得面红耳赤,半天说不出话来,最后只好悻悻地从银行里退了出来。

这时天色已晚。路灯照得街道对面的"莫利希饭店"几个字闪闪发亮,希尔顿想在那里住一夜,就横过街去。

"莫利希饭店"是一幢两层楼的红砖房,生意很好,希尔顿走进店门,见走道里站满了人,许多人挤到服务台前,争着要服务员办理住宿登记手续。

希尔顿想要一个房间,也挤上前去,话还没说出来,那个服务员就把旅店登记簿合上了,说:"别挤啦,客满了!"

这时,挤在走道里的人群又骚动起来了,还没等希尔顿反应过来,许多人就像小孩子抢座位似的,拼命争抢走道里仅有的几张椅子。

希尔顿明白过来时,也想争一把椅子,但椅子早就被人抢光了,留下来的只有他身旁的那根柱子,他只好靠在柱子上站着,闭目盘算着,下一步该怎么办呢?

他突然觉得有人推了他一下,睁开眼来,见是一个绷紧了面孔的人在推这个又推那个,并一路叫着:"出去!"原来他是在驱赶坐在椅子上的人。希尔顿站直了身子没有动,那人又走过来对他说:"对不起,朋友,请在 8 点钟我们腾空了这个地方的时候,你们再到这里来。"

希尔顿听此觉得有些好奇,于是,问:"你的意思是说,你只让他们睡 8 个小时,就做第二轮生意吗?"

那人说:"是的,一天到晚,每 24 小时分做三轮生意。如果你愿意付款,我允许你睡在餐厅的餐桌上。"

希尔顿又问："你是这家旅店的老板吗?"

那人说："是的,但我也被它紧紧地束缚住了。这个时候,我应该出去,到油田那边去多赚几个实实在在的钱。"

希尔顿觉得纳闷,这里的生意这么好,他怎么还不安心呢?难道他想出售这家店吗?于是试探着说："可是,你的旅店生意很不错呀!"

旅店老板说："不,在别人一夜之间便可成为百万富翁的时候,你愿意呆在旅店里和一群浑人纠纠缠缠吗?唉,只要我能够摆脱这个地方……"

希尔顿听他这一说,简直高兴得差点跳起来,但他还是抑制住了内心的兴奋,用平静的口气问:"老板,你是不是说,准备出售这家旅店?"

老板说:"是的,不管任何人,只要他愿意付出 5 万美元的现金,谁就可以得到这座旅店,连里面的所有设备都归他。"

希尔顿立时把头昂起来,说:"老板,你已经找到买主了!"

希尔顿俨然成了店主人似的,用了 3 个小时,先查阅了莫利希旅店的账簿,心里想,这个想发石油财的家伙真是一个十足的大傻瓜。经过一番讨价还价以后,店主愿以 45000 美元的价格出售。

就这样希尔顿在和店主的交谈之中,意外地获得了此店要出售的消息,于是他毫不犹豫地抓住了这个机遇,想尽一切办法筹集资金,最终,成功地买下了莫希利旅店,从此翻开了"希尔顿饭店帝国"发迹史的第一页。

看准时机,敢于冒险

面对机遇,如果少几分瞻前顾后的犹豫,多几分义无反顾的勇气,说不定会闯出"柳暗花明"来。

19 世纪中叶,美国人在加利福尼亚州发现了金矿,这个消息就像长上了翅膀,很快就吸引了很多的美国人。在通往加利福尼亚州的每一条路上,每天都挤满了去淘金的人。他们风餐露宿,日夜兼程,恨不得马上就赶到那个令人魂牵梦萦的地方。

在这些做着美梦的人流中,有一个叫菲利普·亚默尔的年轻人,他当年才 17 岁,是一个毫不起眼的穷人。

就是这个亚默尔,后来却干出了使人感到很惊奇的事情,到了加利福尼亚州之后,他的"黄金梦"很快就破灭了:各地涌来的人太多了。茫茫大荒

原上挤满了采金的人，吃饭喝水都成了大问题，

刚开始的时候，亚默尔也跟其他人一样，整天在烈日下拼命地埋头苦干，每天都是口干舌燥，一般人无法忍受这种折磨。

亚默尔很快就意识到，在这里，水和黄金一样贵重。他曾经不止一次地听到有人说："谁给我一碗凉水，我就给他一块金币！"可是很多人都被金灿灿的黄金迷住了，没有人想到去找水。

亚默尔想到了，他很快就下了决心，不再淘金了，弄水来卖给这些淘金的人，赚淘金者的钱。

卖水其实很简单，挖一条水沟，把河里的水引到水池里，然后用细沙过滤，就可以得到清凉可口的水了。他把这些水分装在瓶里，运到工地上去卖给那些口干舌燥的人。那些人一看到水，就像苍蝇发现血迹，一下子就拥了过来，纷纷慷慨解囊，拿出自己的辛苦钱来买亚默尔的水解渴。

看到亚默尔的举动，很多淘金者都感到很可笑：这傻小子，千里迢迢跑到这里来，不去挖金子，而干这种玩意儿，没出息！

这本身就是一种大胆的决策，亚默尔自然不会被这些话吓回去，依然我行我素，天天坚持不懈，一直在工地上卖水。

经过一段时间，很多淘金者的热情减退了，本钱用完了，血本无归，两手空空地离开了加利福尼亚。亚默尔的顾客越来越少，"点水成金"已经成为昨日黄花，他也应该走人了。

这时，他已经净赚了 6000 美元，在那个年代，已经是一个小富翁了。

追求成功的人不害怕犯错，更不会因一时的错误就谴责自己，不原谅自己。因为他们知道，害怕犯错实际上是一个最大的错误，因为它制造了恐惧、疑惑和自卑，这些使他们不能够放开心志，瞄准时机，大胆地去冒险和尝试。

有一次，但维尔地区经济萧条，不少工厂和商店纷纷倒闭，被迫贱价抛售自己堆积如山的存货，价钱低到 1 美元可以买到 100 双袜子。

那时，约翰·甘布士还是一家织制厂的小技师。他马上把自己积蓄的钱用于收购低价货物，人们见到他这股傻劲，都公然嘲笑他是个蠢材！

约翰·甘布士对别人的嘲笑漠然置之，依旧收购各工厂和商店抛售的货物，并租了很大的货仓来贮货。

他妻子劝他说，不要把这些别人廉价抛售的东西购入，因为他们历年积蓄下来的钱数量有限，而且是准备用做子女教养费的。如果此举血本无归，那么后果便不堪设想。

对于妻子忧心忡忡的劝告，甘布士笑过后又安慰她道：

"3个月以后，我们就可以靠这些廉价货物发大财了。"

甘布士的话似乎兑现不了。

过了10多天后，那些工厂即使贱价抛售也找不到买主了，便把所有存货用车运走烧掉，以此稳定市场上的物价。

他太太看到别人已经在焚烧货物，不由得焦急万分，抱怨起甘布士。对于妻子的抱怨，甘布士一言不发。

终于，美国政府采取了紧急行动，稳定了但维尔地区的物价，并且大力支持那里的厂商复业。

这时，但维尔地区因焚烧的货物过多，存货欠缺，物价一天天飞涨。约翰·甘布士马上把自己库存的大量货物抛售出去，一来赚了一大笔钱，二来使市场物价得以稳定，不致暴涨不断。

在他决定抛售货物时，他妻子又劝告他暂时不忙把货物出售，因为物价还在一天一天飞涨。

他平静地说：

"是抛售的时候了，再拖延一段时间，就会后悔莫及。"

果然，甘布士的存货刚刚售完，物价便跌了下来。妻子对他的远见钦佩不已。

后来，甘布士用这笔赚来的钱开设了5家百货商店，业务也十分发达。

如今，甘布士已是全美举足轻重的商业巨子了。

在这里应当说，冒险精神不是探险行动，但探险家的行动必须拥有足够的冒险精神。所以，郑和下西洋、张骞出使西域、哥伦布发现新大陆、麦哲伦环球航行，都具备人类最伟大的冒险精神。没有这一点，成功与他们无缘。

一天，有个男孩将一只鹰蛋带回到他父亲的养鸡场。他把鹰蛋和鸡蛋混在一起让母鸡孵化。后来母鸡孵化成功。于是一群小鸡里出现了一只小鹰。小鹰与小鸡们一样生活着，极为平静安适，小鹰根本不知道自己不同于小鸡。

小鹰长大了，发现小鸡们总是用异样的眼神看着自己。它想：我决不是一只平常的小鸡，我一定有什么的地方不同于小鸡。可是它却无法证明自己的怀疑，为此十分烦恼。直到有一天，一只老鹰从养鸡场上飞过，小鹰看见老鹰自由舒展翅膀，顿时感觉自己的两翼涌动着一股奇妙的力量，心里也激烈地震荡起来。它仰望着高空自由翱翔的老鹰，心中无比羡慕。它想：要是我也能像它一样该多好，那我就可以脱离这个偏僻狭小的地方，飞上天空，栖息在高高的山顶之上，俯瞰大地和人间。

可是怎么能够像老鹰一样呢？我从来没有张开过翅膀，没有飞行的经验。如果从半空中坠下岂不粉身碎骨吗？犹豫、徘徊、冲动，经过一阵紧张激烈的自我内心斗争，小鹰终于决定甘冒粉身碎骨的风险，也要尝试一把，于是展翅高飞。

它终于起飞了，飞到了空中。它带着极度的兴奋，再用力往高空飞翔，飞翔……

小鹰成功了。它这才发现：世界原来这么广阔，这么美妙！

小鹰成功的历程，几乎展示了每一个冒险家成功的历程，当我们不满足于眼下平淡的生活，而希望享受到一种新的乐趣的时候，当我们开始厌恶自己现在的生存方式而希望尝试一种更富有创造性的理想的生存方式的时候，我们比照小鹰成功的案例，可以得到这样的启示：

新的生活，理想的人生，就潜伏在看似平常的生存中，只要你能够像小鹰一样找准时机，勇敢地尝试飞翔，勇于冒险，就有机会展示自己超凡的才能，赢得成功。

独具慧眼识商机

现在社会里，把握先机变得越来越重要，经商也是这样。人们常常说，时间就是金钱，经营实践也证明，先机确是金钱。谁先抓住先机并迅速采取行动，谁就可能成为赢家。

现在的各厂商都极为重视先机，千方百计地收集商业情报，以做到领先别人，知己知彼，百战不殆。有很多原来一文不名的小人物，由于有着鹰一般的眼光，洞察先机而富甲一方的也并不鲜见。

日本就曾有一位著名的企业家古川久好就从报纸中一条普通的小信息敏锐地捕捉到了商机，从而走上发家之路的。

年轻时代的古川久好只是一家公司地位不高的小职员，平时的工作是为上司干一些文书工作，跑跑腿，整理整理报刊材料。工作很是辛苦，薪水也不高，他总琢磨着想个办法赚大钱。

有一天，他在经手整理的报纸上发现这样一条介绍美国商店情况的专题报道，其中有段提到了自动售货机。

上面写道："现在美国各地都大量采用自动售货机来销售商品，这种售货机不需要人看守，一天 24 小时可随时供应商品，而且在任何地方都可以营业。它给人们带来了方便。可以预料，随着时代的进步，这种新的售货方法会越来越普及，必将被广大的商业企业所采用，消费者也会很快地接受这种方式。前途一片光明。"

古川久好开始在这上面动脑筋，他想：日本现在还没有一家公司经营这个项目，将来也必然会迈入一个自动售货的时代。这项生意对于没有什么本钱的人最合适。我何不趁此机会走到别人前面，经营这项新行业。至于售货机销售的商品，应该是一些新奇的东西。

于是，他就向朋友和亲戚借钱购买自动售货机。他筹到了 30 万日元，当时这一笔钱对于一个小职员来说不是一个小数目。他一共购买了 20 台售货机，分别将它们设置在酒吧、剧院、车站等一些公共场所，把一些日用百货、饮料、酒类、报刊杂志等放入自动售货机中，开始了他的事业。

古川久好的这一举措，果然给他带来了大量的财富。人们头一次见到公共场所的自动售货机，感到很新鲜，只需往里投入硬币，售货机就会自动打开，送出你需要的东西。

一般地，一台售货机只放入一种商品，顾客可按照需要从不同的售货机里买到不同的商品，非常方便。

古川久好的自动售货机第一个月就为他赚到了 100 万日元。他再把每个月赚的钱投资于售货机上，扩大经营的规模。5 个月后，古川久好不仅还清了所有借款，还净赚了 2000 万日元。

古川久好在公共场所设置自动售货机，为顾客提供了方便，受到了欢迎。一些人看这一行很赚钱，也都跃跃欲试。古川久好看在眼里，敏锐地意识到必须马上制造自动售货机。他自己投资成立工厂，研究制造"迷你型自动售货机"。这项产品外观特别娇小可爱，为美化市容平添了不少光彩。

古川久好的自动售货机上市后，市场反应极佳，立即以惊人之势开始畅销。古川久好又因制造自动售货机而大发了一笔。

无数的事实告诉我们，经商者要有鹰一般的眼光、敏锐的头脑，注重市场或大或小的信息的收集、处理和利用，先于对手作出正确的销售、经营决策，才会使你在复杂激烈的市场竞争中找到立身之地，这应该是每一位成功的企业家必备的素质。

全球知名企业"亚马逊"的创始人贝索斯 30 岁时已是某金融公司的副总裁。然而当贝索斯偶然看到"网络用户一年中猛增 23 倍"这样一条信息后，出人意料地就告别了华尔街，而转向创办网上商务。

在网络上先卖什么东西好？贝索斯列出了20多种商品，然后逐项淘汰，精简为书籍和音乐制品，最后他选定了先卖书籍。为什么作出如此唯一的选择？因为贝索斯在分析过程中发现传统出版业有一个根本矛盾：出版商和发行零售商的业务目标相互冲突。出版商需要预先确定某部图书的印数，但图书上市之前，谁也无法准确预知该书的市场需求量。为了鼓励零售商多订货，出版商一般允许零售商卖不完就退回，零售商既然囤积居奇毫无风险，也往往超量定购。贝索斯一针见血地说："出版商承担了所有的风险，却由零售商来预测市场需求量！"

贝索斯所看到的，其实就是经济活动中无法彻底根除的一种弊病：市场需求与生产之间的脱节。他自信，运用互联网，省略掉商品流通一系列中间环节，顾客直接向生产者下订单，就可以真正做到以销定产。

4年之后，贝索斯创办的"亚马逊"的市值已经超过400亿美元，拥有450万长期顾客，每月的营业额数亿美元，杰夫·贝索斯也成为全球年轻的超级大富豪。

贝索斯之所以成功，是他独具慧眼，敏感地认识到网络里有无限商机，跟着又发现和利用了别人没有解决的供销方面的矛盾——这是一座大有开发价值的宝山；经过精心筛选，他找到了一个切入点——网上卖书；利用美国的风险基金，经过锲而不舍的努力，他终于走向辉煌。

其实，在社会中闯荡的每一位成功者，他们之所以能够超越常人，捕获商机，就在于他们利用自己丰富的阅历、非凡的智慧、敏锐的眼光，发现和察觉了平凡中的不平凡，寻常中的不寻常。

麦当劳有今天的地位，主要不是由于麦氏兄弟，而是由于一个叫克罗克的推销员。他第一次接触麦当劳，已经52岁了。从世界超大型公司的创始里程来看，他也许是最老的。

克罗克曾回忆说："踏进餐厅的那一刻，我震惊了。我感到，准备多年，我终于找到我潜意识里要寻找的东西。"克罗克凭什么来寻找呢？经验和直觉。在此之前，他已做了25年的推销员。

那是1954年，在一个中午，克罗克走进了麦当劳餐厅，去推销他该死的奶昔机。小小的停车场，差不多挤着150个人，而麦当劳的服务是快速作业，15秒钟就交出客人的食物。

克罗克激动了，来不及思考，经验告诉他，自己要面对一个全新的世界了，在成千上万的地方开麦当劳餐厅。

不过，当与麦当劳兄弟谈判时，克罗克还恋恋不忘他的奶昔机。但他很快抓住了关键细节，奶昔机消失了。

与麦当劳一样，可口可乐也不是阿萨·坎德勒发明的，但正是在他手上，可口可乐才成为风靡世界的王牌饮料。这仅仅是因为，发明可口可乐的彭伯顿只完成了科技创新，却不懂得市场价值，而阿萨·坎德勒懂。

阿萨·坎德勒出生在佐治亚的医生家庭，南北战争打破了他的学习生涯，19 岁的他在一家小药店打工，干了两年半。考虑到前途，他离开小地方，去到亚特兰大。大城市是蕴育大成功的土壤。

在跟别人打工 7 年之后，阿萨·坎德勒开了一家药材公司，这对可口可乐的发展是极其重要的，因为他由此获得了丰富的商业经验。在后面的叙述中，我们会感受到，这几年独立经营的经验（而不再是打工），对高度专业化的商业能力的形成是多么的重要。通过这几年的经营，阿萨·坎德勒发现，药房的利润主要不是来自配方，而是出售药材。

阿萨·坎德勒开始着力建设自己的商品体系。在这样的商业背景下，可口可乐出现在他的面前。

1862 年，11 岁的阿萨·坎德勒从一辆装满东西的货车上掉下来，车轮从头上辗过去，造成头部骨折。可怜的小阿萨·坎德勒虽免一死，却留下后遗症：偏头痛。于 1886 年，彭伯顿发明可口可乐，把它作为药物来推广。1888 年，阿萨·坎德勒的一个朋友，建议他试试可口可乐。阿萨·坎德勒照办了，头痛果然减轻。后来，他不断饮用可口可乐，偏头痛竟逐渐好转。这使得身为药剂师的阿萨·坎德勒对可口可乐大感兴趣。经过调查，他发现，彭伯顿并不善于经营，于是他决定入股，把这种优良的“药品”推广开来，并且相信有利可图。

关键的一步是，阿萨发现，把可口可乐作为饮料来卖，市场会大得多。就是这个微妙而伟大的灵感，才有了今天的“可口可乐”。但就阿萨本人来说，他终生都相信可口可乐的医疗价值。阿萨入股可口可乐之后，觉得彭伯顿和参与生产、销售可口可乐原浆的人都没有做好工作。他不想部分地接管一项管理不善的事业。要么不干，要么完全控制！阿萨经营的药剂事业在南方最为兴旺发达，从他的有利地位出发，他认为可口可乐可以大展宏图。果然，在阿萨的精心经营策划之下，“可口可乐”今天已经成为全球流行的饮料品牌。

小信息带来大惊喜

人生无处不机遇，有时别人无意间的一句话，报纸上的一小段文字或许都会成为上帝送给你的一个惊喜，或许是巨大的财富，或者是事业的成功。

下面是美国富翁亚默尔发瘟疫财的故事：这个故事发生在 1875 年春天。

一天，亚默尔像往常一样在办公室里看报纸，报纸上一条条的小标题从他的眼睛中溜过去，就像小小的溪流一样。突然，他的眼睛发出了光芒，他看到了一条几十字的短讯："墨西哥可能出现了猪瘟。"

这几个字实在是太平凡了，在别人看来，这有什么好惊奇的呢？可是他立即想到，如果墨西哥出现猪瘟，就一定会从加利福利亚、德克萨斯州传入美国。一旦这两个州出现猪瘟，肉价就会飞快上涨，因为这两个州是美国肉食生产的主要基地。

他的脑子还正在运转，手已经抓起了桌子上的电话，问他的家庭医生是不是要去墨西哥旅行。家庭医生一时间弄不清什么意思，满脑子的雾水，不知道怎么回答。

亚默尔只简单地说了几句，就又对他的家庭医生说："请你马上到野炊的地方来，我有要事与你商议。"

原来那天是周末，亚默尔已经与妻子约好，一起到郊外去野餐，所以，他把家庭医生约到了他们举行野餐的地方。

他、他的妻子和他的家庭医生很快就聚集在一起了，他满脑子都是钱，对野餐已经失去了兴趣。他最后说服他的家庭医生，请他马上去一趟墨西哥，证实一下那里是不是真的出现了猪瘟。

医生很快证实了墨西哥发生猪瘟的消息，亚默尔立即动用自己的全部资金大量收购佛罗里达州和德克萨斯州的肉牛和生猪，很快把这些东西运到美国东部的几个州。

不出亚默尔的预料，瘟疫很快蔓延到了美国西部的几个州，美国政府的有关部门下令一切食品都从东部的几个州运往西部，亚默尔的肉牛和生猪自然在运送之列。

由于美国国内市场肉类产品奇缺，价格猛涨，亚默尔抓住这个时机狠狠地发了一笔大财，在短短的几个月时间内，就足足赚了 900 多万美元。

事后，亚默尔还感到很后悔，他本来是想叫他的家庭医生当天就到墨西哥去的，由于野餐白白地耽搁了一天时间，使自己整整少赚了 100 多万美元。

他之所以能够赚到这样一大笔别人没有赚到的钱，就是因为他比别人的消息灵通一点，抓住一个有用的信息并充分地发掘出信息的最大价值。

任何机会，归根结底都是信息，收集的信息越多，获取的机会也就越多，这是不证自明的道理。

对商业企业来说，信息是命根子，是企业取得最佳经济效益的根本保证。

信息就是金钱，信息也是机会，谁对得到的信息反应最为敏捷，并迅速采取行动，谁就占有了机会。

在日常生活中，我们经常可以听到这样的事：一条信息救活了一家企业，一条信息赚了很多很多的钱，一条信息使一个穷光蛋一夜间变成了富翁……这就需要你去留心这些信息。

曾经有一位商人，在与朋友的闲聊中，朋友说了一句话：今年滴水未降，但据天气预报部门预测，明年将是一个多雨的年份。

说者无心，听者有意。商人从朋友的话里，发现了这是一个商业机会，什么与下雨关系最密切呢？当然是雨伞。

说干就干，商人着手调查今年的雨伞销售情况。结果是大量积压。于是他同雨伞生产厂家谈判，以明显偏低的价格从他们手中买来大量雨伞囤积。

转眼就是第二年，天气果然像预测的那样，雨果真下个没完。商人囤积的雨伞一下子就以明显偏高的价格出了手，仅此一个来回，商人一年时间里就大赚了一笔。

现代社会里，信息变得越来越重要，对于人们的生活和事业的成功更起着非常重要的作用，信息抓得越快越准，获取的机会就会越大越多。

期货市场是投机者的乐园，搞期货交易的人必须要深谋远虑，要在别人之前抢先抓住机遇，才能够赚大钱。王志远初入期货市场，对期货一无所知，但是他凭着对于投机的灵感，而做成了一笔又一笔的大生意。

所以说抓住机遇，也是一种投机，但是在这里所说的投机并不是所谓的巧取豪夺、尔虞我诈，而是说善于观察和利用时机来取得成功。看准了时机，敢于冒险，凭着一种直觉和毅力，全身心地投入进去，在别人意想不到的地方获取巨额的财富。

有一次，一位布厂老板让王志远替他买下 100 张日本棉纱合约，他以为日本的棉纱行情不错，一定可以赚一大笔。谁知事与愿违，不久之后，日本市场疲软，这批期货一个多月都无法脱手，资金积压，造成流通不畅。王志远和布厂老板都仿佛捧着一盆热炭，急得像热锅上的蚂蚁。

正在此时，中国唐山发生了大地震。而唐山是红豆的主产区，这次地震一定会大大减少红豆的产量。王志远听到了这个消息，灵机一动，他感到机遇来了，于是马上去见了布厂老板，对他讲了自己的想法。

第二天，王志远买下了 100 张红豆合约。别人觉得很奇怪，既然那 100 张棉纱合约都已经被套牢了，怎么还那么大胆去买进 100 张红豆合约呢？他们都认为王志远初涉期货市场，对此一无所知，有些人好心地劝他，有些人则冷嘲热讽，但王志远并没有理会。

不久之后，红豆价格暴涨。王志远将手中的合约尽数抛出，所赚取的钱除了弥补了由于买入棉纱合约的损失，还另获了一大笔利润，布厂老板笑逐颜开，连声赞叹王志远的敏锐眼光。

王志远从这件事上了解到要在期货市场有所成就，就必须要充分掌握信息，并且还要通识各种知识，之后，他勤奋自学，并且时时关注一切可能引起期货市场波动的信息。

有一次，王志远从电视上看到沙特阿拉伯提高石油价格的新闻，一下子从床上跳起来，衣服都没有穿就马上打电话下单买入香港"九九"金。

果然，一天不到，金价开始暴涨。一夜之间，王志远的每张合约就赚了10 多万港元。

就这样，王志远以其特有的直觉和敏感留心每一个细小的信息，就在期货市场中如鱼得水，赚得了大钱，获得了巨大的成功

其实，在现代社会中如果能留心市场上的所谓的"零次信息"，也会带给人们巨大的利益。

所谓"零次信息"，指的是那些内容尚未经专门机构加工整理就直接作用于人的感觉的信息情报。比如，"一句话""一点灵感""一丝感觉""一个突出的点子"等等均可称为"零次信息"。

这些"零次信息"产生于日常生活中，存在于平民百姓间，无需支付任何费用，任何人都可以获得，任何企业都可以利用。正因为如此，它们总是不被人看重，常常得不到利用。但是，也有一些有眼光的经营者却依靠利用开发"零次信息"而获得了滚滚财源。例如，十几年前，冰箱都是单门的，日本三洋电机公司生产的冰箱也不例外。有一天，该公司一技术人员偶尔听到用户的一句无心话："每天打开冰箱门拿东西，冰箱里的冷气大量外泄，很可惜。要是将冰箱的外门制成上下两半，拿东西只需开一半，那就能节省很

多冷气了。"这句话竟产生了三洋公司的畅销产品"双门冰箱"。

日本三洋电机公司成功的关键就在于他们利用了别人不注意的"零次信息"。可惜的是，我们生活中的许多非常有价值的"零次信息"却一直在闲置，得不到开发利用。诚然，投资这类前所未有的"零次信息"是要担很大风险的，有可能令投资者亏本破产。但是，我们也应该知道，"无限风光在险峰"，风险大的投资也是利润最丰厚的投资。难怪有专家认为：一个"零次信息"有可能使穷汉变成富翁，一个"零次信息"可以让一个企业起死回生乃至兴旺发达。的确，"零次信息"反映的都是人们在生活中碰到的不便或需求，每一个"零次信息"的背后隐藏的就是一块很有开发价值的市场处女地。

善于从细节中发现机会

许多人在追求机会的道路上，虽穷尽心力，但终究得不到幸运女神的青睐，对于这种人，最好的方法就是让他另辟蹊径从细节中找寻机会。

机会虽然比比皆是，但追求机会的人更是多如繁星，在人们所熟知的行业中，机会和追求机会的人之间的比例是严重失调的，可惜，许多人虽然意识到了这一点，却还是拼死要往里钻，结果不但没能得到命运的垂青，反而浪费了自己的大好青春。

事实上，在每一个地方，都有机会的存在，善于抓住机会的人，就懂得往人少的地方去，如果某个地方只有你一个人，那岂不是意味着这里所有的机会都只是属于你一人吗？

学会独辟蹊径，并从人生的细处经营，将使你的人生柳暗花明又一村。

美国的查朱原来是乡下一个小火车站的站员。由于车站偏僻，购物困难，而且价格偏高，附近的人们常常要写信请在外地的亲友代买东西，非常麻烦。查朱注意到这个细节：如果能在附近开一个店铺，一定会是一个发财的机会。可是，他既没有本钱，也没有房子，怎么办呢？他决定尝试用一种全新的、无人尝试过的邮购方法，即先将商品目录单寄给客户，然后按客户的要求寄去商品。他雇了两名职员，成立了"查朱通信贩卖公司"。此后，人们纷纷仿效，并从美国风靡到全世界，查朱也成为"无店铺贩卖"方式的创始人，当然，作为创始人的回报就是在 5 年之后，查朱成为了百万富翁。

如果你觉得这个例子离你太遥远，毕竟我们不是查朱，不能在火车站留意到人们代买物品方面的情况，但接下来的例子却那么贴近我们的生活，也能更充分地印证细节之中自有机遇的真理。

1973年，年仅15岁的格林伍德收到别人送给他的圣诞礼物——一双滑冰鞋，他非常高兴，因为他一直渴望有滑冰的机会。这个愿望终于实现了。

拿到这件礼物后，格林伍德马上就跑出屋子，到离家很近的结了冰的河面上去溜冰。可能是他初次出来溜冰的时候，他感觉天气太冷了，一溜冰，耳朵被风吹得像刀子割似的发疼。他戴上了皮帽子，把头和腮帮捂得严严实实，结果时间长了，又闷又热，直流汗。

格林伍德想，应该做一件能专门捂住耳朵的东西。他终于琢磨出一个大概的样子，回家后请妈妈照他的意思做。妈妈摆弄了半天，给他缝了一双棉耳套。

格林伍德戴上棉耳套去溜冰时，果然很起保暖作用。一些朋友看见，都向他要。格林伍德和妈妈商量了以后，把祖母请来，一起做耳套。经过几次修改，耳套做得更实用、更美观了。格林伍德把它叫做"绿林好汉式耳套"，并且向美国专利局申请了专利。

你也许会问，一副耳套值多少钱？申请专利又有什么用？你如果这样想，很遗憾，类似的机遇你一生也抓不住、看不见。

告诉你，格林伍德后来成为了世界耳套生产厂的总裁，因为这项专利，他成了千万富翁。

你会领悟点什么了吧！这种生活中司空见惯的东西，换个角度去看去想，往往会发现其中隐藏了许多机遇。

机遇是那样广泛地存在，它又是那样的公平与客观。当你失去机遇时，你不能怪谁，只能怪自己。它一直在那儿，你却没发现。别人发现了，那是因为脑筋转得快。机遇可不会主动投怀送抱。

多年前，美国兴起石油开采热。有一个雄心勃勃的小伙子，也来到了采油区。但开始时，他只找到了一份简单枯燥的工作，他觉得很不平衡：我那么有创造性，怎么能只做这样的工作？于是便去找主管要求换工作。

没有料到，主管听完他的话，只冷冷地回答了一句："你要么好好干，要么另谋出路。"

那一瞬间，他涨红了脸，真想立即辞职不干了，但考虑到一时半会儿也找不到更好的工作，于是只好忍气吞声又回到了原来的工作岗位。

回来以后，他突然有了一种感觉：我不是有创造性吗？那么为何不能就从这平凡的岗位上做起呢？

于是，他对自己的那份工作进行了细致的研究，发现其中的一道工序，每次都要花 39 滴油，而实际上只需要 38 滴就够了。

经过反复试验，他发明了一种只需 38 滴油就可使用的机器，并将这一发明推荐给了公司。可别小看这 1 滴油，它给公司节省了成千上万的成本。

你知道这位年轻人是谁吗？他就是洛克菲勒，美国最有名的石油大王。上述故事说明了一个道理：在任何单位、任何机构，能够主动运用智慧去工作善于从细节中发现问题的人，最容易脱颖而出。

有一年，松下公司要招聘一名高级女职员，一时应聘者如云。经过一番激烈的比拼，山川季子、原亚纪子、宫崎慧子 3 人脱颖而出，成为进入最后阶段的候选人。3 个人都是名牌大学的高材生，又是各有千秋的美女，条件不相上下，竞争到了白热化状态。她们都在小心翼翼地做着准备，力争使自己成为"笑到最后"的胜利者。

这天早上 8 点，3 人准时来到公司人事部。人事部长给她们每人发了一套白色制服和一个精致的黑色公文包，说："3 位小姐，请你们换上公司的制服，带上公文包，到总经理室参加面试。这是你们最后一轮考试，考试的结果将直接决定你们的去留。"3 位美女脱下精心搭配的外衣，穿上那套白色的制服。人事部长又说："我要提醒你们的是，第一，总经理是个非常注重仪表的先生，而你们所穿的制服上都有一小块黑色的污点。毫无疑问，当你们出现在总经理面前时，必须是一个着装整洁的人，怎样对付那个小污点，就是你们的考题；第二，总经理接见你们的时间是 8 点 15 分，也就是说，10 分钟以后，你们必须准时赶到总经理室，总经理是不会聘用一个不守时的职员的。好了，考试开始了。"

3 个人立即行动起来。

山川秀子用手反复去揩那块污点，反而把污点越弄越大，白色制服最终被弄得惨不忍睹。山川秀子紧张起来，红着脸央求人事部长能否给她再换一套制服，没想到，人事部长抱歉地说："绝对不可以，而且，我认为，你没有必要到总经理室去面试了。"山川秀子一下子愣住了，当她知道自己已经被取消了竞争资格后，眼泪汪汪地离开了人事部。

与此同时，原亚纪子已经飞奔到洗手间，她拧开水龙头，撩起自来水开始清洗那块污点。很快，污点没有了，可麻烦也来了，制服的前襟处被浸湿了一大片，紧紧贴在身上。于是，原亚纪子快步移到烘干器前，打开烘干器，对着那块浸湿处烘烤着。烤了一会儿，她突然想起约定的时间，抬起手腕看

表：坏了，马上就到约定时间了。于是，原亚纪子顾不得把衣服彻底烘干，赶紧往总经理室跑。

赶到总经理室门前，原亚纪子一看表，8 点 15 分，还没迟到。更让她感到庆幸的是，白色制服上的湿润处已经不再那么明显了，要不是仔细分辨，根本看不出曾经洗过。何况堂堂大公司总经理，怎么会死盯着一个女孩的衣服看呢？除非他是一个色鬼。

原亚纪子正准备敲门进屋，门却开了，宫崎慧子大步走出来。原亚纪子看见，宫崎慧子的白色制服上，那块污迹仍然醒目地躺在那里。原亚纪子的心里踏实了，她自信地走进办公室，得体地道声："总经理好。"总经理坐在大班桌后面，微笑地看着原亚纪子白色制服上被湿润的那个部位，好像在"分辨"着什么。原亚纪子有点不自在。

这时，总经理说话了："原亚纪子小姐，如果我没有看错的话，你的白色制服上有块地方被水浸湿了。"原亚纪子点了点头，"是清洗那块污渍所致吗？"总经理问。原亚纪子疑惑地看着总经理，点了点头。总经理看出原亚纪子的疑惑，浅笑一声道："污点是我抹上去的，也是我出的考题。在这轮考试中，宫崎慧子是胜者，也就是说，公司最终决定录用宫崎慧子。"

原亚纪子感到愕然："总经理先生，这不公平。据我所知，您是一位见不得污点的先生。但我看见，宫崎慧子的白色制服上，那块污点仍然清晰可见。"

"问题的关键是，宫崎慧子小姐没有让我发现她制服上的污点。从她走进我的办公室，那只黑色公文包就一直优雅地横在她的前襟上，她没有让我看见那块污迹。"总经理说。

原亚纪子说："总经理先生，我还是不明白，您为什么选择了宫崎慧子而淘汰了我呢？我准时到达您的办公室，也清除了制服上的污点，而宫崎慧子只不过耍了个小聪明，用皮包遮住了污点。应该说，我和宫崎慧子打了个平手。"

"不。"总经理果断地说，"胜者确实是宫崎慧子，因为她在处理事情时，思路清晰，善于分清主次，善于利用手中现有的条件，她把问题解决得从容而漂亮。而你，虽然也解决了问题，但你却是在手忙脚乱中完成的，你没有充分利用你现有的条件。其实，那只公文包就是我们解决问题的杠杆，而你却将它弃之一旁。如果我没猜错的话，你的'杠杆'忘在洗手间里了吧？"

原亚纪子终于信服地点了点头。总经理又微笑着说："如果我没猜错的话，宫崎慧子小姐现在会在洗手间里，正清洗她前襟处的污渍呢。"

宫崎慧子就这样因为一个极小的细节取得了成功。但在这小小的细节中凝结着她超人的智慧和细心。有人说，成功＝才能＋机遇。才能是内因，机遇是外因。但人生中却有许多的人空叹一身的才能，缺少的只是在细节中找寻机遇的眼睛。

第二章 再往细处想一步

—— 财富之门就这样打开

细节是开启金库的钥匙

有人说，一等智商经商，二等智商做官，三等智商搞教研。于是，随着改革开放的深入，涌现出了全民经商的热潮。但是，经商的结果却大不一样，有的发财成为大老板，有的却血本无归。什么原因呢?

在现代社会，市场竞争日趋激烈，利益空间逐步缩小，整个经济进入了微利时代，因此，要想立于不败之地，必须善于从细节处发现问题。

1957年，美国在芝加哥举办了一场全国博览会，大名鼎鼎的美国五十七罐头食品公司经理汉斯却忧心忡忡。原来他的层位被分配在全场最僻静的一个角楼上。尽管汉斯多次与筹委会交涉，但筹委会坚持这项安排是集体做出来的，任何人都没权利改变。

汉斯没办法，只好转向全公司职员征求意见，以求改变公司不利的状态。这时，会议室里静悄悄的，连一根针掉在地上都能听得见。突然，一个小小的响声打破了宁静—不知哪位员工袋里的硬币掉到地上了。大家都不约而同地把目光投到了地板上。这时，汉斯的大脑里闪出了一个念头——做一种类似刚才落地的硬币这样的东西招揽参观者。

这时，他没有怪罪那位失态的员工，而是微笑着说:"谢谢你投了这枚硬币! 我找到了一个力扭乾坤的办法!"

大家都惊愕地看着汉斯。汉斯接着说:"刚才，我看到了大家低头观看硬币的眼神，里面都有一种好奇。我们也可以利用一下观光者的这种心态。"

大家听了汉斯的话后纷纷称妙。于是，你一言我一语地讨论开了。最后，大家一致决定在会展中投入一种小铜牌。

几天以后，展览会隆重地开幕了。络绎不绝的参观者们可以不时发现一种精致的小铜牌，小铜牌上有一行字:"请您凭这块小铜牌到展览会阁楼上的汉斯食品公司陈列处换一件可心的纪念品。"

原来僻静的小阁楼顿时人来人往，欢声笑语不绝。在小阁楼内，汉斯公司集中了最好的罐头食品。这些罐头食品经过了最精心的包装，还有最漂亮的姑娘担任销售员。

在本届博览会上，汉斯出尽了风头。到博览会结束，汉斯获纯利 55 万美元。

一个微小的细节，一个个小小的铜牌，为汉斯立下了汗马功劳。

其实，在商业大潮中，某些微小的细节就会带来很大的经济利益。

现在餐巾纸已经成为中国人日常生活中不可缺少的生活必需品了，但三十多年前，在人们的生活水平普遍还不高时，即使在日本，使用过即扔的纸餐巾无疑是一种奢侈的消费。当然社会是在进步的，一旦人们的生活达到一定水平，那么使用纸餐巾就不仅不是奢侈，反而是一种必须。社会的进步和企业的发展往往是相连的，日本有一家小企业就是因为恰到好处地把握住了这种社会变化的脉搏，而为企业迎来了发展的春天。

这个小企业是只有几十名工人的田中造纸厂。这个厂的经理田中治助是一个非常注意市场变化的经营者，厂子初创之时，他就在当时造纸行业竞争异常激烈的情况下，针对印刷业发展的需要，开发生产了"美浓型纸"，赢得了用户的赞许和大批订单。

20 世纪 60 年代后期，日本社会开始进入了经济"起飞"时期，一切都处于剧变之中——包括人们的生活方式。在每个人都为日新月异的变化而惊喜时，田中治助想到的却是这种变化会给自己的企业带来什么。他是个造纸的商人，切入点当然还是在自己的老行当上。他想，经济发展了，人民的生活水平提高了，那么过去仅供少数高收入者使用的餐巾纸必然成为一种大众化的用品，可是当时市场上的餐巾纸却很少。

既然认准了社会发展会带来纸餐巾的普及，田中治助就迅速地行动起来。他果断地用 4000 万日元从德国引进了两台最新式的生产纸餐巾的机器，开始抓紧时间生产这种还未流行的生活用品。

就在他开足马力，生产出大量纸餐巾的时候，日本大阪于 1968 年到 1969 年承办了万国博览会，各大饭店、餐厅都大量需要纸餐巾。再加上日本人民的生活水平已经提高了，他们受这股风潮的影响，也都开始把纸餐巾作为生活的一部分。一时间，日本的纸餐巾供不应求。

此时，田中治助及时推出了自己的"艺术纸餐巾"，由于他先人一步，他的产品很快就占领了大部分的市场，畅销日本全国。不要小看了这一不起眼的纸餐巾，现在田中造纸厂已发展成为田中造纸工业股份有限公司，该公司的主要产品印刷用品和高级纸餐巾在日本市场的占有率分别为 80％和 50％，年营业额达 13 亿日元。

田中造纸厂能成为日本的"纸餐巾大王"，不是因为别的，正是因为它有一个善于掌握社会生活变化并能从中发现赚钱机遇的当家人。

"机遇偏爱有准备的头脑"这句朴素的格言，包含了深刻的真理。有时候，面对同一个机会，有的人抓住了，有的人却只能眼睁睁地看它溜走。这是因为抓住机会，只是一瞬，但是准备的时间却是十分长久，而这并不是每一个人都能做到的。

李嘉诚，香港首富，他的故事给我们很多教益。

1950 年，李嘉诚倾其积蓄成立了"长江塑胶厂"，由此开始了创业之路。凭着自己的勤学和商业头脑，他发了几笔小财，但由于经验不足和过于自信，工厂转而严重亏损，这一惨淡经营期一直持续了 5 年。

李嘉诚经过一连串磨难后，痛定思痛，开始冷静分析经济形势和市场走向，在种类繁多的塑胶产品中，他生产的塑胶玩具已经趋于饱和状态了。这意味着他必须重新选择一种能救活企业的产品，从而实现塑胶厂的转机。

机会来了。有一次，李嘉诚从杂志上注意到这样一则信息：用塑胶制造的塑胶花即将倾销欧美市场。这样一个小小的细节，使他马上联想到，和平时期的人们，在生活有了一定的保障之后，必定在精神上有更高的要求。如果种植花卉等植物，不但每天要浇水，除草，而且花期短，这与人们较快的生活节奏很不协调。如果生产大量塑胶花，则可以达到价廉物美，美观大方的目的，能很好地美化人们的生活。想到这时，他兴奋地预测到，一个塑胶花的黄金时代即将来临。

接着，李嘉诚四处奔波，不辞辛劳，经过一番艰苦的努力，终于生产出了既便宜又逼真的塑胶花，并通过各方面的促销和广告活动，使塑胶花为香港市民所普遍接受，也使"长江塑胶厂"为人们所熟悉。

不久，李嘉诚又从出口洋行获得准确的消息：美国塑胶市场正在扩大，除了家庭室内插花装饰外，家庭外的花园，公共场所，都用塑胶花点缀。他密切注视市场的动态，抓住每一个变化的细节，并开始逐渐加大广告宣传的力度。他非常希望接洽到资金雄厚的大客户，以图稳步发展。

这年秋天，李嘉诚意外地收到一家北美大公司的电报。电报说这家垄断公司将派一名经理视察李嘉诚的工厂，以及香港其他塑胶花企业，决定从中挑选一家最有实力的进行长期合作。他预测到这个机会将带来令人振奋的前景。于是，连夜在公司召开紧急会议，并决定马上寻求一切机会向银行申请贷款，以便购入全新的塑胶花生产设备，租赁新厂房。

李嘉诚的一大特点，就是不放过任何一个哪怕再小不过的机会。他与全体员工一起苦战 7 个昼夜，终于在一周内将一切准备完毕。在北美经理到达的那一天，李嘉诚亲自开车去迎接这位"财神爷"。当这位经理参观完之后，深感此公司实力雄厚，气派非凡。经过会晤恳谈之后，这位经理同意与李嘉诚签订长期合约，因此成了长江公司的最大主顾。通过这家公司李嘉诚还与加拿大银行界有了互相信任的友好往来，为日后拓展海外市场埋下了"伏笔"。

从此，李嘉诚的事业蒸蒸日上，享誉世界。而他不放过任何一个小细节，抓住每一个小机会的精神更是值得所有人学习。无怪乎，有人感叹说，细节就是金库的钥匙。

注重小细节，带来大效益

西村金助是一个制造沙漏的小厂商。沙漏是一种古董玩具，它在时钟未发明前是用来测算每日的时辰，时钟问世后，沙漏已完成它的历史使命。而西村金助却把它作为一种古董来生产销售。

沙漏作为玩具，趣味性不多，孩子们自然不大喜欢它，因此销量很小。但西村金助找不到其他比较适合的工作，只能继续干他的老本行。沙漏的需求越来越少，西村金助最后只得停产。

一天，西村翻看一本讲赛马的书，书上说："马匹在现代社会里失去了它运输的功能，但是又以高娱乐价值的面目出现。"在这不引人注目的两行字里，西村好像听到了上帝的声音，高兴地跳了起来。他想："赛马骑手用的马匹比运货的马匹值钱。是啊！我应该找出沙漏的新用途！"

就这样，从书中偶得的灵感，使西村金助的精神重新振奋起来，把心思又全都放到他的沙漏上。经过苦苦的思索，一个构思浮现在西村的脑海：做个限时 3 分钟的沙漏，在 3 分钟内，沙漏上的沙就会完全落到下面来，把它装在电话机旁，这样打长途电话时就不会超过 3 分钟，电话费就可以有效地控制了。

于是西村金助就开始动手制作。这个东西设计上非常简单，把沙漏的两端嵌上一个精致的小木板，再接上一条铜链，然后用螺丝钉钉在电话机旁就行了。不打电话时还可以作装饰品，看它点点滴滴落下来，虽是微不足道的小玩意，也能调剂一下现代人紧张的生活。

担心电话费支出的人很多，西村金助的新沙漏可以有效地控制通话时间，售价又非常便宜。因此一上市，销路就很不错，平均每个月能售出 3 万个。这项创新使沙漏转瞬间成为生活有益的用品，销量成千倍地增加，濒临倒闭的小作坊很快变成一个大企业。西村金助也从一个小企业主摇身一变，成了腰缠亿贯的富豪。

西村金助成功了，而且是轻轻松松，没费多大力气。可是如果他不是一个关注细节的有心人，即便看了那本赛马的书，也逃不脱破产的厄运，还很可能成为身无分文的穷光蛋。这就给人们一个启示：成功会格外偏爱那些有心人。

这几年，在北京地铁环线的车站里，矗立起了一座座精致的"百万庄园"美食亭。它的问世，不仅吸引了南来北往的乘客，而且还成为"上班族"经常光顾的"定点餐馆"。虽说地铁的客流量很大，但未必人人都到这里消费。于是，经营者别出心裁地打出了"借伞"的告示，意思是：凡因下雨被困在车站的乘客，"庄园"可免费借其一把伞，只要第二天路过时还上即可。由于此种促销方式颇有人情味。既打出商亭的知名度，又解决了乘客的"燃眉之急"。使原来不在这里消费，却又受到了"庄园"恩惠的人，变成了这里的常客。

生意场上就是选择，要想吸引顾客，取得成功，就在服务的细节上下功夫，并能不断转变观念，改变经营方式，才能找到与市场的最佳结合点。其实，有不少的企业家都是善于在小细节抓效益的高手。

现今，商界竞争越来越激烈，一些小企业或者是小公司只有不断运用新奇的点子，在细节上做文章才能在大集团、大公司的夹缝里寻求生存的机遇，顺应发展，获得成功。1957 年，刚刚荣升台北市第十信用社董事会主席的蔡万春面色肃然，在台北的金融同行中，"十信"太渺小了，小到根本无人去理睬它。台北有的是信用良好、资金雄厚的大银行，稍有点名声的商家企业都把钱存放到他们那里去了。

蔡万春深知自己的实力不可与资金雄厚的大银行较量。但他又坚信，大银行虽然财大气粗，它不可能没有"薄弱"或"疏漏"之处，那些"薄弱"

或"疏漏"之处，就是"十信"的生存之地！

蔡万春在街头巷尾徜徉，与市民交谈，跟友人商榷，终于发现了各大银行不屑一顾的一个潜在大市场——向小型零散客户发展业务。

蔡万春大张旗鼓地推出1元钱开户的"幸福存款"。一连数日，街头、车站、酒楼前、商厦门口，到处都是手拿喇叭、殷殷切切、满腔热忱向人们宣传"1元钱开户"种种好处的"十信"职员，而令人眼花缭乱的各种宣传品更是满城飞。"十信"的宣传活动令金融同行们大笑不止，人人都在嘲讽蔡万春瞎胡闹——"1元钱开户"？连手续费还不够哩！

但是，精诚所至，金石为开。奇迹出现了：家庭主妇们、小商小贩们、学生们争先到"十信"来办理"幸福存款"，"十信"的门口竟然排起了存款的长队，而且势头长盛不衰。没过多久，"十信"即名扬台北市，存款额与日俱增。

迈出了成功的第一步，蔡万春信心倍增。"不能跟在别人后面走，一定要创新路！"蔡万春经过仔细的观察分析，又发现了一个大银行家没有涉足的市场——夜市。随着市场的繁荣，灯火辉煌的夜市不比"白市"逊色多少，而银行是不在夜晚营业的。蔡万春大胆推出夜间营业，台北市的各个阶层一致拍掌说好，许多商家专门为夜市在"十信"开户，"十信"誉满台北。

就这样，"十信"以涓涓细流汇成大海，很快发展成为一个拥有17家分社、10万社员、存款额达170亿新台币的大社，列台湾信用合作社之首。

一个小细节的创新，就可以让企业在激烈的竞争中胜出，这一点无论对于任何企业都是适用的。

在各种产品与服务风起云涌的今天，星巴克公司却把世界上最古老的一种商品——咖啡，发展成为与众不同的品牌。回顾星巴克塑造品牌之路，可以发现，星巴克并没有使用其他品牌市场战略中的传统手段，如铺天盖地的广告宣传和促销活动等。星巴克的成功关键在于它是"细节下的蛋"。通过"细节"这只手，星巴克从一间小咖啡屋发展成为国际上最著名的咖啡连锁店品牌。

星巴克认为，体验绝非就是一种虚无缥缈的感觉，它可化成一种实实在在的"有形"商品。消费者一旦被体验感动，就会心甘情愿地花钱买体验。根据这一认识，星巴克决定独辟蹊径，创造性地处理"体验"这一细节，以制造富有自身个性的品牌。为此，星巴克提出了自己独特的价值主张：星巴克出售的不是咖啡，而是人们对咖啡的体验。

在星巴克咖啡店，顾客能找到充满活力的为自己煮咖啡的人，能找到不厌其烦教自己喝咖啡的人。星巴克要求服务人员在教顾客饮用咖啡时，目光必须自然地注视着顾客的眼睛。同时，顾客还可以喝到任何一种咖啡，可以随意谈笑，甚至挪动桌椅随意组合。

关注于体验这一细节时，星巴克更擅长营造咖啡之外的体验：如店内气氛、个性化的店内设计、暖色灯光、柔和的音乐等。通过这些，星巴克把一种独特的格调传送给顾客，这种格调就是浪漫。

星巴克努力通过每一个细节，把顾客在店内的体验化作一种内心的体验——让咖啡豆浪漫化，让顾客浪漫化，让所有感觉浪漫化。

一件产品是如何被注意到的？作为产品，必须一开始就表现出它的与众不同。这种与众不同不是仅仅通过夸大的、不属实的广告宣传就能实现的。真正有效的方法是在细节处加以改变。

企业只有认识到出众的细节对产品的重要性，将创造性融入到产品的每一个细节中，才能使产品独具特色，由此企业才能从业务活动中获得更多的收益。

谁要认识不到细节的重要性，不把细节个性化当作个人品牌的核心，就很难创造出真正与众不同的品牌，获得更大的成功。这是因为，细节创造了一种现实，它能做到与众不同，从大众产品中推出一些独特的、珍贵的和令人渴望的东西。

留心细节，化腐朽为神奇

将无用变有用，是给埋没者一片翱翔的天空，还是让星星在夜里亮得更晶莹？对于成功的人们来说，他们总有一双慧眼，总会有自己的聪慧和勤奋为自己赚取金钱，获得成功。

在20世纪80年代初，农村经济体制的改革极大地调动了农民的生产积极性，也提高了农民对生产投入的兴趣。在一段时间里，一般农户对镰刀、锄头等最基本生产工具的需求大增，导致生产这类农具的原料——毛铁和钢板供不应求，在一些地方甚至完全脱销。与此同时，在国营大厂的围墙里，堆着大量边角料和废铁板，如何处置这些"废物"成了厂长们的一块心病。

在这种情况下，一位"钢铁大王"应运而生了。

所谓"钢铁大王"，也并没有什么特殊之处，只不过是一个稍微有点文化的人，然而他的头脑十分灵活，这是最重要的。

有一天，他到在供销社供职的同学那里喝茶聊天，偶尔说起毛铁脱销以及城里一些工厂的边角料怎么比毛铁还好的事，他就想起了自己的一位姑父在 H 城一家船厂里工作，心中突然一亮。第二天一大早，他兜里装着 80 块钱的全部资本直奔 H 城，找到了在造船厂当保卫科长的姑父，又通过姑父找到了厂长。富有人情味的厂长一听说需要他们厂的废钢铁，便把大板一拍，二话没说，便吩咐派辆卡车送去。这一趟他是无本万利，净赚了一千多元。看到了那沉甸甸的票子，吓得他愣是没敢往家里拿。

几天后，他就买了礼品二上 H 城，还拉着那位同学，算是供销社领导，一起登门致谢，并同厂方订立了长期协议：所有废弃的边角料都被他们以极低的价格包销，一包就是 3 年。

以后，"钢铁大王"更是如鱼得水，尝到了更大的甜头。货源有的是：造船厂的拉光了，被介绍到机械厂、机床厂；H 城的拉光了，又被介绍到 N 城，S 城……市场更是不成问题：本地市场饱和了，使销到外地、外省……开始是用汽车运，后来就鸟枪换大炮，改用火车车皮装。

他的生意越做越大，人缘越混越好，财路也越来越宽。等到别人也明白过来，一哄而上时，他已经金盆洗手，另谋别的财路去了。

留意细节，废物也就变成了宝。只要你具有积极的心态，再黯淡的人生也会想出办法摆脱困境，赢得另一片天地。

一天夜里，一场雷电引发的山火烧毁了美丽的"万木庄园"，这座庄园的主人迈克陷入了一筹莫展中。面对如此大的打击，他痛苦万分，闭门不出，茶饭不思。

转眼间，一个多月过去了，年已古稀的外祖母见他还陷在悲痛之中不能自拔，就意味深长地对他说："孩子，庄园变成了废墟并不可怕，可怕的是，你的眼睛失去了光泽，一天一天地老去。一双老去的眼睛，怎么能看得见希望呢？"

在外祖母的劝说下，迈克决定出去转转。他一个人走出庄园，漫无目的地闲逛。在一条街道的拐弯处，他看到一家店铺门前人头攒动。原来是一些家庭主妇正在排队购买木炭。那一块块躺在纸箱里的木炭让迈克的眼睛一亮，他看到了一线希望，急忙兴冲冲地向家中走去。

在接下来的两个星期里，迈克雇了几名烧炭工，将庄园里烧焦的树木加工成优质的木炭，然后送到集市上的木炭经销店里。

很快，木炭就被抢购一空，他因此得到了一笔不菲的收入。他用这笔收入购买了一大批新树苗，一个新的庄园初具规模了。

几年以后，"万木庄园"再度绿意盎然。

"山重水复疑无路，柳暗花明又一村。"世间没有死胡同，就看你如何去寻找出路。不让心智老去，才不会让心灵荒芜，才不会无路可走。

无独有偶的是，有一位年轻的江西人，喜欢做些小贩生意，呼啦圈作为一种健身运动产品，曾在我国各大城市引起轰动，但它像一阵风似的，流行一下子就衰落了，结果，造成大批积压，连白送人也不要，这让年轻人感到很郁闷，但是他并没有绝望。有一天，他去批发农用薄膜，当他看到有个塑料厂有许多积压的呼啦圈时，忽然从中悟出商机。因为他想到了农村竹用顶棚支架。于是，他花钱大量购进十分便宜的呼啦圈把它一分为二，劈成两半，作为农用薄膜顶棚支架。由于这种聚乙烯树脂在土壤中有经久耐用、不腐烂的特点，且又价格低廉，所以，很快就取代了过去惯用的竹用棚架，而这一项小小的发明使过时的呼啦圈重新获得了价值，自己也从中获取了丰厚的利润。

在神奇的大千世界之中，变废为宝，化腐朽为神奇的故事还有很多，在大山深处居住的农民靠侍弄树桩也能赚大钱，凭的是一敏锐的眼光和灵巧的双手。

有位48岁的山里农民黄启才侍弄树桩可谓入了迷，他家的庭院里到处都是树桩。本是些只能当柴火烧的树桩，经黄启才那么一侍弄，就长出了千奇百怪的枝叶，开出了姹紫嫣红的花朵，成了人见人爱的大型树桩盆景，不仅美化了庭院，而且一颗盆景就能卖出上万元的好价钱。一个山里的农民怎么就有这等化腐朽为神奇的本领，怎么就有这等拿山里废物卖大钱的好眼光？

故事还要从头说起。那是很多年前一天，家住梅村镇必胜村的黄启才到城里看望岳父，因为知道岳父爱好侍弄盆景，他临行前就在山里挖了几棵树桩准备带给老岳父。不曾想，在城里刚下车的时候，他带的树桩竟然被一伙人看上了，争相抢购，几棵树桩当时就卖了50多元。头脑灵活的黄启才敏感的意识到，山里当柴火烧的树桩，到了城里其实还满值钱的哩。他进而又想，连树桩都这么值钱，要是把它培育成树桩盆景，那不是更值钱吗？岳父在市场上买个小盆景，还要花个百儿八十的哩，何况是树桩育出的大盆景呢？

从上世纪80年代末开始，黄启才走上了自己近20年的培育树桩盆景之路。刚开始，为了弄懂树桩盆景的栽培和管理技术，他一方面订阅大量有关花卉盆景的书刊如饥似渴地钻研，一方面拜师访友刨根问底地请教，同时悉心观察各种树桩的习性，反复进行实践。功夫不负有心人，黄启才终于渐渐掌握了树桩盆景的栽培技艺。

10多年来，黄启才要么奔走在崇山峻岭之间物色树桩，要么一头扎进自己的庭院里精心培育。随着岁月的流逝，他家的庭院里树桩盆景越来越多，盆景的造型也愈来愈奇妙。精品的紫薇、榆树、梅树及三角枫树桩盆景造型各异、栩栩如生、灵动异常，不仅倾倒了路过的行人，而且吸引了不少外地盆景爱好者及生意老板的目光，上门求购者络绎不绝。2000年以来，黄启才每年都有七八万元的树桩盆景收入，产品销售到长三角和合肥等地。

培育树桩盆景能赚大钱的消息不胫而走，周围的农户也开始效法黄启才侍弄树桩盆景，结果都收入不菲。近年来，山上的树桩资源渐渐枯竭，黄启才又动起了培育小树桩盆景的脑筋。2001年，他从肥西进了300多棵黑松苗，今年又引进了1000多棵梅树苗，目前，他家的自育树桩小盆景达1300多盆，占地4亩多。在他的影响下，邻近村民又有10多户开始培育起了苗木花卉。

如今，黄启才把自己庭院里经数年培育的1200多盆大树桩盆景视为宝贝疙瘩，每天细心侍弄之余，他都要赏玩再三。可不是嘛，这些东西已日渐是稀有之物了，除非谁愿意出令黄启才心动的价，否则，他是怎么也舍不得卖的。

其实，机遇对每个人来说都是平等的，但是它只钟情于事事留心，处处在意的人，只青睐那些即使在困境之中也不丧失信心的人，只爱戴那些用自己的聪慧和奋斗来赚取金钱，赢得人生的人，对他们而言，即使是废物也会变成宝，这也就可以理解他们为什么总能比别人发现更多的金子。

崇尚节俭，创造财富

养成勤俭节约的美德，把自己的资金用来投资，是成功致富者必须具备的素质之一。从创业成功的人身上，都能见到节俭和投资创业的共同本质。

社会上有一些先富起来的人，只顾眼前，不思长远，总想"把鸡下的蛋吃光"，盲目攀比、盲目消费，就像梦中发了横财，不知如何是好，于是就赌博、吸毒、比赛烧钞票，而没有想去扩大实业，拓展生意。因此，致富者应该明白家有金钱万贯，不如投资经营的道理。钱再多也是有限的，"坐吃"必然导致"山空"。钱财只有流通起来才能赚取更多的利润，才能使优越的生活得到保证。

可以用三个词来勾画富人的肖像，那就是：节俭！节俭！再节俭！

有人问百万富翁卢卡斯："你购买一套服装，最多花过多少钱？"

约翰尼把眼睛闭上片刻。显然，他在认真回忆。观众悄然无声，都料想他会说："大约在 1000 美元至 6000 美元之间。"但是事实表明，观众的想法是错的。这位百万富翁这样说："我买一套服装花钱最多的一次……最多的一次……包括给自己买的、给我妻子琼买的、给我儿子巴迪、达里尔和给女儿怀玲、金洛买的……最多一次花了 399 美元。噢！我记得那是我花得最多的一次，买那套服装是因为一个十分特殊的原因——我们结婚 25 周年庆祝宴会。"

观众对约翰尼的陈述会有什么反应呢？可能大吃一惊，不相信。事实上，人们的预想和大多数美国百万富翁的实际情况并不一致。

每一个年轻人都应该知道，除非他养成节俭的习惯，否则他将永远不能积聚财富。

两个年轻人一同寻找工作，一个是英国人，一个是犹太人。

一枚硬币躺在地上，英国青年看也不看地走了过去，犹太青年却激动地将它捡起。

英国青年对犹太青年的举动露出鄙视之色：一枚硬币也捡，真没出息！

犹太青年望着远去的英国青年心生感慨：白白地让钱从身边溜走，真没出息！

两个人同时走进一家公司。公司很小，工作很累，工资也低，英国青年不屑一顾地走了，而犹太青年却高兴地留了下来。

两年后，两人在街上相遇，犹太青年已成了老板，而英国青年还在寻找工作。

英国青年对此不可理解，说："你这么没出息的人怎么能这么快地成功了？"

犹太青年说："因为我没有像你那样绅士般地从一枚硬币上迈过去。你连一枚硬币都不要，怎么会发大财呢？"

英国青年并非不要钱，可他眼睛盯着的是大钱而不是小钱，所以他的钱总在明天。这就是问题的答案。

没有小钱就不会有大钱。你不爱惜钱，钱也不会来找你。

如果你养成了节俭的习惯，那么就意味着你具有控制自己欲望的能力，意味着你已开始主宰你自己，意味着你正培养一些最重要的个人品质，即自力更生、独立自主，以及聪明机智和创造能力。换句话说，就意味着你有了追求，你将会是一个大有成就的人。

洛克菲勒垄断资本集团的创始人约翰·戴维森·洛克菲勒，1839 年出生于一个医生家庭，生活并不宽绰，艰难的生活使他养成了一种勤俭的习惯和奋发的精神。他在 16 岁时，决心自己创业。虽然他时常研究如何致富，但始终不得要领。一天，他在报纸上看到一则广告，是宣传一本发财秘诀的书。洛克菲勒看后喜出望外，急忙照着广告注明的地址到书店购买这本"秘书"。该书不能随便翻阅，只在买者付了钱后，才可以打开。洛克菲勒求知心切，买后匆匆回家打开阅读，岂知翻开一看，全书仅印有"勤俭"二字，他又气又失望。洛克菲勒当晚辗转不能成眠，由咒骂"发财秘书"的作者坑人骗钱，渐渐细想作者为什么全书只写两个字，越想越觉得该书言之有理，感到要致富确实必须靠勤俭。他大彻大悟后，从此不知疲倦地勤奋创业，并十分注重节约储蓄。就这样，他坚持了 5 年多的打工生涯，以节衣缩食的节俭精神，积存了 800 美元，经过多年的观察，洛克菲勒看清了自己的创业目标：经营石油。经过几十年的奋斗，他终于成为美国石油大王。

石油商人成千上万，最后只有洛克菲勒独领风骚，其成功绝非偶然。专家在分析他的创富之道时发现，精打细算是他取得成就的主要原因。洛克菲勒在自己的公司中，特别注重成本的节约，提炼每加仑原油计算到第三位小数点。他每天早上一上班，就要求公司各部门将一份有关净值的报表送上来。经过多年的积累，洛克菲勒能够准确地查阅报上来的成本开支、销售及损益等各项数字，并能从中发现问题，以此来考核每个部门的工作。1879 年，他写信给一个炼油厂的经理质问："为什么你们提炼一加仑原油要花 1 分 8 厘 2 毫，而东部的一个炼油厂干同样的工作只要 1 分 8 厘 1 毫？"就连价值极微的油桶塞子他也不放过，他曾写过这样的信："上个月你厂汇报手头有 1119 个塞子，本月初送去你厂 1 万个，本月你厂使用 9527 个，而现在报告剩余 912 个，那么其他的 680 个塞子哪里去了？"洞察入微，刨根究底，不容你打半点马虎眼。正如后人对他的评价，洛克菲勒是统计分析、成本会计和单位计价的一名先驱，是今天"一块拱顶石"。

节俭的原则不仅适用于金钱问题，而且也适用于生活中的每一件事，从合理安排自己的时间、精力，到养成勤俭的生活习惯。节俭意味着科学地支配自己的时间与金钱，意味着最明智地利用我们一生所拥有的资源。

节俭是一名员工的基本素质，但是节俭并不是说要所有的员工都去考虑如何节省几千元、几万元的大笔资金，这对大多数员工是不大现实的。对于员工来说，节俭就在于点点滴滴之间。这里几元，那里几元，如果我们把节约的观念用在所有这些小地方，那么加在一起可以成为很大的数目。

在 2003 年度《财富》世界 500 强企业中，有一个有趣的现象，以营业收入计算，丰田汽车排在第 8 位，但是以利润计算，丰田汽车却排在第 7 位。同时《财富》世界 500 强的数据显示，2003 年丰田汽车赚取的利润远远超过美国三大汽车公司的利润之和，就是比排在第二位日产汽车的 44.59 亿美元利润也高出 1 倍多。实际上，丰田的利润已经远远超出了全球汽车行业其他企业利润的平均水平。丰田的惊人利润从何而来？

在丰田的利润中，可以说很大一部分是丰田员工节俭下来的。丰田的厉行节俭是全球出名的。丰田办公室的员工用过的纸不会随意扔掉，反过来做稿纸，铅笔削短了加一个套继续用，领一支新的也要"以旧换新"；机器设备如果达到标准，很陈旧也一样使用；鼓励工人提出合理化建议，几乎每天都有人在技术革新、小改小革上下功夫。

举个简单的例子，丰田的员工很注意在组装流水线上的零件与操作工人的距离有多大才合适。如果放得不合适，取件需要来回走动，这种走动对于整个工序就是一种浪费，要坚决避免。另外，丰田还有一个特别的地方，在丰田的整个流水线上有一根绳子连动着，任何一名工人一旦发现流过来的零件存在瑕疵就会拉动绳子，让整个流水线停下来，并将这个零件修复，决不让它留到下一个流程。

不但如此，节约水电、暖气、纸张等都是丰田所倡导的，细微之处的节俭为丰田带来了不小的收益。

"勿以善小而不为，勿以恶小而为之。"节俭也是一样不论大小。每一个企业都有许多细微的小事，这往往也是大家容易忽略的地方。有心的员工是不会忽视这些不起眼的小事的，因为他们懂得，大处着眼，小处着手，节约成本应当从一点一滴做起。

其实生活工作中，有很多的小事都是举手即可完成的。例如：

（1）节约每一度电，做到随手关灯，人走灯灭，人走电器关，电脑不用时将它调至休眠状态或关掉。

（2）节约每一滴水，水龙头用后及时关闭，及时修理水管水箱，杜绝滴漏水的现象。

（3）节约每一个电话，不用公费电话聊天、谈私事；提高打电话的效率。打电话时最好在拿起话筒前拟一份简明的通话提纲，重要内容一字不差地写在提纲上。这样做有利于保证通话内容的准确、完整、精练，节省通话时间和提高通话效率。

（4）节约每一张纸，复印纸、公文纸统一保管，按需领取，节约使用，尽可能双面打印或复印，公共卫厕使用的卫生卷纸勤俭节约，禁止盗拿。

（5）不要把公司的办公用品私自拿回家据为己有；把平时习惯丢掉的纸张捡起来，看看是否还能够派上其他用场。

当然，节约成本远不止表现在以上几个方面，还需要在工作中多多留心。坚持少花钱多办事，会议、接待、招待等尽量从简和节约，不该花的钱不花，能少花的钱不多花，不必要办的事不办，可勤俭办的事不铺张办。一名优秀的员工就是要在点点滴滴之间节俭，不放过能够节俭下来的每一分钱。而一分一分地累加，就能成为一个巨大的数字，而这些都变成了企业的利润。

由此可见，"节俭"非小事，它体现着一个人良好的素质和修养，也关系到一个公司，一个企业的自身利益，万不可视"节俭"为吝啬。

虽然，一个生性吝啬的人，他的前途也仍然大有希望，但如果是一个挥金如土、毫不珍惜金钱的人，他的一生可能将因此而断送。不少人尽管以前也曾经刻苦努力地做过许多事情，但至今仍然是一穷二白，主要原因就在于他们没有储蓄的好习惯。

点点爱心生财源

在一个又冷又黑的夜晚，一位老人的汽车在郊区的道路上抛锚了。她等了半个多小时，好不容易有一辆车经过，开车的男子见此情况，二话没说便下车帮忙。

几分钟后，车修好了，老人问他要多少钱，那位男子回答说："我这么做只是为了帮助你。"但老人坚持要付些钱作为报酬。中年男子谢绝了她的好意，并说："我感谢您的深情厚意，但我想还有更多的人比我更需要钱，您不妨把钱给那些比我更需要的人。"最后，他们各自上路了。

随后，老人来到一家咖啡馆，一位身怀六甲的女招待员即刻为她送上一杯热咖啡，并问："夫人，欢迎光临本店，您为什么这么晚还在赶路呢?"于是老人就讲了刚才遇到的事，女招待员听后感慨道："这样的好人现在真难得，你真幸运碰到这样的好人。"老人问她怎么工作到这么晚，女招待员说为了迎接孩子的出世而需要第二份工作的薪水。老人听后执意要女招待员收下200美元小费。女招待员惊呼不能收下这么一大笔小费。老人回答说："你比我更需要它。"

女招待员回到家，把这件事告诉了她丈夫，她丈夫大感诧异，世界上竟有这么巧的事情。原来她丈夫就是那个好心的修车人。

也许你觉得这个故事只是一个巧合，但是谁也无法否认一个真理：

想得到爱，先付出爱，要得到快乐，先献出快乐，播种终会收获，只问耕耘不问收获的人，没有什么事情做不成，也没有什么地方到不了。

一次。一个哲学家问他的学生们："世界上最可爱、最宝贵的财富是什么？"学生们听了，便争先恐后地站起来回答，各抒己见。最后一个学生回答道："世界上最可爱、最宝贵的东西，是爱心。"那位哲学家说："的确，他们所有的回答，都被你这两个字所包含，因为爱心比那千万家产有价值得多。而且有这种财富的人，常不用花一分钱的代价，也能做出伟大的事业。"

其实，这是一句真言。在人生之中，再也没有比爱心更能打动人心，赢得好人缘，从而使自己走上成功之路的。

市场经济是什么？谁拥有了上帝，谁就拥有经济效益。上帝靠什么去争取？靠"爱"，一般人通常把爱心视为一种善良的情感。但是，对一个成功的经营者来说，爱是一种能力、一种态度，是一门需要修养和努力的艺术，其基础就是给予、关心、责任感、尊敬和了解。如果你不努力掌握经营爱心的艺术，那么，你的所有的经营意图都注定不成功。因为要想赢得别人的"爱"，必须先从关爱别人开始。对爱心吝啬的人，只能得到别人的冷遇而走向失败。

很多上班族都因上班时间受限制，在接送孩子上学这个问题上大伤脑筋。失业司机李松透过这一现象看到了商机，便开了一家家政服务部，专门负责接送孩子上学。刚开始时，很多家长都跟他联系，让他接送孩子。但李松认为自己不是为了替人分忧，而纯粹是为了赚钱。营业后，他对孩子们缺乏爱心和耐心，在接送的途中，有的孩子口渴了他不给喝水，有的孩子吵闹打架他也不予制止，甚至有的孩子尿急他也不理不睬，并且还经常出现漏接孩子的现象，这使得家长们整日为孩子提心吊胆，才过了两个月，就再也没有孩子愿让他接送了，他的家政服务部也只好"关门大吉"了。而离他不远的另一家服务部则与他的经营方式完全相反，他们在接送车上备好食品、开水和玩具，对孩子们细心照顾，并且经常给孩子们讲一些有趣的故事，这些做法赢得了家长的信任和孩子们的喜爱，他们的生意也日益红火起来。

的确，李松的失败就很好地证实了一点，爱心有利于事业的经营。说起来，更为神奇的是，爱还能促使人不断地去创新、去发明，从而使人赚取得大量金钱。

小创新创造大财富的例子简直举不胜举，这些小创新确实很普通，普通得使人常常难以注意到它们的存在，但它们又很重要，因为人们之所以注意不到它们，往往是因为它们太常用了，用多了，习惯了，也就不特别注意了。就拿日常生活中的小磕小碰来说吧，如果我们的手或其他部分被划破了，我们最常说的一句话就是："没事，贴上点邦迪就好了。"是啊，创可贴如此平常，以至谁也没有意识到它曾是一个重要发明。但是，你只要设想一下，如果没有这种方便、简捷的伤口处理用品会怎样？

说起来，创可贴的发明真是体现了爱心的一个创造。它的发明者是埃尔·迪克森——一位在生产外科手术绷带的工厂工作的先生，20世纪初，这位先生刚刚结婚，他的太太是一位娇巧的美人，可这位年轻的太太对于居家过日子还不太熟悉，她常常在做饭时切着手或烫着自己。迪克森先生由于工作原因，当然能够很快为她包扎好，但他想，要是能有一种自己就能包扎的绷带，在太太受伤而无人在家的时候，就不用担心她自己包扎不了了。

他考虑到，如果把纱布和绷带做在一起，就能用一只手包扎伤口。他拿了一条纱布摆在桌子上，在上面涂上胶，然后把另一条纱布折成纱布垫，放在绷带的中间。但是有个问题，做这种绷带要用不卷起来的胶布带，而暴露在空气中的粘胶表面时间长了就会干。

后来他发现，一种粗硬纱布能很好地解决这个问题，于是他完成了这项实验。当迪克森太太又一次割破手时，就自己揭下粗纱布，用她聪明丈夫发明的绷带贴在伤口上。

当公司了解了他的新思想后，就非常愉快地将这种备好的绷带作为公司的新产品。这种绷带一直到1920年还没有商品名称，只是销售产品。后来工厂主管凯农先生建议用 Band——Aid 这个名称，其中 Band 指的是绷带，而Aid 用于这种急救和手术绷带产品，后来也成了绷带的同义词。

迪克森先生出于对妻子的爱而发明的这种小东西，就是现在中国城市家庭几乎家家必备的邦迪牌创可贴。我们暂且不去想，它在全世界有多大市场，只粗略估计一下它在中国的使用情况，就可以想象它为公司赚了多少钱。

无独有偶的是，世界上第一条女用卫生棉条的发明，也是源于一位对妻子有着无限爱心的丈夫之手。

1929 年，美国人伊勒·C. 哈斯只是位医生，非常的普通。他行医、娶妻，享受天伦之乐，他还热衷于发明创造，且十二分地投入。

很多次，他无意中听到太太在抱怨自己身为女人，有种种的不方便，尤其是每月的那几天……深爱妻子的哈斯医生觉得自己该为妻子做些什么，他放下手头的发明试验，坐到她身边。于是，哈斯夫妇进行了一次亲密无间的谈话。

哈斯终于明白了妻子的苦恼，他从生理医学的角度分析了妻子在特殊日子的特别感受，意识到她的不快乐，并非完全缘于生理现象，很大的一个因素，缘于妇女用品的不纤巧不灵活不能随心所欲。在他的头脑中闪现出经历无数次的外科手术：医生和护士经常用消毒棉和纱布来吸收创口出血。"我能不能给太太也试用一下呢？"哈斯医生一连几天躲在实验室里，他将压缩的医用药棉制造出长短适中的棉条，再用一根棉线贯穿地缝在棉条当中，并用纸管当导管……世界上第一支女性内用卫生棉条，就这样诞生在一个时刻关爱妻子的医生手上。

这项服务于全人类女性的发明，于 1939 年获得了专利，取名丹碧丝。它首销于美国，现在已被世界上一百多个国家的妇女所接受。这项专利无论带给哈斯医生怎样的财富，哈斯太太一生所感念的，仍是丈夫那颗仁爱之心。

拥有一颗善心、一种爱人的心情、一种为爱甘于付出又能够付出的资质，就是拥有了无与伦比的财富。

不用一文，占尽风流

许多人既想做大生意，又苦于缺少资金，其实缺少资金只能难住那些平庸的商人，聪明的商人能够以小博大，甚至能上演出空手起家的传奇。

某百货大楼位于广州市商业闹市，占地 1400 平方米，有中央空调、扶手电梯、豪华装饰。建成这样一座现代化百货大楼，至少也得数百万，甚至上千万资金。然而有一个年轻的总裁，能够把别人的钱变成自己的钱，他只用2000 元就把这座大楼建成了。

他的方法是：他将这座大楼划分为 220 多个局部单位（摊位），每个单位一次收 10 年租金 5 万元。每年退还其中的 10%，不包括利息。另外每个单位每月收取比市面价低 2/3 的管理费。这样优惠的条件，使得这座待建的百货大楼成为人们争相租赁的抢手货。220 多个单位 20 几天便全部租出去，获得租金 1000 多万元。而这个年轻的总裁只在报上花费了 2000 元的招租广告费。

其实贫穷并不可怕。可怕的是你用什么样的姿势站着与它对话。相反，它是立大志者的第一财富，饱尝了风雨之后的身躯，再不会因苦难而低下头颅。什么是资本，什么是人的财富？是智慧。可比智慧更高一筹的是没有鸡而有蛋的预言……

在现代人的头脑中，住房是第一问题，解决其问题，颇需一番折腾呢。因为它是任何一个人所必须的落脚点或躲风避雨的所在。

如果我告诉你，有这么一个人，没钱也盖起了自己的房子，而且不是普通的房，是在寸土寸金的闹市区，盖起了一栋大楼，你会相信吗？现在，这栋 16 层的大厦就矗立在市中心，这位奇迹的创造者名叫郑敏。

当初，他怀揣着 5000 元人民币只身闯广东，现在，面对平地而起的广厦千间，像面对生日宴会上的蛋糕。他踌躇满志地开始切蛋糕了，留两层自用足矣。一至四层出租，每年坐收租金 500 万元；其余 10 层全部售出，获购房款 4000 余万元。除去各种费用，郑敏净赚 2000 万元。

高楼万丈平地起，郑敏用的是巧办法。

郑敏初闯广东，适逢房地产热，地价疯涨，要想建房，要么花大价钱买地皮自建，要么投资与当地人合建，然后分成。真可谓：有钱出钱，有地出地，没钱没地靠边稍息。郑敏没钱又没地，可是他不愿靠边稍息。他想到了租地。

于是，他骑着自行车，到处找可租之地，终于找到了一家即将迁往城外的工厂。郑敏提出，租地 70 年，建巴蜀大厦，建成后，每年交厂方 11 万元。他特别向厂方强调："租期内你们将收入 770 万元。"厂方听说 770 万元的租金，比卖地还多不少的钱，挺划算的，很快就拍板同意了。

这是郑敏下的一着妙棋：第一，租地不用像买地那样预付大量的现款，就把别人的地变成了"自己的地"；第二，在租金上占了大便宜。寸土寸金的闹市区，两亩多地每年租金才 11 万元，与后来他盖起 16 层大楼后仅其中四层的租金每年就 500 万元比起来，简直是九牛一毛。虽说租期内租金共有 770 万元，但那是要用漫长的 70 年作分母来除的啊。厂方得到微薄的租金，失去了 70 年的机会。

　　郑敏大功告捷，聪明处在于他用浓彩粉墨渲染了 770 万元这一庞大数字，瞒天过海掩饰仅仅 11 万的年租金。

　　地皮落实后，他马上又通过新闻媒介向四川各地广而告之：四川省将在广州市建一"窗口"——巴蜀大厦，现预订房号、预收房款，使他轻而易举地集资 2000 万元。他省钱省事搞到了地皮，又走捷径解决了建房款。建房时，又恰逢建房热急剧降温，建房大军无米下锅，只要有活干、能糊口，亏本也愿接工程。郑敏把工程包出去，不但不用给承建方工程预付款，而且还要求对方垫支施工，大楼建了一半，承建方已垫支了数百万。

　　郑敏空手套白狼，未动自身分毫，借鸡生蛋，坐拥广厦千万间。

　　而大楼真正的建造者，在郑敏搬进总经理办公室的同时，又要另找一处工棚去住了。

　　成功是可歌的，成功的背后有很多可泣的故事需要我们去用智慧的大脑，衡量它的价值和财富。

　　一个人本事再大，也不能完成所有的工作，纵使"浑身是铁，又能打几根钉呢"。富于挑战、思维跳跃、观念超前的人当然明白这个道理，于是他们扩充自己的大脑，延伸自己的手脚，借外力助自己成功。

　　善借外力成为赢家的故事在国外也很多，美国亿万富翁马克·哈罗德森就是"借鸡生蛋"的高手。

　　马克·哈罗德森经常说："别人的钱是我成功的钥匙。把别人的钱和别人的努力结合起来，再加上你自己的梦想和一套奇特而行之有效的方案，然后，你再走上舞台，尽情地指挥你那奇妙的经济管弦乐队。其结果是，在你自己的眼里，会认为不过是雕虫小技，或者说不过是借别人的鸡下了蛋。然而，世人却认为你出奇制胜，大获成功。因为，人们根本没有想到，竟能用别人的钱为自己做买卖赚钱。"

　　在现代，任何巨额财富的起源，建立在借贷基础上是最快捷成功的。就是说，要发大财先借贷。没有本钱怎样发大财呢？借贷是行之有效相当成功的手段。当然，借钱就得付出利息，但你不要害怕，你利用别人的钱来赚钱，你赢得的部分，可能远远超出了你所付的利息。

　　美国船王丹尼尔·洛维格的第一桶金，乃至他后来数十亿美元的资产，都是借鸡生的"金蛋"。可以说，他整个事业的发展是和银行分不开的。

　　当他第一次跨进银行的大门，人家看了看他那磨破了的衬衫领子，又见他没有什么可做抵押的，自然拒绝了他的申请。

他又来到大通银行，千方百计总算见到了该银行的总裁。他对总裁说，他把货轮买到后，立即改装成油轮，他已把这艘尚未买下的船租给了一家石油公司。石油公司每月付给的租金，就用来分期还他要借的这笔贷款。他说他可以把租契交给银行，由银行去跟那家石油公司收租金，这样就等于在分期付款了。

许多银行听了洛维格的想法，都觉得荒唐可笑，且无信用可言。大通银行的总裁却不那么认为。他想：洛维格一文不名，也许没有什么信用可言，但是那家石油公司的信用却是可靠的。拿着他的租契去石油公司按月收钱，这自然会十分稳妥。

洛维格终于贷到了第一笔款。他买下了他所要的旧货轮，把它改成油轮，租给了石油公司。然后又利用这艘船作抵押，借了另一笔款，从而再买一艘船。

洛维格的成功与精明之处，就在于他利用那家石油公司的信用来增强自己的信用，从而成功地借到了钱。

这种情形持续了几年，每当一笔贷款付清后，他就成了这条船的主人，租金不再被银行拿走，顺顺当当进了自己的腰包。

当洛维格的事业发展到一个时期以后，他嫌这样贷款赚钱的速度太慢了，于是又构思出了更加绝妙的借贷方式。

他设计一艘油轮或其他用途的船，在还没有开工建造，还处在图纸阶段时，他就找好一位顾主，与他签约，答应在船完工后把它租给他们。然后洛维格才拿着船租契约，到银行去贷款造船。

当他的这种贷款"发明"畅通后，他先租借别人的码头和船坞，继而借银行的钱建造自己的船。他有了自己的造船公司。

就这样，洛维格靠着银行的贷款，爬上了自己事业的巅峰。

可见，世界上的钱有的是，就看你会不会运作，最终把别人的钱变成自己的钱。

留心小事，捕捉生意灵感

"一叶陨而知秋至"，从一片树叶的下坠，人们就可以感知季节的变化了。同样的道理，生活中很多看似不起眼的小事，往往蕴藏着巨大的商机。在现代信息社会里，信息确实重要，但这并不是说，你必须用高科技、用商业间谍、成天在报纸中扎堆，才能获取你所需的信息。生活中到处充满信息，很多高明的企业家，就是从观察生活中的小变化，见微知著，从而大发其财的。

美国有位叫米尔曼的女士，她在生活中常常被一件小事烦心，那就是她的长筒丝袜老是和她做对。因为它老是往下掉，尤其是在公共场合或在公司上班时，袜子掉下来令地非常尴尬。她想这种困扰，其他妇女肯定也会有，而且人数不会少。"那我为什么不做这方面的生意呢？"

不久，她就开了一家袜子店，专门卖那些不易滑落的袜子。这家店铺不大，但生意却出奇地好。由于在她的店里，每位顾客平均可在一分半钟内完成交易，而且这里售出的袜子确实是使很多妇女摆脱了丝袜滑落带来的窘境，所以越来越多的人来她的店里买这"不起眼的小东西"。米尔曼成功了，现在她已开了120多家分店，分布在美、英、法三国，她自己30出头的年龄，就成为百万富婆。

而另一对美国年轻人，也是从极小的生活琐事中发现了财富。这是一对年轻的夫妇，他们刚刚有了一个小孩。在给小孩喂奶时，他们发现，市场上卖的奶瓶都太大了，8个月以下的婴儿都无法自己抱住奶瓶喝奶，这往往令小家伙烦躁不安。

有一天，小宝宝的外祖父——一个工厂烧焊产品的检查员，来到他们家，在听到他们的抱怨后，顺口说，最好在奶瓶两边焊上瓶柄，这样小孩就能双手抓着吃奶了。这句不经意的话，却使这对年轻夫妇灵光闪动，他们有主意了。

不久，他们设法将圆柱形的奶瓶改制成圆圈拉长后中间空心的奶瓶，投放市场。由于这一改进使得小孩能自己抓住奶瓶吃奶，一经推出就大受欢迎，在60天内卖出了5万个奶瓶。他们开业的第一年就收入150万美元。

很多成功者都是善于从"无关的小事"中发现潜在的商机，从而挖掘出人生中巨大的宝藏的。

牛仔裤是一种风靡世界的服装，几百年来一直备受人们喜爱，在匆匆忙忙的时尚风潮中始终保持着自己独立的品位，但似乎没有人追问，究竟是谁发明了牛仔裤？他又是如何发明了这世界上的第一条牛仔裤？

人们也许根本不会想到，风靡全世界，曾影响几代人生活的牛仔裤竟是一个名叫李维·施特劳斯的小商贩发明的，他制造的第一条牛仔裤竟然是美国西部淘金工人的工装裤。

19 世纪 50 年代，李维·施特劳斯和千千万万年轻人一同经历了美国历史上那次震撼人心的西部移民运动。这场运动不是由政府发动，而是源于一则令人惊喜的消息：美国西部发现了大片金矿。

消息一经传出，在美国立即刮起一股向西部移民的旋风。满怀发财梦的人们，携家带口纷纷拥向通往金矿的路途，涌向那曾经是荒凉一片，人迹罕至的不毛之地。

于是，在通往旧金山的道路上，高篷马车首尾相接，滚滚人流络绎不绝，景象分外壮观。李维·施特劳斯同样也经不起黄金的诱惑，毅然放弃他早已厌倦的文职工作，加入到汹涌的淘金大潮中。一到旧金山，李维·施特劳斯立刻被眼前的景象惊呆了：

一望无际的帐篷，多如蚁群的淘金者……他的发财梦顿时被惊醒了一半。

"难道要像他们一样忙忙碌碌而无所收获吗？"

"不能！"李维·施特劳斯坚定地说道，他说服自己不要知难而退，而要留下来干一番事业。也许是犹太人血统里天生的经商天分在李维·施特劳斯的身上起了作用，他决定放弃从沙土里淘金，而是从淘金工人身上"淘金"。

主意已定，李维·施特劳斯用完身上所有的钱物，开办了一家专门针对淘金工人销售日用百货的小商店。李维·施特劳斯这一独具慧眼的决定，为他今后发财致富奠定了良好基础。

小商店开业以后，生意十分兴旺，日用百货的销售量很大。李维·施特劳斯整日忙着进货和销货，十分辛苦，但利润也十分丰厚。渐渐的李维·施特劳斯有了一笔积蓄，在同行小商贩中，他因吃苦耐劳和善于经营而有了小名气，商店的生意越做越好。为了获取更大的利润，李维·施特劳斯开始频繁外出拓展业务。

一天，他看见淘金者用来搭帐篷和马车篷的帆布很畅销，于是乘船购置了一大批帆布准备运回淘金工地出售。在船上，许多人都认识他，他捎带的小商品还没运下船就被抢购一空，但帆布却丝毫没有人问津。

船到码头，卸下货物之后，李维·施特劳斯就开始高声叫喊推销他的帆布。他看见一名淘金工人迎面走来，并注意他的帆布，于是赶紧迎上去拉住他，热情地询问：

"您是不是要买一些帆布搭帐篷？"

淘金工人摇摇头说："我不需要再建一个帐篷。"

他看着李维·施特劳斯失望的表情，接着又说：

"您为什么不带些裤子来呢？"

"裤子？为什么要带裤子来？"李维·施特劳斯惊奇地问道。

"不经穿的裤子对挖金矿的人一钱不值，"这位金矿工人继续说道，"现在矿工们所穿的裤子都是棉布做的，穿不了几天很快就磨破了。"他话锋一转又说道：

"如果用这些帆布来做裤子，既结实又耐磨，说不定会大受欢迎。"

乍一听到这番话，李维·施特劳斯以为他是在开玩笑，但转念仔细一想，却是很有道理，何不试一试呢？

于是，李维·施特劳斯便领着这位淘金工人来到裁缝店，用帆布为他做了一条样式很别致的工装裤。这位矿工穿上结实的帆布工装裤高兴万分，他逢人就讲他的这条"李维氏裤子"。消息传开后，人们纷纷前来询问，李维·施特劳斯当机立断，把剩余的帐篷布全部做成工装裤，结果很快就被抢购一空。

1850 年，世界上第一条牛仔裤就这样在李维·施特劳斯手中诞生了，它很快风靡起来，同时也为李维·施特劳斯带来了巨大的财富。

就像风平浪静掩饰不住海底汹涌的暗流一样，在平平淡淡的生活中，到处都蕴藏着无限的商机，聪明的人知道，平淡并不是一部无聊的肥皂剧，相反，它是一幕传奇的开始。只要你用心就会揭开它神秘的面纱，机遇就像郁积已久的火山，需要苦心积虑作为压力才能喷薄而出。任何看似偶然、随意的发现，其实往往都伴随着巨大心血的付出。李维·施特劳斯于不经意间开启了财富的宝库，正是得益于他平时的细心和不懈的努力。

由李维·施特劳斯的发家史也可以看出，生活中有些信息是非常具有价值的，但因为人们的疏忽，总是不停地浪费掉了许多很宝贵的信息。要想利用信息机会，前提就是要善于观察生活。注意把信息与机会联系在一起思考，这样，信息才能被转成机会，转化为财富。

所以，我们平时要注意观察生活，无论是从报纸图书上看到的，或从别人口里听到的东西，都要认真去思考，这时于自己而言，到底是不是一条有用的信息呢？如果你确定这是一条非常有价值的信息，那么你就按照这条信息所指引的方向努力去做吧，财富女神就在前方等待着你的到来。

小智慧带来大财富

只有少许资本或完全没有资本的人要想致富，只能依靠自己的智慧。

很久以前，一个人寿保险公司年轻的销售员，由于无法说服某一家客户投保，心情烦躁。但不久他从烦恼中获得灵感，那就是向企业经营者建议，不直接以个人为投保对象，转而以企业为对象。如果以企业为投保对象，就可能因为经营方式的改变，赚取比保险费高几倍的利润。

他决定把这个想法付诸行动，立即着手以不同的方式推销。他所选择的第一个客户，是市内最有代表性的餐厅。他对餐厅老板说："贵餐厅的料理非常符合标准，客人也吃得放心。我建议您不妨大力宣传，强调在这家餐厅吃饭可以免除疾病，增强健康。"

老板听了以后说："确实是这样，今后我还准备多推出几道健康料理。"

"太好了。"推销员说，然后就说明了他的想法。初步讨论下来，他们拟定了一种特殊风格的保险菜单，对经常光顾这家餐厅的人，以每人保1000美元的寿险作为服务。餐厅老板兴趣浓厚两人又着手商量有关细节。

保险菜单推出后不久，餐厅的生意果然越来越兴隆，那个做寿险的年轻人自然也有了不少的收益。后来他把这主意又推广到加油站和超市。

穷人没有像富家子弟那样的条件，也没有原始积累做创业的脚垫，其实资本的原始积累本身就是一段漫长而充满血和泪的过程。但是，穷人从来都不缺充满才智的头脑和敏锐的嗅觉。

才能是什么？它就是一个人的实力。一个人真正有了雄厚的实力与才能，总是可以抓住机遇的，即使错过今天的机遇，还有明天的机遇。这就叫"肚里有货，心中不慌"。

中国的一个成语"毛遂自荐"大家应该耳熟能详。毛遂做了很久的一般食客，终于抓住出使的机遇一举成功，还在于自己本来有才能，换个才能不足的人，即使让他出使，他能当机立断做出威逼他国之君的事吗？这种判断力，这种胆力，才是毛遂成功的主要原因，机遇只是给他提供了一个表演的舞台而已。可以说机遇的基础是实力，没有实力等于是没有机遇。

牛顿从苹果落地得到启发，创出万有引力学说；瓦特从水壶冒汽得到启发，发明了蒸汽机；阿基米德从洗澡得到启发，辨明了王冠是否纯金打造；鲁班从被草的锯齿割破手得到启发，发明了锯子……这种事件古今中外要多少有多少。他们为什么会成功呢？看见苹果落地，水壶冒汽的人不少，洗澡，手被草划伤的人更多。可是为什么偏偏是他们抓住了成功的机遇呢？这就是因为他们本身的实力与才能出众，才能在别人习以为常的现象中得到突破。

知识发财，智慧创富，其根本在于聪明的头脑，在于善于发现机会，并能迅速通过自己的行为将其转化为财富。

眼下新经济风起云涌，靠头脑创富也是"八仙过海，各显神通"，但共同点是一个：充分开动大脑机器，靠智慧谋财。

其实，商机处处在，就看你是否具有睿智的头脑和敏锐的眼光，能否发现它。鲍名利，一个从传统行业中崛起的百万富豪，其事业的几起几落充分说明了这个问题。

大学毕业后的鲍名利，分配到了吉林省商业厅下属的一家公司。他不甘心工薪族平淡的生活，一年后便下了海。他的第一项事业便是和朋友合开比较前卫的"香港欧美时装廊"，这在长春属独家新潮时装，还不太容易被当时保守的人接受。鲍名利却认准了年轻人逐渐走向开放的时代大背景，相信这一经营定有市场。果不其然，引进的港台等地新潮时装受到年轻一代的欢迎，获得了丰厚的利润。然而两个合伙人却因性格不合分了手。

但这并没有影响鲍名利的积极的创业心。1993 年初，退出时装业的鲍名利又勇敢地接任中外合资希尔康食品公司的市场部经理。别人一年没有打开的市场，他只用半年时间便使希尔康果茶打入千余家宾馆、酒店，批发商、经销商争先进货。然而，不安分的鲍名利一直想干一番真正属于自己的事业。他看中了刚刚打入市场还不被行家看好的速冻食品，并毅然辞职做了台湾怡尔香面食的吉林省总代理。

现代社会加快了人们的生活节奏，速冻食品的出现既为人们节省了宝贵的时间，更为人们增添了新口味。经过一番精心的策划和宣传，速冻食品很快打开了销路，鲍名利为此连开了 4 家连锁店，并在百货大楼、红旗商城等处设有冷冻专柜，生意一时火爆空前。

但他毕竟是初涉商海，明显的经验不足，他忽略了重要一点，速冻食品也有淡旺季之分。每年的 4 月到 10 月正是淡季，由于战线拉得太长，价格不菲的柜台费和庞大的员工开支令他力不从心。到 1995 年 6 月末，已经亏了数万元。他不得不宣布这次经营的失败。

痛定思痛，鲍名利开始反思自己。敢干别人没干过的，闯新路可以抢占先机，但在经营上一定要得体，否则也会一败涂地。

1995年8月，鲍名利从朋友处借来1万元，与丹东一家中法合资的百叶窗帘厂联营，建立吉林省首家百叶窗帘厂。这是一个别人从未涉足的项目，却是鲍名利经过认真考察才作出的选择。为此，他花了20多天的时间，跑遍了长春市的装潢建筑公司和装饰材料公司。发现都没有这种新型窗帘，而从大连、丹东等地装修趋势看，这是一项正在走向热门的行业。

为使人们能够接受这一装饰行业，鲍名利在宣传上大做文章，他印了大量宣传单，并到建筑工地及机关、学校等企业事业单位散发。他在小区租了一间民房，亲自送样品，既当经理，又当业务员、送货员。虽然很辛苦，但他相信自己的眼光不会错。

为了使宣传更有形象性，他巧妙地抓住了一个电视效应。当时，吉林电视台正在播放电视连续剧《中方雇员》，画面里不断出现百叶窗帘的镜头。于是，在新的宣传单里，他加进了"《中方雇员》告诉您，百叶窗帘是您无悔的选择"等宣传内容，借用电视，人们更生动、直观地了解了"百叶窗"。

就在这一系列狂轰乱炸的宣传之下，鲍名利开始收获劳作的喜悦。也就是在1995年末，他接到了长春光机学院300平方米的窗帘安装业务。随后，市财政局、省电力局、市铁路建行等单位纷纷找上门来，业务越做越多，知名度越来越大。

1996年3月，鲍名利终于拥有了自己的公司——兰星工贸有限责任公司。在鲍名利的带动下，许多装潢公司和他的同学、朋友也都做起百叶窗帘业务。大家都挤一个市场，已难赚得太大的利润。这时鲍名利开始搜寻新的项目。

经过精心调查，他发现了浴室洁具翻新项目。在许多大中城市，遍布着宾馆、酒店、度假村、疗养院等重要消费和休闲场所，这些场所的浴室在使用3～5年后便需要对其卫生洁具及台面的石材进行更换或翻新再造。

可是，宾馆要拆换一只新浴缸，最低的费用也要在400元左右。而翻新只需一半的价钱就够了。再说，更换时很少有人接一只浴缸的活，大批量同时更换肯定会影响宾馆的生意，翻新则不用大费周折，可以一只一只的翻新，这无形中又为宾馆省下了一笔不少的费用。另外，我国城市居民浴室的装备也日趋高档，这更为浴室的翻新提供了更大的空间。

但是，这是一项极具风险的项目，光一项德国进口工艺设备就需2万多元，技术费、资料费还需更多。然而鲍名利认准了这个项目的市场，不惜花费几万元买到这项SRS翻新工艺技术。该工艺采用珐琅原料，经过表面瓷再造、表层釉面再造、光面加强等工艺流程，使旧浴缸在24小时内焕然一新并可投入使用。于是鲍名利没有犹豫，而是大胆地着手自己的计划。

可以说，鲍名利完全是一位靠头脑致富的百万富豪，正是有着敏锐的致富头脑，他从传统产业中崛起。像这样的例子，在我们身边还有很多，总结其中的规律就是：头脑是创富之源。

其实，对于任何一位身经百战的企业家，要想在商场上独领风骚，成为金钱的主人，最不能缺少的就是他的智慧和精明的头脑。

第三章　星星之火，可以燎原

——细节点燃创造的火花

处处留心皆学问

查尔斯·狄更斯在他的作品《一年到头》中写道："有人曾经被问到这样一个问题：'什么是天才？'他回答说：'天才就是注意细节的人。'"

大约半个世纪以前，一个行人停在苏格兰北部的一家乡村客栈过夜。在他停留期间，信使给老板娘带来了一封信。老板娘接过来，审视了一番，又原封不动地把信还给了信使，说，她付不起信的邮费——当时大约得要两先令。听了这些话，行人坚持要替老板娘付邮费。当信使离开了以后，那老板娘坦白地跟他说，其实信里根本没什么内容。她知道写信的是自己的弟弟。他住得离她比较远，他们姐弟俩约定好，在写信的时候他们只要在信封上做一些特殊的记号，他们就彼此明白对方过得是否很好。这件小事启发了这个行人，这个行人就是著名国会议员罗兰德·希尔。在看到这件事情后，他马上就意识到人们需要一种价格低廉的邮政方式。没过几个星期，他就向国会众议院提出了一项议案来降低邮费。正是由于这样一件小事，才有了后来费用低廉的邮政制度。

处处留心皆学问，只要细心，就会有不断创造的灵感，这自然也是成事的一种手段。每天行色匆匆，有没有留意一下身边的人和事，那就有可能一生都这样匆匆忙忙地疲于奔波。当然并不是叫你事事留意，而是有意识地注意一下与你有关的行业，也许就在不经意间你会有意想不到的收获。

格力空调中有一种"灯箱柜机空调"，它的发明过程也是很偶然的。

1995 年，格力公司的朱江洪在美国看到可口可乐售货机的颜色很艳丽，一时间就产生了灵感，"格力"因而设计出了一个获得专利的新产品"灯箱柜机空调"。这种空调一扫几十年来的"空调冷面孔"：柜面上风景如画，"瓜果飘香"，在原来的使用价值中又增加了几分美感。

朱江洪的这一"触景生情"，就让空调的"脸"发生了变化，格力的彩面柜机空调比市场上同类产品价值高出 300 多元。这种空调在国内外市场都很畅销，而且还因为拥有自己的知识产权，没有竞争对手，一举成为该公司上百款空调中利润率最高的。

从日常生活中产生创新灵感的例子很多很多，只要每个人都成为"有心人"，更多的发明创造就会如雨后春笋般出现。

美国有个叫杰福斯的牧童，他的工作是每天把羊群赶到牧场，并监视羊群不越过牧场的铁丝到相邻的菜园里吃菜就行了。

有一天，小杰福斯在牧场上不知不觉地睡着了。不知过了多久，他被一阵怒骂声惊醒了。只见老板怒目圆睁，大声吼道："你这个没用的东西，菜园被羊群搅得一塌糊涂，你还在这里睡大觉！"

小杰福斯吓得面如土色，不敢回话。

这件事发生后，机灵的小杰福斯就想，怎么才能使羊群不再越过铁丝栅栏呢？他发现，那片有玫瑰花的地方，并没有更牢固的栅栏，但羊群从不过去，因为羊怕玫瑰花的刺。"有了"，小杰福斯高兴地跳了起来："如果在铁丝上加上一些刺，就可以挡住羊群了。"

于是，他先将铁丝截成了 5 厘米左右的小段，然后把它结在铁丝上当刺。结好之后，他再放羊的时候，发现羊群起初也试图越过铁丝网去菜园，但每次都被刺疼后，惊恐地缩了回来，被多次刺疼之后，羊群再也不敢越过栅栏了，小杰福斯成功了。

半年后，他申请了这项专利，并获批准。后来，这种带刺的铁丝网便风行全世界。

其实，在竞争激烈的商业，社会也有不少的商业精英善于从生活中发现细节，获得灵感，从而成功地开拓了新的商业领地。

20 世纪 70 年代中期，日本的索尼彩电在日本已经很有名气了，但是在美国它却不被顾客所接受，因而索尼在美国市场的销售相当惨淡，但索尼公司没有放弃美国市场。后来，卯木肇担任了索尼国际部部长。上任不久，他被派往芝加哥。当卯木肇风尘仆仆地来到芝加哥时，令他吃惊不已的是，索尼彩电竟然在当地的寄卖商店里蒙满了灰尘，无人问津。

如何才能改变这种既成的印象，改变销售的现状呢？卯木肇陷入了沉思……

一天，他驾车去郊外散心，在归来的路上，他注意到一个牧童正赶着一头大公牛进牛栏，而公牛的脖子上系着一个铃铛，在夕阳的余晖下丁当丁当地响着，后面是一大群牛跟在这头公牛的屁股后面，温顺地鱼贯而入……此情此景令卯木肇一下子茅塞顿开，他一路上吹着口哨，心情格外开朗。想想一群庞然大物居然被一个小孩儿管得服服帖帖的，为什么？还不是因为牧童牵着一头带头牛。索尼要是能在芝加哥找到这样一只"带头牛"商店来率先销售，岂不是很快就能打开局面？卯木肇为自己找到了打开美国市场的钥匙而兴奋不已。

马歇尔公司是芝加哥市最大的一家电器零售商，卯木肇最先想到了它。为了尽快见到马歇尔公司的总经理，卯木肇第二天很早就去求见，但他递进去的名片却被退了回来，原因是经理不在。第三天，他特意选了一个估计经理比较闲的时间去求见，但回答却是"外出了"。他第三次登门，经理终于被他的诚心所感动，接见了他，但却拒绝卖索尼的产品。经理认为索尼的产品降价拍卖，形象太差。卯木肇非常恭敬地听着经理的意见，并一再地表示要立即着手改变商品形象。

回去后，卯木肇立即从寄卖店取回货品，取消削价销售，在当地报纸上重新刊登大面积的广告，重塑索尼形象。

做完了这一切后，卯木肇再次叩响了马歇尔公司经理的门。可听到的却是索尼的售后服务太差，无法销售。卯木肇立即成立索尼特约维修部，全面负责产品的售后服务工作；重新刊登广告，并附上特约维修部的电话和地址，并注明 24 小时为顾客服务。

屡次遭到拒绝，卯木肇还是痴心不改、他规定他的每个员工每天拨 5 次电话，向马歇尔公司询购索尼彩电。马歇尔公司被接二连三的电话搞得晕头转向，以致员工误将索尼彩电列入"待交货名单"。这令经理大为恼火，这一次他主动召见了卯木肇，一见面就大骂卯木肇扰乱了公司的正常工作秩序。卯木肇笑逐颜开，等经理发完火之后，他才晓之以理、动之以情地对经理说："我几次来见您，一方面是为本公司的利益，但同时也是为了贵公司的利益。在日本国内最畅销的索尼彩电，一定会成为马歇尔公司的摇钱树。"在卯木肇的巧言善辩下，经理终于同意试销 2 台，不过，条件是：如果一周之内卖不出去，立马搬走。

为了开个好头，卯木肇亲自挑选了两名得力干将，把百万美金订货的重任交给了他们，并要求他们破釜沉舟，如果一周之内这 2 台彩电卖不出去，就不要再返回公司了……

两人果然不负众望，当天下午 4 点钟，两人就送来了好消息。马歇尔公司又追加了 2 台。至此，索尼彩电终于挤进了芝加哥的"带头牛"商店。随后，进入家电的销售旺季，短短一个月内，竟卖出 700 多台。索尼和马歇尔从中获得了双赢。

有了马歇尔这头"带头牛"开路，芝加哥的 100 多家商店都对索尼彩电群起而销之，不出 3 年，索尼彩电在芝加哥的市场占有率达到了 30%。

不要以为机遇和创新是一件多了不起的事情，其实，只要你多留意一下身边的人和事就会有许多的启发，关键就看你能不能发现这个机遇，并运用自己的智慧和努力将其转化为现实。

在细节上找突破

很多人的成功源于专门去发现细节。对这种人来说，没有细节就没有机遇；留心了细节，就意味着创造了机遇。

日本一家制药公司就从细节上找突破，顺利地解决问题的事情，可以给我们启发：

"点滴液"是给衰弱病人的液管补充营养的药液，以前点滴液都是封在大大的玻璃瓶中，就像一支大号的安培瓶。一旦病人需要输液，就由医护人员在玻璃瓶壁上划开一个小口子，将一根橡皮管子插进去，进行输液。每次都要在玻璃瓶壁上划开一个口子，非常不容易，使用起来要花半天时间来对付这个玻璃瓶；但是"点滴液"是要输到病人的血里去的，卫生程度要求非常高，千万不能为图方便而让细菌混到里面去了。有没有一种办法，既保证了"点滴液"的卫生和安全，又便于医护人员快捷地使用呢？

日本一家制药公司的社长瞄准了这个"不便之处"大做文章，他想：如果能够在点滴瓶上动点脑筋，一定会受到人们的欢迎！……于是，社长向全体员工发出命令："必须造出便利的点滴瓶。"不久，有位年轻的职员向公司提出了自己的建议："能否在玻璃瓶的瓶口上加一个橡皮塞，要输液的时候，只要把针头从橡皮塞中插进去，滴液就会从瓶中流出来。"公司对他的建议非常感兴趣，马上就把他的这项提议申报了专利，然后又制出成品，向外大量推广。这项小发明如今已被世界所有国家所采用，在任何医院都是用这种"可无菌使用的，且使用极其方便"的新式点滴瓶来"挂盐水"、"挂葡萄糖"，由于这项简单的专利适应面非常广，产品销量也就非常大，这家医药公司因此所获得的专利收入也非常可观，在"一夜之间"，由一个乡村的小作坊，发展成日本数一数二的大制药公司，扬名世界。

莫忽视细微处的改进，有时越是细小之处，越可以做出大文章。

但是细节，因其小被人们忽略了，从而造成了大问题，给人们带来很大麻烦，一些企业人善于从细节做起，从而使局面得到很大的，有时甚至是彻底的改观。

日本的东芝电器公司1952年前后曾一度积压了大量的电扇卖不出去。7万多名职工为了打开销路，费尽心机地想了不少办法，依然进展不大。

有一天，一个小职员向公司领导人提出了改变电扇颜色的建议。当时全世界的电扇都是黑色的，东芝公司生产的电扇也不例外。这个小职员建议把黑色改为浅颜色。这一建议引起了公司领导人的重视。经过研究，公司采纳了这个建议。第二年夏天，东芝公司推出了一批浅蓝色电扇，大受顾客欢迎，市场上还掀起了一阵抢购热潮，几个月之内就卖出了几十万台。从此以后，在日本以及在全世界，电扇就不再是板起一副统一的"包公脸儿"了。

这一事例具有很强的启发意义，只是改变了一下颜色这种小细节，就开发出了一种面貌一新、大大畅销的新产品，竟使整个公司因此而度过了难关。这一改变颜色的设想，其经济效益和社会效益何等巨大！

而提出这一设想，既不需要渊博的科学知识，也不需要有丰富的商业经验，为什么东芝公司其他的几万名职工就没人想到，没人提出来呢？为什么日本以及其他国家的成千上万的电器公司，在以往长达几十年的时间里，竟都没人想到、没人提出来呢？看来，这主要是因为，自有电扇以来，它的颜色就是黑色的。虽然谁也没有作过这样的规定，而它在漫长的时间里已逐渐形成为一种惯例、一种传统，似乎电扇就只能是黑色的，不是黑色的就不成其为电扇。这样的惯例、这样的传统反映在人们的头脑中，便成为一种源远流长、根深蒂固的思维定势，严重地阻碍和束缚了人们在电扇设计和制造上的创新思考。很多传统观念和做法，不仅它们的产生有客观基础，它们得以长期存在和广泛流传，也往往有其自身的根据和理由。一般来说，它们是前人的经验总结和智慧积累，值得后人继承、珍视和借鉴。但也不能不注意和警惕：它们有可能妨碍和束缚我们的创新思考。

以细节为突破口，改变思维定势，你将步入一个全新的境界。

创新的源泉，实质上就是突破思维定势，向新的方向多走一步。就像切苹果一样，如果不换种切法，你就永远不可能看到苹果里面美丽的图案。

美国有一家生产牙膏的公司，其产品优良，包装精美，深受广大消费者的喜爱。记录显示，公司前 10 年每年的营业增长率为 10％～20％，这令董事部雀跃万分。不过，随后的几年里，公司的业绩却停滞了下来，每个月维持同样的数字。董事长对业绩感到不满，便召开全国经理级高层会议，以商讨对策。

会议中，有名年轻经理站起来，对董事长说："我手中有张纸，纸里有个建议，若您要使用我的建议，必须另付我 5 万美元。"

总裁听了很生气地说："我每个月都支付你薪水，另有分红、奖金。现在叫你来开会讨论，你还要另外付你 5 万美元。是不是过分了？"

"总裁先生，请别误会。若我的建议行不通，您可以将它丢掉，一分钱也不必付。"年轻的经理解释说。

"好！"总裁接过那张纸，看完后马上签了一张 5 万美元支票给那位年轻的经理。

那张纸上只写了一句话：将现有的牙膏管口的直径扩大 1 毫米。

总裁马上下令更换新的包装。

试想，每天早上，每个消费者挤出比原来粗 1 毫米的牙膏，每天牙膏的消费量将多出多少呢？

这个决定，使该公司随后一年的营业额增加了 30％。

在试图增加产品销量的时候，绝大多数人总是在大力开发市场、笼络更多的顾客方面做文章，如果你转换一下脑筋，增加老顾客的消费数量，也能够达到同样的目的。

随着社会经济的发展，企业之间的竞争越来越激烈，能否在激烈的市场竞争中求得生存、获得发展，关键是企业是否能够针对消费者的不同的消费细节，及时推陈出新，生产出能够得到消费者认可的新产品。因此，科技创新必须与市场紧密结合。

1996 年，海尔推出中国第一台"即时洗"小型洗衣机。这种叫"小小神童"的洗衣机，填补了市场的空白，成为引导消费者的一个热门产品。像上海，最热的时候一天要换洗两次衣服，频次高而量很少，5 公斤的洗衣机不合适。在这种情况下，如果开发小型洗衣机，将会有一个大的市场。其实，这就是从消费者的消费细节而产生的一个产品创意。

经过上百次的技术论证，开发"小小神童"洗衣机的方案成熟了，海尔又专门向用户发出"咨询问卷"，没想到一下收到 5 万份回信，信里不但有热情洋溢的鼓励，还有渴盼能够尽快买到这种洗衣机的希望，有的用户甚至还迫不及待地把钱直接汇到厂里。用户的心声、市场的需求让开发人员心里有了底，他们加紧工作，经过许多个日日夜夜，终于让"小小神童"走下了生产线，最终也获得了成功，销售情况非常好。

海尔洗衣机的技术人员并没有就此止步，他们时刻注意倾听市场的声音。有人说"小小神童"虽好，可惜没有甩干功能，这一细节又让海尔人抓住了，于是，技术人员继而又研发出具有甩干功能的新型机，一下子形成了又一个市场新卖点。此后，不断有新一代的"小小神童"问世，而且每一代都与市场需求密切相关的。

在产品开发与市场开发上，许多企业存在着极不协调的现象，因此海尔建立了"从市场中来，到市场中去"的环形新产品开发机制，要求产品创新必须与市场紧密结合。总之，用户在日常生活中的不满意点、遗憾点及希望点，这些细节能准确地反映出市场潜在的需求点，据此开发出的产品一定会受到消费者的欢迎。可以说市场中每个有待完美的细节，都是产品创新的课题。

新的视角新的发现

敏锐地发现人们没有注意到或未予以重视的某个领域中的空白、冷门或薄弱环节，以小事为突破口，转换思维，你将会赢得一个全新的境界。

过去有句古话，叫"一巧拨千斤"。

一千斤的重物，任我们是个彪形大汉，也是不能将它搬起移走的，但用"巧"就不一样了，比如在它的下面放上轮子，用杠杆，用滑轮等等都是用"巧"。

对于现实中出现的问题，我们也应该如此用"巧"——用一种全新的视角去研究和分析它，最后事半功倍地圆满解决它。

美国著名科学家沃森，当时年仅 20 多岁，对生物化学和量子化学都很有兴趣，并做过一些研究，并系统地听过关于核酸和蛋白质的专题讲座。

英国的克里是一位学识和经验都极丰富的物理学家，同时他也对生物学研究兴趣颇浓。相同的爱好使他们走到了一起。

广阔的科学视野和知识背景，是他们创造的良好基础，使之能够用一种全新的角度去审视和探索生物的奥秘。

他们从一开始建立 DNA 大分子的模型时，就和其他的科学家截然不同：其他科学家只在自己专业范围内从单一的途径去进行研究，或者只局限于 DNA 的化学结构本身来研究 DNA，他们却始终把功能和各种综合信息结合在一起去探索 DNA 的结构。

他们这种用全新的角度——通过 DNA 大分子的模型结构及其活动特点，来研究和描述生物"自我复制"的遗传行为的做法，本身就是一种空前的大胆的创造。

他们找到了迅速获得成功的捷径，在短短的 18 个月里，便成功地创造了 DNA 大分子的双螺旋模型。

也就是这两个生物学界的无名小辈，将本来走在前面的一批著名科学家远远地抛在了后面。

对于一个事物或问题，如果能用全新的角度去观察它、思考它，求得对它有一个更深刻更全面的认识，将会为最终解决问题创造出更多更好的环境和条件。

A 公司和 B 公司都是生产鞋的，为了寻找更多的市场，两个公司都往世界各地派了很多销售人员。这些销售人员不辞辛苦，千方百计地搜集人们对鞋的各种需求信息，并不断地把这些信息反馈回公司。

有一天，A 公司听说在赤道附近有一个岛，岛上住着许多居民。A 公司想在那里开拓市场，于是派销售人员到岛上了解情况。很快，B 公司也听说了这件事情，他们唯恐 A 公司独占市场，赶紧也把销售人员派到了岛上。

两位销售人员几乎同时登上海岛，他们发现海岛相当封闭，岛上的人与大陆没有来往，他们祖祖辈辈靠打鱼为生。他们还发现岛上的人衣着简朴，几乎全是赤脚，只有那些在礁石上采拾海蛎子的人为了避免礁石硌脚，才在脚上绑上海草。

两位销售人员一到海岛，立即引起了当地人的注意。他们注视着陌生的客人，议论纷纷。最让岛上人感到惊奇的就是客人脚上穿的鞋子，岛上人不知道鞋子为何物，便把它叫做脚套。他们从心里感到纳闷：把一个"脚套"套在脚上，不难受吗？

A 公司的销售人员看到这种状况，心里凉了半截，他想，这里的人没有穿鞋的习惯，怎么可能建立鞋的市场？向不穿鞋的人销售鞋，不等于向盲人销售画册、向聋子销售收音机吗？他二话没说，立即乘船离开了海岛，返回了公司。他在写给公司的报告上说："那里没有人穿鞋，根本不可能建立起鞋的市场。"

与之相反，B公司的销售人员看到这种状况时心花怒放，他觉得这里是极好的市场，因为没有人穿鞋，所以鞋的销售潜力一定很大。他留在岛上，与岛上人交上了朋友。

他在岛上住了很多天，挨家挨户做宣传，告诉岛上人穿鞋的好处，并亲自示范，努力改变岛上人赤脚的习惯。同时，他还把带去的样品送给了部分居民。这些居民穿上鞋后感到松软舒适。走在路上他们再也不用担心扎脚了。这些首次穿上了鞋的人也向同伴们宣传穿鞋的好处。

这位有心的销售人员还了解到，岛上居民由于长年不穿鞋的缘故，他们的脚型与普通人的脚型有一些区别，他还了解了他们生产和生活的特点，然后向公司写了一份详细的报告。公司根据这些报告，制作了一大批适合岛上人穿的鞋，这些鞋很快便销售一空。不久，公司又制作了第二批、第三批……B公司终于在岛上建立了皮鞋市场，狠狠赚了一笔。

同样面对赤脚的岛民，有人认为没有市场，有人认为有大市场，两种不同的观点表明了两人在思维方式上的差异。简单地看问题，的确会得出第一种结论。但我们赞赏后一位销售人员，他有发展的眼光，他能从"不穿鞋"的现实中看到潜在市场，并懂得"不穿鞋"可以转化为"爱穿鞋"。为此通过他的努力，并获得了成功。

这就如同切苹果一样，一般的人切苹果习惯于以果蒂和果柄为点竖着落刀，一分为二，但如果尝试着把它横放在桌上，然后拦腰切开，就会发现苹果里有一个清晰的五角形的图案。这让人不免感叹，吃了多年的苹果，我们却从来没有发现过苹果里面竟然会有五角形图案，而仅仅换一种切法，就发现了鲜为人知的秘密。

美国摩根财团的创始人摩根，原来并不富有，夫妻二人靠卖蛋维持生计。但身高体壮的摩根卖蛋远不及瘦小的妻子。后来他终于弄明白了原委。原来他用手掌托着蛋叫卖时，由于手掌太大，人们眼睛的视觉误差害苦了摩根，他立即改变了卖蛋的方式：把蛋放在一个浅而小的托盘里，出售情况果然好转。摩根并不因此满足。眼睛的视觉误差既然能影响销售，那经营的学问就更大了，从而激发了他对心理学、经营学、管理学等的研究和探讨，终于创建了摩根财团。

无独有偶。一商家从电视上看到博物馆中藏有一明代流传下来的被称为"龙洗"的青铜盆，盆边有两耳，双手搓磨盆耳，盆中的水便能溅起一簇簇水珠，高达尺余，甚为绝妙。该商家突发奇想，何不仿制此盆，将之摆放在旅游景点或人流量多的地方，让游客自己搓磨，经营者收费，岂不是一条很好的财路？于是他找专家分析研究，试制成功后投放于市场，效果出奇地好。博物馆中的青铜盆只具有观赏价值，而此商家将之仿制推向市场，则取得了很好的经济效益。

标新立异者常常能突破人们的思维常规，反常用计，在"奇"字上下功夫，拿出出奇的经营招数，赢得出奇的效果。

亨利·兰德平日非常喜欢为女儿拍照，而每一次女儿都想立刻得到父亲为她拍摄的照片。于是有一次他就告诉女儿，照片必须全部拍完，等底片卷回，从照相机里拿下来后，再送到暗房用特殊的药品显影。而且，在副片完成之后，还要照射强光使之映在别的像纸上面，同时必须再经过药品处理，一张照片才告完成。他向女儿做说明的同时，内心却问自己："等等，难道没有可能制造出'同时显影'的照相机吗？"对摄影稍有常识的人，在听了他的想法后都异口同声地说："哪儿会有可能。"并列举一打以上的理由说："简直是一个异想天开的梦。"但他却没有因受此批评而退缩，于是他告诉女儿的话就成为一种契机。最后，他终于不畏艰难地完成了"拍立得相机"。这种相机的作用完全依照女儿的希望，因而，兰德企业就此诞生了。

亨利·福特也是一位了不起的人。直到 40 岁，他的生意才获得成功。他没有受过多少正规的教育。在建立了他的事业王国之后，他把目光转向了制造八缸引擎。他把设计人员召集到一起说："先生们，我需要你们造一个八缸引擎。"这些聪明的、受过良好教育的工程师们深谙数学、物理、工程学，他们知道什么是可做的、什么是行不通的。他们以一种宽容的态度看着福特，好似在说："让我们迁就一下这位老人吧，怎么说他都是老板嘛。"他们非常耐心地向福特解释说八缸引擎从经济方面考虑是多么不合适，并解释了为什么不合适。福特并不听取，只是一味强调："先生们，我必须拥有八缸引擎，请你们造一个。"

工程师们心不在焉地干了一段时间后向福特汇报："我们越来越觉得造八缸引擎是不可能的事。"然而，福特先生可不是轻易被说服的人，他坚持说："先生们，我必须有一个八缸引擎，让我们加快速度去做吧。"于是，工程师们再次行动了。这次，他们比以前工作得努力一些了，时间也花多了，也投入了更多的资金。但他们对福特的汇报与上次一样："先生，八缸引擎的制造完全不可能。"

然而对于福特，在这位用装配线、每天 5 美元薪水、T 型与 A 型改良了工业的人的字典里，根本不存在"不可能"之说。亨利·福特炯炯有神地注视大家说："先生们，你们不了解，我必须有八缸引擎，你们要为我做一个，现在就做吧。"猜猜接下来如何？他们制造出了八缸引擎。

老观念不一定对，新想法不一定错，只要打破心理枷锁，突破思维定势，你也会像兰德、福特一样成功。

细心才有灵感

心细方有灵感，灵感来自于心细，大大咧咧只会与灵感擦肩而过，眼睁睁地看着它逝去。

17 世纪法国著名数学家和哲学家笛卡尔，在很长一段时间内，都在思考这样一个有趣的问题：几何图形是形象的，代数方程是抽象的，能不能将这两门数学统一起来，用几何图形来表示代数方程，用代数方程来解决几何问题呢？

果真如此，既可以避免几何学的过分注重证明的方法、技巧，不利于提高想像力，也可以避免代数学过分受法则和公式的束缚，影响思维的灵活性。二者的有机结合，将使几何图形的"点、线、面"同代数方程的"数"联系起来。

为了能够尽快地解决这一问题，他日思夜想，"为伊消得人憔悴"。

有一天早晨，笛卡尔睁开眼发现一只苍蝇正在天花板上爬动，他躺在床上耐心地看着，忽然头脑中冒出这样一个念头：这只来回爬动的苍蝇不正是一个移动的"点"吗？这墙和天花板不就是"面"，墙和天花板的连接的角不就是"线"吗？苍蝇这个"点"与"线"和"面"的距离显然是可以计算出来的。

笛卡尔想到这里，情不自禁一跃而起，找来笔纸，迅速画出 3 条相互垂直的线，用它表示两堵墙与天花板相连接的角，又画了一个点表示来回移动的苍蝇，然后用 X 和 Y 分别代表苍蝇到两堵墙之间的距离，用 Z 来代表苍蝇到天花板的距离。

后来笛卡尔对自己设计的这张形象直观的"图"进行反复思考研究，终于形成这样的认识：只要在图上找到任何一点，都可以用一组数据来表示它与 3 条数轴的数量关系。同时，只要有了任何一组像以上这样的 3 个数据，也都可以在空间上找到一个点。这样，数和形之间便稳定地建立了一一对应关系。

于是，数学领域中的一个重要分支——解析几何学，在此基础上创立了。他的这套数学理论体系，引发了数学史上的一场深刻革命，有效地解决了生产和科学技术上的许多难题，并为微积分的创立奠定了坚实的基础。

天花板上爬动的苍蝇这种常见现象，竟触动笛卡尔产生了创建解析几何的灵感，为整个人类作出了杰出的贡献。

人人都有走向成功的机会。但是，大多数人都没有能够抓住机会，因为机会出现的时候，都是一些非常细小的苗头，不容易被发现。而那些成功者就是能够细心地抓住那些小小的苗头，发展出宏大的事业。福特的成功思维是注意小事情。

美国著名的家具经销商尼·科尔斯，一次家中突然失火，几乎烧光了他家里的一切，只有些粗壮的松木，外面烧焦，而内芯得以残存。要在一般人，可能在极度的痛苦中将这些废料扔掉完事，但尼·科尔斯却从这些焦木中发现了商机，因为那焦木的旧纹理和特殊的质感使他产生了灵感，他决定要制造以突出表现木纹为特点的仿古家具。

他用碎玻璃片刮去废木上的沉灰，再用细砂纸打磨光滑，再涂上一层清漆，便使废木显出了古朴、典雅、庄重的光泽和清晰的木纹。就这样，他制造的仿古典木质家具独领潮流，从此生意兴隆。

有人赞叹尼·科尔斯因祸得福，其实不然，只是他能从一件简单的事物中观察和发现，奇迹才会出现。如果换一位不善于思考的人去看那堆燃而未尽的废木头，眼睛看直了也不会有所发现。

其实世界上很多事情就是这样，如果肯动脑子，任何一件看似平常的事都有其可开发之处，而且很多的智慧和发现都来自一些平常的小事，只是你没有发现罢了。那么怎样培养一种能从平常事物中有不平常发现的心态呢？那就是要有一种善于思考的态度，只要勤于思考，仔细观察，就不会让很容易得到的机遇溜走。

美国玩具开发商布·希耐一次到郊外去散步，偶而看到几个孩子在玩一种又丑又脏的昆虫，且玩得津津有味，爱不释手。他立即联想到儿童玩具市场上所销售和设计的，全都是造型优美、色彩鲜艳的玩具。那么，为什么不给孩子们设计一些丑陋的玩具来满足孩子们的好奇心呢？想到这里，他立即安排研制生产，推向市场后，果然反响强烈，供不应求，收益颇丰。从此，丑陋玩具在市场上的销售经久不衰。

那么，这些人为何会如此聪明，只是灵机一动就能生意兴隆，财源滚滚？因为在对刺激产生反应的过程当中，他们的潜在意识十分积极和敏锐，这就证明了人在自信和主动的状态下才会变得聪明能干。也是在这种时候，他们才最具能动性和创造力，而且此时他们也最能很好地发掘自己的潜能和发挥自己的最佳状态。

那么靠的是什么外在力量才使这些得以充分体现呢？那就是知识，只有掌握丰富的知识，才会有智慧，有了智慧，一有发现就会产生联想，由联想而酝酿出的方案就能够成功。

琴纳，原来是英国的一位乡村医生。他长期生活在乡村，对民间疾苦有深切的了解。当时，英国的一些地方发生了天花病，夺走了成千上万儿童的生命。当时还没有治天花的特效药。琴纳亲眼看到许多活泼可爱的儿童染上天花，不治而亡，他心里十分痛苦，自己作为一名救死扶伤的医生，眼睁睁看着这些染病的儿童死去，他也因而深感内疚，心里萌生了要制服天花的强烈愿望，时刻留心寻找对付天花的办法。

有一次，琴纳到了一个奶牛场，发现有一位挤奶女工因为从牛那儿传染过牛瘟病以后就从来没有得过天花，她护理天花病人，也没有受到传染。琴纳像发现了新大陆一样，兴奋不已，他联想到这样一个问题，可能感染过牛痘的人，对天花具有免疫力。琴纳思索到此，不禁连声问自己："为什么感染过牛痘的人就不会得天花？牛痘和天花之间究竟有什么关系？"他进一步大胆设想："如果我用人工种牛痘的方法，能不能预防天花？"他隐约感觉到自己已经找到了解决问题的突破口了。

沿着这条思路，琴纳开始了大胆的试验。他先在一些动物身上进行种牛痘的试验，效果十分理想，在人身上接种牛痘，这是前人没有做过的事，谁也不敢保证不出问题，这要冒很大的风险。那么，到底选谁来做第一个实验呢？琴纳在这关键时刻表现出可贵的牺牲精神，做试验的人必须是儿童，琴纳自己不合要求了，便要自己的亲生儿子来充当第一个试验者，他为了让那成千上万的儿童不再受天花之灾，顶住一切压力，在当时还只有一岁半的儿子身上接种了牛痘。接种过后，儿子反应正常，但是，为了要证明小孩是否已经产生了免疫力，还要再给孩子接种天花病毒。如果孩子身上还没有产生免疫力，那么琴纳亲生的小儿子也许就会被天花夺去生命！但是，为了世上千千万万儿童健康成长，琴纳把一切都豁出去了。两个月后，他又把天花病人的脓浆接种到儿子身上。幸好孩子仍然安然无恙，没有感染上天花。它说明：孩子接种牛痘后，对天花具有免疫力，试验终于成功了。从此以后，接种牛痘防治天花之风从英国迅速传播到世界各地，肆虐的天花遇到了克星，到 1979 年，天花病就在地球上绝迹了。琴纳——这位普通平凡的乡村医生的发明拯救了千千万万人的生命，18 世纪末，在法国巴黎，无限感激他的人们为他立了塑像，上面雕刻着人们发自内心的颂词："向母亲、孩子、人民的恩人致敬！"

其实，任何人的思考总是从有问题需要解决开始的。"饱食终日，无所用心"的人，满脑子不装事，没有一丝牵挂，灵感自然无从产生。强烈的好奇心和旺盛的求知欲，是灵感的"种子"，不先播下这些"种子"，又何谈收获"灵感之果"？假如琴纳没有时刻在思考克服天花病的难题，又怎么能从得过牛痘的挤奶工那里获得灵感呢？

改变细节，与众不同

在当今激烈竞争的市场中，怎样才能使企业始终立于不败之地呢？可以说答案就是：细节决定企业竞争的成败。这主要也是由两个原因造成：其一，对于战略面、大方向，角逐者们大都已经非常清楚，很难在这些因素上赢得明显优势；其二，现在很多商业领域已经进入微利时代，大量财力、人力的投入，往往只为了赢取几个百分点的利润，而某一个独特的细节却足以让商家赚取很多的利润。

细节制胜的例子可谓是举不胜举。

著名的瑞士 Swatch 手表的目标就是在手表的每一个细微处展现自己的精致、时尚、艺术、人性。此外，随着季节变化，Swatch 不断地变化着主题。针盘、时针、分针、表带、扣环……无一不是 Swatch 的创意源泉。它力图在手表这样一个狭小的空间里，每一个意念都得到最完美的阐释。Swatch 尤其受到年轻人的拥护，其每一款图像、色彩，在每一个细微处，都暗含年轻与个性的密码，或许这就是它风靡的原因。

同样 Motorola 的经典手机 V70 的设计也是在"细节"上取胜的典范。用它的创造者意大利摩托罗拉高级手机设计师 IuliusLucaci 的话来说，V70 就是"不断创造"的成果，是"想不到的设计"。设计细节 1 是与众不同的随心 360度旋转的接听开盖方式。接听开盖设计灵感来自于东方的折扇。设计细节 2

是特大液晶屏幕以深海蓝的背景配合白色输入显示，多色可置换屏幕外环。灵感指向是蓝色暗光背景键盘，似深海夜钻。

创新是企业界里一个非常时髦的词，但无数实践证明，创新往往存在于细节之中。

一些人误以为，创新始于宏伟目标、终于倍受瞩目的结果。这就使人们很容易忽视细节，成了制约创新的"瓶颈"。然而，细节是创新之源，要想获得创新，就必须明白"不择细流方以成大海，不拒杯土方以成高山"之理。

目前，许多企业在寻求创新时，不管在技术创新还是在管理创新方面，总习惯于贪大求全，却很少有"于细微处见精神"的细心和耐心。相反，海尔集团首席执行官张瑞敏在谈到创新时却说："创新不等于高新，创新存在于企业的每一个细节之中。"

事实上，海尔集团在细节上创新的案例可谓数不胜数，仅公司内单以员工命名的小发明和小创造每年就有几十项之多，如"云燕镜子""晓玲扳手""启明焊枪""秀凤冲头"等等，并且这些创新已在企业的生产、技术等方面发挥出越来越明显的作用。

虽然每一个细节看上去都很小，但是这儿一个小变化，那儿一个小改进，就可以创造出完全不同的产品、工序或服务。如果说创新是一种"质变"，那么这种"质变"经过了"量变"的积累，就自然会达成大的变革和创新。很多事情看似简单却很复杂，看似复杂却很简单。企业的经营，只有重视细节，从细节入手，才能取得有效的创新。

日本许多中小企业成功的经验，就在于厂家能够始终密切注视消费者在日常生活中产生的要求，生产相关产品。有些厂家不惜重金，以有奖竞赛的形式购买消费者的小发明。比如在我们生活中经常用到的"三通"电源开关，就是有"经营之神"称号的松下幸之助受了家庭主妇们偶尔一次议论的启发而发明的。

近年来，随着带凹板的地板在日本家庭的流行，出现了普通的刷子难以将落入凹格里的尘土刷干净的问题。日本静冈县的一家工厂推出了专门解决这一问题的新型刷子，一经推出，马上供不应求。原来他们是采用了一位普通家庭妇女的发明。这位妇女看到猫、狗的舌头可以舔尽碟盘中的食物，受到启发，想起可以在刷毛下面垫上一层海绵，这样刷子就可以像狗舌头一样，把凹格里的灰尘"舔净"。

静冈县的这家工厂在获息了这位妇女的发明后，经过试验，发现效果非常好，就马上买下了这项发明，投入市场后，立即热销，而那位发明这种刷子的主妇，每月也可从工厂领取 15 万日元的发明奖。

有时候一个小小的细节就会激发你的创意，让你获得解决困难的灵感。

位于美国俄勒冈州的纽波特海湾，一年四季风光旖旎，海风习习，宁静而安详。在海湾的一个小镇上，人们仿佛过着远离尘世的生活，除了海浪扑向海岸的声音，其他的一切都沉睡着，没有摇滚，没有"嬉皮"，没有"朋克"，一切来自大城市的污染都没有。偶尔有三三两两的游客到这里来转转，显得特别扎眼。莎莉斯和科利尔决定在这里开设他们的旅馆。

这无疑是一个冒险的举动，靠旅客吃饭的旅馆，面对的却是每日寥寥无几的外来人，来小镇办事的人大都住在政府开办的招待所。朋友和亲人都这样认为：他们简直疯了。

但是 8 年后，当人们再看到莎莉斯和科利尔这家名为"西里维亚·贝奇"的旅馆时，红火的生意让人眼馋，每年有数以万计的游客在这里下榻。现在想来住宿，需要提前两个星期预订房间。当然，小镇也因此人气渐旺，但宁静依然。

莎莉斯和科利尔是如何把游客引来的呢？

谜底是小说。

8 年前，莎莉斯和科利尔还在俄勒冈州的一家大酒店里供职。在工作中他们发现，很多人在旅游之际，不愿意去酒店里的酒吧、赌场、健身房这些娱乐场所，也不喜欢看电影、电视，而是静下心来在房间里看书。时常有游客问科利尔，酒店里能不能提供一些世界名著？酒店里没有，爱看小说的科利尔满足了他们。问的人多了，莎莉斯就留心起来。

一段时间后，她发现这一消费群体相当庞大。现代社会压力极易让人浮躁，人们强烈地要求释放自己，有的人就去酒吧疯狂，去赌场寻刺激来发泄，而另一部分人偏爱寻一方静地让自己远离并躲避一切烦恼与压力，看书是一种最好的方式。开一家专门针对这类人群的旅馆，是否可行呢？莎莉斯在一次闲聊时，把这个想法对科利尔说了。没想到他早就注意到这一现象，两人一拍即合，决定合伙开办一家"小说旅馆"。

为了安静，他们最后选择了纽波特海湾这个偏僻的小镇。他俩集资购买了一幢 3 层楼房，设客房 20 套，房间里没有电视机，旅馆内没有酒吧、赌场、健身房，连游泳池都没有。

这就是科利尔和莎莉斯所想要达到的效果。在"海明威客房"中，人们可以看到旭日初升的景象，通过房间中一架残旧的打字机及挂在墙壁上的一只羚羊头，人们马上就会想到海明威的小说《老人与海》以及《战地钟声》等里面动人的情节描写，迫不及待地想从"海明威的书架"上翻看这些小说，那种舒适的感受也许让人终身难忘。

所有的故事描述与人物刻画在莎莉斯和科利尔的精心筹划和布置下，都表现在房间里。令人大惑不解的是，他们的旅馆刚投入使用，来此的游客就与日俱增，尽管对这种新颖的旅馆有口碑相传的效应，但稀疏的几个外来人或许自己都没有来得及消化，影响还不至于这么快。

原来，在科利尔和莎莉斯布置旅馆的同时，就早已开始了招揽顾客的工作。

既然是小说旅馆，自然顾客群是与书亲近的人。为了方便与顾客接触、交流，他们在俄勒冈开了一家书店，凡是来书店购书的人都可以获得一份"小说旅馆"——西里维亚·贝奇的介绍和一张开业打折卡。许多人在看了这份附着图片的彩色介绍之后，就被这家奇特的旅馆吸引住了，有的人当即就预订了房间。为了扩大客源，莎莉斯还与俄勒冈的其他书店联系，希望他们在售书时，附上一张"小说旅馆"的介绍。这种全方位有针对性的出击，为他们赢得了稳定的客源。这种形式一直持续到现在。

随着时间的推移，"小说旅馆"的影响日渐扩大。莎莉斯和科利尔书店生意的兴隆，也显示出了其"小说旅馆"客人的增加。在旅馆的每个房间和庭院里，随处可见阅读小说、静心思考、埋头写作的人，甚至一些大牌演员和编剧也在这里讨论剧本。一些新婚夫妇以住在旅馆中用法国女作家科利特命名的"科利特客房"中度蜜月为荣。

创意来自生活的细节。一些看似无用的细节，往往能激发你的灵感，为你带来不凡的创意。只要我们怀着善于发现的眼光，有用的细节就会无处不在。只要用心把握好细节，我们定能找到解决困难的方法。

从错误中寻找机遇

"人非圣贤，孰能无过。"

对于科学技术的研究，或者是对前所未有的开拓性工作来说，犯这样或那样的错误是在所难免的，关键在于我们怎样去对待它。犯了错误而沮丧、颓废和垂头丧气，都是一种消极的态度，一错再错执迷不悟更是害人害己，必须予以抛弃，要积极地"将错就错"，于细微处发现新奇之处，化被动为主动，变不利因素为有利因素，这才是我们正确的人生观和价值观。

"失败乃成功之母"，对于最后的成功者而言，错误是攀登成功的阶梯，它能增长正反两方面的知识，也许正因为错误，才使人们发现了某些自然的奥秘。

电影问世后不久，有一天法国巴黎正放映一部叫《拆墙》的电影短片，片中有一堵危墙被众人推倒的镜头。由于放映员普洛米奥的粗心大意，放映的是还没有"洗"的片子，即片子放映完后，应把它再倒转回来。这样一来在银幕上出现了情景相反的图像：一堵被推倒的墙，又从残墙断壁的废墟中慢慢重新竖了起来。

此事立即引起观众的哄堂大笑和口哨声，普洛米奥羞红着脸马上关掉放映机……

这一失误引起了普洛米奥的思考：这种现象能不能成为拍电影的新技术呢？也许它能给人们带来一种全新的视觉效果呢。

后来，在一部叫《迪安娜在米兰的沐浴》的电影中，他有意识地运用了这种他发明的倒摄方法，观众在银幕上看到，跳水女郎的一双脚先从水里钻出来，然后整个身子倒转180度，最后轻飘飘柳絮般落在高高的跳板上。

这种奇异的倒摄方法，引起全场观众的热烈掌声，从此，它成了电影拍摄中常用的一种技术。

如果能够把错误都变成一种"机遇"，你无疑就是创造机遇的天才了，不要以为这种天才离你太远，事实上，这些天才的素质或许连你都不如。

在生活中，我们是不允许错误出现的，在抓住和创造机遇上更是如此，所谓"一着走错、满盘皆输"。有时，一个错误可能就导致你这辈子永远都抬不起头来。

然而，犯错误仿佛又是人的一种天性，这个世界上绝对没有不犯错误的人，但人们对待错误的态度不一样，就导致了在抓住和创造机遇结果的不一样。

"王致和"臭豆腐今天已是许多人的美味，但或许很少有人知道，这臭豆腐竟然是一次错误而生产出来的：

相传康熙年间，安徽青年王致和赴京应试落第后，决定留在京城，一边继续攻读，一边学做豆腐谋生。

可是，他毕竟是个年轻的读书人，没有经营生意的经验。夏季的一天，他所做的豆腐剩下不少，只好用小缸把豆腐切块腌好。但日子一长，他竟把这缸豆腐忘了，等到秋凉时想起来，腌豆腐已经变成了"臭豆腐"。

王致和十分恼火，正欲把这"臭气熏天"的豆腐扔掉时，转而一想，虽然臭了，但自己总还可以留着吃吧。于是，就忍着臭味吃了起来，然而，奇怪的是，臭豆腐闻起来虽有股臭味，吃起来却非常香。于是，王致和便拿着自己的臭豆腐去给自己的朋友吃。好说歹说，别人才同意尝一口，没想到，所有人在捂着鼻子尝了以后，都纷纷赞不绝口，一致公认此豆腐美味可口。

王致和借助这一错误，改行专门做臭豆腐，生意越做越大，而影响也越来越广，最后，连慈禧太后也闻风前来尝一尝这难得一见的臭豆腐，对其大为赞赏。

从此，王致和与他的臭豆腐身价倍增，不仅上了书，还被列为御膳菜谱。直到今天，许多外国友人到了北京，都还点名要品尝这所谓"中国一绝"的王致和臭豆腐。

因为一个小小的错误，王致和改变了自己的一生。事实上，与王致和相同经历的人比比皆是，为什么独有王致和能够看到并抓住了这样一个因为错误而产生的机遇呢？原因至少有两点：

一是王致和的细心。

在他发现臭豆腐坏了以后，并没有一气之下将其扔掉，而是留下来并品尝了一口，结果发现臭豆腐居然如此"香"。

二是王致和独具慧眼。

事实上，虽然王致和的臭豆腐十分可口，但它仍就十分"臭"，而有许多人是完全接受不了这股臭味的，哪怕今天仍是如此。但王致和认为，自己能接受，就一定会有人接受，所以一定会有市场，这也体现出王致和有敢于冒险的精神。

因此，做人一定不要害怕犯错，学会适度冒险。每个人都面临着冒险，除非我们永远扎根在一个点上原地不动。然而，当冒险的结果不太令人满意的时候，人们常常会说："还是躺在床上保险。"其实，任何地方的旅行都潜藏着冒险，小到丢失自己的行李，大到作为人质，被劫持到世界的某个遥远角落。

很多人都习惯于"躺在床上"过一辈子，因为他们从来不愿去冒险，不管是在生活中，还是在事业上。但是，当你横穿马路时，当你在海里游泳时，当你乘坐飞机时都潜藏着冒险。

自有文字记载以来，冒险总是和人类紧紧相连。虽然火山喷发时所产生的大量火山灰掩埋了整个村镇，虽然肆虐的洪水袭卷了家园，但人们仍然愿意回去继续生活，重建家园。飓风、地震、台风、龙卷风、泥石流以及其他所有的自然灾害都无法阻止人类一次又一次勇敢地面对可能重现的危险。

事实上，我们总是处在这样那样的冒险境地。"没有冒险的生活是毫无意义的生活。"我们必须要横穿马路才能走到马路对面去，我们也必须依靠汽车、飞机或轮船之类的交通工具才能从一个地方到达另一个地方。但是，这并不意味着所有的冒险都毫无区别，恰当的冒险与愚蠢的冒险有着明显的不同。

如果你想成为一个生意上的冒险者，如果你渴望成功，你就应该分清这两种类型的冒险之间到底有什么样的差异。有一位功成名就的人这样说："那种只在腰间系一根橡皮绳，就从大桥或高楼上纵身跳下的做法是一种愚蠢的冒险，虽然有人很喜欢那样做。同样，所谓的钻进圆木桶漂流尼亚加拉大瀑布，所谓的驾驶摩托车飞越并排停放的许多辆汽车，在我看来，这些都是愚蠢的冒险，只有那些鲁莽的人才会干这种事情。尽管我知道有人不同意我的看法。"

那么，恰当的冒险是什么呢？譬如你走进老板的办公室，要求加薪，这就是一种恰当的冒险。你可能会得到加薪，也可能不会，但"没有冒险，就没有收获"。

放弃稳定的收入，而寻求一种富有挑战性的工作，也是一种恰当的冒险。你也许能找到那样的新工作，也许找不到，你也许后悔离开了原来的职位。但是，如果你安于现状，你永远也不会知道是否可以有一个更好的明天。

无论在事业或生活的任何方面，我们都需要恰当的冒险。在冒险之前，我们必须清楚地认识那是一种什么样的冒险，必须认真权衡得失——时间、金钱、精力以及其他牺牲或让步。如果你总是害怕犯错，那么你的日子就像一潭死水，你永远无法激起波澜，永远无法取得成功。

第四章　伟大源于细节的积累

——从小事做起

从小事中做出大学问

西点军校在培训方面很重视细节，总是强调必须熟知每一个细节点，比如从 M16 枪支的使用和构造到扣环的清洁等。他们通过细节的学习让学员了解到，追求完美其实并不是遥不可及的事情，而是像擦扣环一样容易：你能把扣环擦亮，在做重大的事情时，就一样有信心去做成功，而不受别的因素影响。西点军校要求学员像呼吸一样完成任务，形成一种近乎本能的追求完美的习惯。

面对这种严格的要求，在有些事情上，新学员可能会做得不够完美，所以学员必须学会在所有事情中去判断哪个重要、哪个次之，找出平衡点，有条理地、努力地去完成所有的任务，尽量做得成功和完美。通过这种训练，使学员在以后的生活中，遇到再多压力也能应付自如。

如果学员身上很痒，但要忍得住，不能去挠。试想，如果一支部队的士兵都在左摇右摆地挠痒，他们能有战斗力吗？所以，学员应该明白这就是自律。

新学员在第一年要学会服从，通过在服从中体验这些困难，以增强他们的自尊、自信、自律，从而达到追求完美的目的。

注重细节是一种日积月累的习惯，而人的行为有 95％ 会受习惯影响。在习惯中积累会逐渐形成素质。爱因斯坦曾说过："当人们忘记了在学校里所学的一切之后，剩下的就是素质，教育的真正目的也在于此。"而习惯就是忘不掉的最重要的素质之一。

人与人之间的差别，往往就在一些习惯上，并且正是因为这些关注细小的事情所养成的习惯，决定了不同的人具有不同的命运。

两个同龄的年轻人同时受雇于一家店铺，并且拿同样的薪水。

可是一段时间后，叫阿诺德的那个小伙子青云直上，而那个叫布鲁诺的小伙子却仍在原地踏步。布鲁诺很不满意老板的不公正待遇。终于有一天他到老板那儿发牢骚了。老板一边耐心地听着他的抱怨，一边在心里盘算着怎样向他解释清楚他和阿诺德之间的差别。

"布鲁诺先生，"老板开口说话了，"你现在到集市上去一下，看看今天早上有什么卖的。"

布鲁诺从集市上回来向老板汇报说，今早集市上只有一个农民拉了一车土豆在卖。"有多少？"老板问。

布鲁诺赶快戴上帽子又跑到集市上，然后回来告诉老板一共40袋土豆。"价格是多少？"布鲁诺又第三次跑到集市上问来了价格。"好吧，"老板对他说，"现在请您坐到这把椅子上一句话也不要说，看看别人怎么做。"

老板将阿诺德找来，并让他看看集市上有什么可卖的。

阿诺德很快就从集市上回来了，向老板汇报说到现在为止只有一个农民在卖土豆，一共40口袋，价格是多少多少，土豆质量很不错，他带回来一个让老板看看。这个农民一个钟头以后还会弄来几箱西红柿，据他看价格非常公道。昨天他们铺子的西红柿卖得很快，库存已经不多了。他想这么便宜的西红柿老板肯定会要进一些的，所以他不仅带回了一个西红柿做样品，而且把那个农民也带来了，他现在正在外面等回话呢。

此时老板转向了布鲁诺，说："现在你肯定知道为什么阿诺德的薪水比你高了吧？"

同样的小事情，有心人做出大学问，不动脑子的人只会来回跑腿而已。别人对待你的态度，就是你做事情结果的反应，像一面镜子一样准确无误，你如何做的，它就如何反射回来。

一位年轻人毕业后被分配到一个海上油田钻井队。在海上工作的第一天，领班要求他在限定的时间内登上几十米高的钻井架，把一个包装好的漂亮盒子送到最顶层的主管手里。他拿着盒子快步登上高高的狭窄的舷梯，气喘吁吁、满头是汗地爬上顶层，把盒子交给主管。主管只在上面签下自己的名字，就让他送回去。他又快跑下舷梯，把盒子交给领班，领班也同样在上面签下自己的名字，让他再送给主管。

他看了看领班，犹豫了一下，又转身爬上舷梯。当他第二次登上顶层把盒子交给主管时，浑身是汗两腿发颤，主管却和上次一样，在盒子上签上名字，让他把盒子再送回去。他擦擦脸上的汗水，转身走向舷梯，把盒子送下来，领班签完字，让他再送上去。

这时他有些愤怒了，他看看领班平静的脸，尽力忍着不发作，又拿起盒子艰难地一个台阶一个台阶地往上爬。当他上到最顶层时，浑身上下都湿透了，他第三次把盒子递给主管，主管盯着他，傲慢地说："把盒子打开。"他撕开外面的包装纸，打开盒子，里面是两个玻璃罐，一罐咖啡，一罐咖啡伴侣。他愤怒地抬起头，双眼喷着怒火，射向主管。

主管又对他说："把咖啡冲上。"年轻人再也无法忍受了，"叭"地一下把盒子扔在地上："我不干了！"说完，他看看倒在地上的盒子，感到心里痛快了许多，刚才的愤怒全释放了出来。

这时，这位傲慢的主管站起身来，直视他说："刚才让你做的这些，叫做承受极限训练，我们因为在海上作业，随时会遇到危险，就要求队员身上一定要有极强的承受力，承受各种危险的考验，才能完成海上作业任务。前面三次你都通过了，可惜，只差最后一点点，你没有喝到自己冲的甜咖啡。现在，你可以走了。"

年轻人懊悔地离开了，但是他却从这件事上吸收了教训，他懂得成功在于一点一滴的磨炼，并立志一定要做一番事业。经过几年的艰苦拼搏后，他逐渐养成了关注细节的习惯，并最终成了一名油田钻井队的队长。

因此，对于那些刚进职场的年轻人，很少马上就被委以重任，往往是做些琐碎的工作。但是不要小看它们，更不要敷衍了事，因为人们是通过你的工作来评价你的。如果连小事都做得潦草，别人还怎么敢把大事交给你呢？

一生磨一镜，精益求精

在荷兰，有一个刚初中毕业的青年农民来到一个小镇，找到了一份替镇政府看门的工作。他在这个门卫的岗位上一直工作了60多年，他一生没有离开过这个小镇，也没有再换过工作。

也许是工作太清闲，他又太年轻，他得打发时间。他选择了又费时又费工的打磨镜片当自己的业余爱好。就这样，他磨呀磨，一磨就是60年。他是那样的专注和细致，锲而不舍，他的技术已经超过专业技师了，他磨出的复合镜片的放大倍数，比他们的都要高。凭借他研磨的镜片，他终于发现了当时科技尚未知晓的另一个广阔的世界——微生物世界。从此，他声名大振，只有初中文化的他，被授予了他看来是高深莫测的巴黎科学院院士的头衔。

就连英国女王都到小镇拜会过他。

创造这个奇迹的小人物，就是科学史上鼎鼎有名的、活了 90 岁的荷兰科学家万·列文虎克，他老老实实地把手头上的每一个玻璃片磨好，用尽毕生的心血，致力于每一个平淡无奇的细节的完善，终于他在他的细节里看到了他的上帝，科学也在他的细节里看到了自己更广阔的前景。

一花一世界，一沙一天堂。如果你能执著地把手上的小事情做到完美的境界，你同样也会成为一个了不起的人物。

18 世纪的讽刺文学作家伏尔泰创作的悲剧《查伊尔》公演后，受到观众很高的评价，许多行家也认为这是一部不可多得的成功之作。

但当时，伏尔泰本人对这一剧作并不十分满意，认为剧中对人物性格的刻画和故事情节的描写，还有许多不足之处。因此，他拿起笔来一次又一次地反复修改，直到自己满意了才肯罢休。为此，伏尔泰还惹下了一段不大不小的风波。

经伏尔泰这样精心修改后，剧本确实一次比一次好，但是，演员们却非常厌烦，因为他每修改一次，演员们总要重新按修改本排练一次，这要让他们花费许多精力和时间。

为此，出演该剧的主要演员杜孚林气得拒绝和伏尔泰见面，不愿意接受伏尔泰重新修改后的剧本。这可把伏尔泰难为坏了。他不得不亲自上门把稿子塞进杜孚林住所的信箱里。然而，杜孚林还是不愿看他的修改稿。

有一天，伏尔泰得到一个消息，杜孚林要举行盛大宴会招待友人。于是，他买了一个大馅饼和 12 只山鹑，请人送到杜孚林的宴席上。

杜孚林高兴地收下了。在朋友们的热烈掌声中，他叫人把礼物端到餐桌上用刀切开，当在场的人把礼物切开时，所有的客人都大吃一惊，原来每一只山鹑的嘴里都塞满了纸。他们将纸展开一看，原来是伏尔泰修改的稿子。

杜孚林感到哭笑不得，后来他怒气冲冲地责备伏尔泰："你为什么要这样做？"

伏尔泰答："老兄，没有办法呀，不做到最好，我的饭碗就要砸了！"

伏尔泰之所以成为伏尔泰，最大的原因就是缘于他能"做到最好"，而并不是因为他有多聪明！假如你尚没有伏尔泰的聪明或名气，你是不是更有理由像他那样对待自己的"饭碗"呢？

许多人之所以失败，往往是因为他们马虎大意、鲁莽轻率。泥瓦工和木匠可能靠半生不熟的技术建造房屋，砖块和木料拼凑成的建筑有些在尚未售出之前，就已经在暴风雨中坍塌了。医科学生因为没有花时间和精力好好为未来做准备，做起手术来捉襟见肘，把病人的生命当儿戏。一些律师只顾死记法律条文，不注意在实践中培养自己的能力，真正处理起案件来也难以应付自如，白白花费当事人的金钱……

建筑时小小的误差，可以使整幢建筑物倒塌；不经意抛在地上的烟蒂，可以使整幢房屋甚至整个村庄化为灰烬；因为事故致人残废——木装的脚、无臂的衣袖、无父无母的家庭都是人们粗心、鲁莽与种种恶习造成的结果。

2004 年 2 月 15 日，吉林市中百商厦发生特大火灾，造成 54 人死亡、70 人受伤，直接经济损失 400 余万元。然而，这么一起严重的事故，其直接原因竟然仅仅是一个烟头：一位员工到仓库内放包装箱时，不慎将吸剩下的烟头掉落在地上，随意踩了两脚，在并未确认烟头是否被踩灭的情况下匆匆离开了仓库。当日 11 时左右，烟头将仓库内物品引燃。

恰恰在这种情况下，中百商厦当日保卫科工作人员违反单位规章制度，擅自离开值班室，未对消防监控室监控，没能及时发现起火并报警，延误了抢险时机。同时，他们得知火情后，违反消防安全管理的有关规定和本单位制定的灭火和应急疏散方案中规定的紧急通知浴池和舞厅人员由边门疏散的要求，未能及时有效组织群众疏散，致使顾客及浴池和舞厅人员在发生火灾后未能及时逃生，造成特别严重的后果。

一个烟头，54 条人命！

事情就是这么简单，简单得令人难以承受。

虽然政府对这起特大火灾的处理已落下帷幕，但火灾刻在人们心中的印记、留给社会的思考却远未结束。表面看来，是一只小小的烟头引燃了这场人间惨剧，但是寻找其根源，夺去 54 条人命的，不是现实中忽明忽暗的烟头，而是工作人员的马虎轻率、不负责任——另一只深藏在人们心中的更为可怕的烟头。

在这次事件中，那位丢弃烟头的员工何尝想将中百商厦这座大楼变为废墟，又何尝想使 54 个生灵瞬间消失，可是他应该想到却没有想到的是，他的一个小小的举动，确实把他人的生命和财产推到了危险的边缘，进而酿成了惨祸；保卫科员工何尝想到自己工作中的疏忽大意为火灾埋下了如此之深的隐患，而这样的隐患竟将 54 条鲜活的生命引向了不归之路，使 400 余万元财产付之一炬？可是这些人应该想到却没有想到的是，正是他们的马虎轻率、漫不经心的举动，把那些鲜活的生命推向了死亡的深渊，致使一切无法挽回。

我们真诚地希望一般青年男女牢记这几句话：事情不分大小，都应使出全部精力，做得完美无缺，否则还不如不做。一个人如能从小养成这样的好习惯，他的生活将一定过得满足愉快，无牵无绊。

要想过上一种美满愉快的生活，只需做事精益求精，力求完善。当一个人把事情处理得顺顺当当，无牵无挂时，他心里的愉快，绝非笔墨所能形容。那些做事草率疏忽，错误多端的人，不但对不起事情，并且对不起自己！

有许多人往往不肯把事情做得尽善尽美，只用"足够了"、"差不多了"来搪塞了事。结果因为他们没有把根基打牢，所以不多时，便像一所不稳定的房屋一样倒塌了。

造成失败的罪魁祸首，就是从小养成敷衍了事，马马虎虎的坏习惯。而获取成功的最好方法，就是把任何事都做得精益求精，尽善尽美。

快些下决心吧，不要管别人做得怎么样，事情一到了你的手里，就非将它做得很完美无缺不可。你一生的希望都在这个上面，千万不要再让那些偷闲、取巧、拖拉、不整、不洁的坏习惯来阻碍你了。

从最小的具体行动开始

不屑于平凡小事的人，即使他的理想再壮丽，也只能是一个五彩斑斓的肥皂泡。想要实现凌云壮志，必须脚踏实地，专注于小事。

1962年7月，在美国西北部一个叫本顿维尔的小镇上，一家名为沃尔马特的普通商店开业了，店主是44岁的退伍男子沃尔顿。30多年后的今天，沃尔马特已成为全球最大的商业连锁集团。在2004年和2005年《财富》500强排名中，沃尔马特的营业额名列第一。沃尔马特创下了一个商业奇迹。

如果您第一次走入沃尔马特连锁店时，先是被它巨大的面积所震惊，继而为它的便宜价格所打动。同样一件商品，沃尔马特的售价至少会比其他店便宜5%，但是给人印象最深的还是每一个售货员的微笑，那样亲切自然。让人每次去沃尔马特店购物，都能享受一个消费者内心的满足。

其实沃尔马特经营宗旨之一便是"天天平价"。老板沃尔顿常常告诫员工："我们珍视每一美元的价值，我们的存在是为顾客提供价值，这意味着除了提供优质服务外，我们还必须为他们省钱。每当我们为顾客节约了一美元时，那就使自己在竞争中先行了一步。"

为了不愚蠢地浪费一美元，沃尔顿率先垂范。他从不讲排场，外出巡视时总是驾驶着最老式的客货两用车。需要在外面住旅馆时，他总是与其他经理人员住的一样，从不要求住豪华套间。

为了赢得这一美元的价值，沃尔马特实行了全球采购战略，"低价买入，大量进货，廉价卖出"。沃尔马特中国采购总监芮约翰每到一地，都要察看各家商店，认真比较价格，选择合适商品。

价格与服务是沃尔马特赢得竞争的两个轮子。已在中国工作了5年的芮约翰说："你知道我们有一个微笑培训吗？必须露出8颗牙齿才算合格。你试一试，只有把嘴张到露出8颗牙齿的程度，一个人的微笑才能表现得最完美"这让人不禁想起初识沃尔马特时的印象，原来售货员的微笑都有着如此严格的规定。

做生意自然要追求利润的最大化，而实现最大化的目标则要从最小化的具体行动开始。经营节约一美元与微笑露出8颗牙，抓好每一件这样的小事，企业方能砌就通向成功的阶梯。

其实，很多很多的成功并不神奇，只不过有的人不以其小而坚持做了下去，因为他们从来不会总想着大问题而忽略了小事情。

哈维·麦凯是一家信封公司的老板，有一次，他去拜访一个顾客。那个经理一看他就说，麦凯先生，你不要来了，我们公司绝对不可能和你下信封的定单。因为我们公司的老板和另一个信封公司老板是25年的深交，而且你也不用再来拜访我，因为有43家信封公司的老板曾拜访过我3年，所以我建议你不要浪费你的时间。

麦凯先生并没有因此而放弃努力，他开始关注在这家公司里发生的每件事，哪怕是那些微不足道的小事。有一次他发现这家公司采购经理的儿子很喜欢打冰上曲棒球，他又知道他儿子崇拜的偶像是洛杉矶一个退休的全世界最伟大的球星，后来发现这个经理的儿子出车祸住在医院。这时麦凯觉得机会来了，他去买了一根曲棒球杆让球星签名送给这个人的儿子。

他来到医院，这个人的儿子问他你是谁，他说我是麦凯，我给你送礼物。你为什么给我送礼物？因为我知道你喜欢曲棒球，你也崇拜这个球星，这是一根他亲自签名的曲棒球杆。这个小孩兴奋得脚也不疼了，要下床来。

结果他的父亲来医院发现他的儿子好兴奋，整个人都变了，不像原来那样垂头丧气，面无表情。他问他儿子怎么回事，他说刚才有一个叫麦凯的人送了我一根曲棒球杆，还有球星签名。

结果可想而知，这个采购经理和麦凯签了数万美金的定单。

信封是便宜的东西，他竟下了这么大的定单。显然，成功有不同的方法，有不同的思维模式。只要你留意身边的小事，一定会找到解决问题的突破口。世界上没有卖不掉的产品，只有因不注意细节而推销失败的人。仔细一些，多为别人着想一点，成功就离你近一点。

谢尔贝在推销业中的巨大成就，在于他细致入微的服务，更在于他有一套提供最佳服务的正确理念和方法。他曾引用丘吉尔的话说："如果没有风推动船，那么我们就划船吧。"

在海军陆战队服役 3 年后，谢尔贝一直都从事销售这一行。最初，作为一名新手，他工作积极，饱含热情。谢尔贝回忆说：

"开始在 IBM 卖打字机时，我在我的汽车挡风玻璃上贴了一个标签，上面写道：'找到客户，征求订货便是我的一切。'当时我通常每天要开车行驶 40 多英里才到达我负责的推销区。你必须对自己严格要求，你需要去找到更多的客户征求订货。如果这样一贯坚持下去，我想一个好的推销员达到 10％的成功率是没问题的。"

谢尔贝认为真正重要的是必须了解这样一个事实，那就是：人类是非常敏感的，也都有相同的本质，都有受尊重的欲望。物欲的自我膨胀，却并不与关爱他人相背离。你要让你的客户觉得你关心他们胜于关心自己，热爱他们胜于热爱自己。试着融入别人的生活，站在他人立场去看问题，这就足够了。就像谢尔贝所说的：

"我对于推销这行深感自豪，我喜欢走出去面对我的客户并了解他们的所需所想，我在全国范围内同客户们保持联系，这一切都是我热爱的，只要我继续负责销售我将始终如一。"

谢尔贝很强调"细节"这一字眼，正是那种自豪感使他在他的工作中去努力追求完美。提到追求完美，这要与谢尔贝的客户联系起来。谢尔贝最承受不起的就是客户的不满，因为他推销的不仅仅是硬件的东西，而更重要的是细致入微的服务。

谢尔贝年轻时，推销的是电子打字机，但他推销的并不仅仅是机器本身；相反，他向客户推销的是该机器的用途。谢尔贝认为，不管推销员推销的是什么产品，如果他在推销产品时将该产品的优点以及它能为客户带来什么样的好处结合起来，那他其实就是在为客户提供真正的细致入微的服务。正如谢尔贝所言：

"正是重视服务才使我们公司获得真正的优势。我想这对任何公司而言都是很重要的。只有生产合适的产品和为客户提供最佳的服务才是任何公司取得成功的保障。"

不管你现在是否正从事推销工作或是想要从事它，相信很多人都很羡慕那些成功的推销员，因为他们有了一个机会无穷、璀璨夺目的有利地位。可是，成功的推销员和获得金牌的运动选手一样，即便再具资质，若不经过正确的训练，没有为客户提供细致入微的服务的宗旨，任何人都无法成为杰出的推销员。

成功不仅靠运气

许多人将自己不能成功的原因归结为自己运气不好。我要是有他那样的机会，说不定比他还强呢，只可惜老天爷不长眼，哼!

先来讲一个成功人士的故事。张骥这位北京小伙子，在自己刚刚过完 29 岁生日的时候就被美国第七大计算机厂商 Micron 看中，出任 Micron 电子公司北京代表处首席代表——中国区总经理。这在年轻干部居多的计算机行业也是令人称奇的事。而在此之前，张骥不过只是该公司驻北京办事处的一名普通员工，更不利的是，Micron 公司正准备撤销在中国的这家办事处。运气好像从天而降，1999 年 11 月，在何去何从的关口，公司总部召他去开会。

为什么公司会召他去开会呢? 一则因为他的领导闻听办事处要撤销，已另觅高枝;二则是这个年轻小伙子给曾前来中国巡视的公司老总留下深刻印象。张骥提着笔记本电脑就上了飞机，对于与会人员、会议内容他一无所知。在飞机上他一直在琢磨，仔细研究了 Micron 近两年的年度报告，十多个小时之后，当飞机抵达机场的时候，他已经作出了 Micron 公司在中国两年内的发展计划。

这份计划的完成，与张骥平时养成的喜欢积累心得体会的习惯是分不开的，他总认为即使和别人做同样的事情，也要比别人从中多收获一点，对于做过的事情总要留下点什么。

会前 5 分钟，张骥被要求当着 Micron 公司的所有海外分公司总经理和 Micron 公司总裁的面发言。这次突然袭击的结果是他改变了年收入 60 亿美元的公司的决策，也给自己带来了新的机遇。公司决定不仅不撤回这个办事处，而且还要加强在中国的发展，并对张骥委以重任。在关键的时刻，张骥取得了胜利，但是这也使他懂得，机会从来都只是青睐那些有准备的头脑。

阿穆耳肥料工厂的厂长马克道厄尔之所以由一个速记员而爬升上来，便是因为他能做非他份内所应做的工作。他最初是在一个懒惰的书记底下做事，那书记总是把事推到手下职员的身上。他觉得马克道厄尔是一个可以任意驱使的人，某次便叫他替自己编一本阿穆耳先生往欧洲时用的密码电报书。那个书记的懒惰，使马克道厄尔拥有了做事的机会。

马克道厄尔不像一般人编电码一样，随意简单地编几张纸；而是编成一本小小的书，用打字机很清楚地打出来，然后好好地用胶装订着。做好之后，那书记便交给阿穆耳先生。

"这大概不是你做的。"阿穆耳先生问。

"不……是……"那书记官战栗地回答。

"你叫他到我这里来。"

马克道厄到办公室来了，阿穆耳说："小伙子，你怎么把我的电报做成这样子的呢？"

"我想这样您用起来方便些。"

过了几天之后，马克道厄尔便坐在前面办公室的一张写字台前；再过些时候，他便代替以前那个书记的职位了。

你付出多少你就会收获多少，是人们常说的一句话，习以为常之后，很少有人去深想，我们实在很有必要把这个观念再次深植于我们的心底。

有一位懒惰成性的乡绅，他拥有一块地产，每年坐收8000元的地租。后来由于无力还债，他把一半地产卖掉了，剩下的一半租给一位勤劳的农民，租期为20年。契约到期的时候，这位农民去交定租时，问乡绅是否愿意把这块土地出卖。乡绅感到十分吃惊，他问："是你想买吗？""是的，如果我们能讲好价，我就买了。"这真是太不可思议了。乡绅仔细打量着眼前的这位农民，说："天啊，请你告诉我这是怎么回事，我不用交租金，靠两块这样的土地也不能养活自己，而你每年都要交付给我200元的租金，这些年下来，你竟然还买得起这块土地。""道理很简单，"农民回答说，"你整天在家里坐享其成，却不知坐吃山空，而我却日出而作，日落而息，任何劳动都会得到回报的。"这个农民的话极其正确，世界上任何事情都要有付出以后才能有回报，所以人一定要勤奋。上帝是公平的，对每个人的时间也是一样的，你用在什么地方，或一段时间内在什么地方付出，回报就会出现在那里。

日本推销之神原一平一次被邀在大型演讲会上作演讲，台下数千人静静等待着原一平的到来，想听他的成功秘诀，等了10分钟之后，原一平终于来了。他走向讲台，坐在椅子上一句话也不说，半个小时后，有人等不住了，断断续续离开会场。1个小时后，原一平仍然一句话也不说，这时，会场上大部分人都走了，最后只留下十几个人了。这时，原一平说话了，他说：你们是一群忍耐力最好的人，我要向你们分享我成功的秘诀，但又不能在这里，要去我住的宾馆。于是十几个人都跟着原一平去了，到了原一平房间后，他脱掉外套，脱掉鞋子，坐在床上，把袜子脱了，然后他把脚板亮给那十几个人看，人们看到原一平双脚布满了老茧，3层老茧。原一平说："这是我成功的秘诀，我的成功是我勤奋跑出来的。"

成功的人，未必都很完美，也未必都很快乐，但他们有项特质是常人所没有的，就是专心致志，就是勤奋。

如果你认为自己很久都没有再加薪或升迁了，你该怎么办呢？首先，我们从老板的观点来看一看。

不管是雇主或员工，人的本性都是相同相近的，能够激励你的事情，也同样会激励老板。老板想要成功，扩大企业的规模，增加个人的收入。

如果你让老板觉得升你的职位、加你的薪水很值得，他就会这么做。让他们这么做的唯一前提就是你必须勤奋。

勤奋是通向美好人生的阶梯，表现在日常工作上，它首先是一种积极向上的人生态度，是企业长盛不衰的重要保证，是员工成才的必经之路，是企业生机与活力的集中表现。与此同时，勤奋需要用诚实的品格来支撑，需要用精明的技巧来激励，需要用美好的理想来引导，需要从做小事、做好小事开始。

而且，在你看来也许仅是微不足道的小事，于有心人而言却是难得的机遇，也就是说，即使是机遇，也不是什么人都能看得见，抓得住的，这需要平时积累的一种高素质。

做好应做之事

出身名门的野田圣子，37岁就当上了日本内阁邮政大臣。她的第一份工作是在帝国酒店当白领丽人。不过，在受训期间，圣子竟然被安排去清洁厕所，每天都要把马桶抹得光洁如新才算合格。可想而知，在这段日子里，圣子的感觉是多么的糟糕。当她第一天碰到马桶的一刹那，她几乎想吐。

很快地，圣子就开始讨厌起了这份工作，干起工作来马马虎虎。但有一天，一位与圣子一起工作的前辈，在抹完马桶后，居然伸手盛了满满的一大杯冲厕水，然后当着她的面一饮而尽，在前辈的眼中，圣子的工作根本没有做到位，光洁如新只是工作的最低标准，她以此向圣子证明，经她清洁过的马桶，干净得连里面的水都可以用来饮用。

前辈这一出人意料的举动，使圣子大吃一惊。她发现自己在工作态度方面出了问题，根本没有负起任何责任，于是，她对自己说："就算这一辈子都在洗厕所，也要当个最出色的洗厕人。"训练结束的那一天，圣子在抹完马桶后，毅然盛了满满的一大杯冲厕水，并喝了下去。这次经历，让野田圣子知道了什么是工作的最高准则，而在很多人眼中的合格、到位，只能算得上工作的最低要求。

记住，这是你的工作！意味着每个人都应做好应做之事，即不要忘记工作赋予你的荣誉，不要忘记你的责任，不要忘记你的使命。一个轻视工作的人，必将得到严厉的惩罚。

美国独立企业联盟主席杰克·法里斯曾讲起他少年时的一段经历。

在杰克·法里斯13岁时，他开始在他父母的加油站工作。那个加油站里有3个加油泵、两条修车地沟和一间打蜡房。法里斯想学修车，但他父亲让他在前台接待顾客。

当有汽车开进来时，法里斯必须在车子停稳前就站到司机门前，然后忙着去检查油量、蓄电池、传动带、胶皮管和水箱。法里斯注意到，如果他干得好的话，顾客大多还会再来。于是，法里斯总是多干一些，帮助顾客擦去车身、挡风玻璃和车灯上的污渍。有段时间，每周都有一位老太太开着她的车来清洗和打蜡。这个车的车内地板凹陷极深，很难打扫。而且，这位老太太极难打交道，每次当法里斯给她把车准备好时，她都要再仔细检查一遍，让法里斯重新打扫，直到清除掉每一缕棉绒和灰尘她才满意。

终于，有一次，法里斯实在忍受不了了，他不愿意再待候她了。法里斯回忆道，他的父亲告诫他说："孩子，记住，这是你的工作！不管顾客说什么或做什么，你都要记住做好你的工作，并以应有的礼貌去对待顾客。"

父亲的话让法里斯深受震动，法里斯说道："正是在加油站的工作使我学到了严格的职业道德和应该如何对待顾客。这些东西在我以后的职业经历中起到了非常重要的作用。"

"记住，这是你的工作！"我认为，应该把这句话告诉给每一个员工。哪怕遇到困难，我们也不能找任何借口。

每个人都必须有责任感，无论对工作、对家庭、对亲人，还是对朋友！

正因为存在这样、那样的责任，我们才会对自己的行为有所约束，而找寻各种借口便是将本应由你承担的责任转嫁给社会或他人，则是一个员工很糟糕的事情。更为可怕的是，若你一旦养成找寻借口的习惯，那你的责任心也将随之烟消云散，因此而等待你的糟糕结局也就不会太远了。

其实职场上没有什么不可能做到的事，要相信你比别的员工更出色，你一定能够承担起任何正常职业生涯中的责任。只要你不把借口摆在面前，就能做好一切，就完全能够做到对工作尽职尽责。

"记住，这是你的工作！"这是每一位员工必须牢记的！同时，也是每一位老板想告诉下列员工的——

告诉给那些在工作中推三阻四，老是抱怨，寻找种种借口为自己开脱的人；

告诉给那些不能最大限度地满足顾客的要求，不想尽力超出客户预期提供优质服务的人；

告诉给那些工作没有激情，总是推卸责任，不知道自我检讨的人；

告诉给那些不能优秀地完成上级交付的任务，不能按期完成自己本职工作的人；

告诉给那些总是挑三拣四，对自己的公司、老板、工作这不满意那不满意的人。

对于这些人最好的救治良药就是：端正他的坐姿，然后面对他，大声而坚定地告诉他：记住，这是你的工作！

记住，这是你的工作！既然你选择了这个职业，选择了这个岗位，就必须接受它的全部，而不是只享受它带给你的益处和快乐。就算是屈辱和责骂，那也是这个工作的一部分。

老板们欣赏能做好自己工作的人。能够做好自己的工作，是成功的第一要素。各行各业，人类活动的每一个领域，无不在呼唤能自主做好手中工作的员工。齐格勒说："如果你能够尽到自己的本分，尽力完成自己应该做的事情，那么总有一天，你能够随心所欲从事自己想要做的事情。"反之，如果你凡事得过且过，从不努力把自己的工作做好，那么你永远无法达到成功的顶峰。对这种类型的人，任何老板都会毫不犹豫地把他排斥在自己的选择之外。

每个人都有自己的职位，每个人都有自己的做事准则。医生的职责是救死扶伤，军人的职责是保卫祖国，教师的职责是培育人才，工人的职责是生产合格的产品……社会上每个人的位置不同，职责也有所差异，但不同的位置对每个人却有一个最起码的做事要求，那就是做好应做之事。

不管你现在在哪个职位上，把你该做的事做好，都是你义不容辞的责任所在！

每个员工都要清楚，只有忠实地对待自己的工作，满怀着忠诚的责任心来对待老板，充分地使自己所在的位置发挥出应有的作用，才能巩固你现有的位置。

在老板的眼中，永远不会有空缺的位置。所以，如果你不想与自己的位置保持一种短暂的"约会"关系，而是保持一种长期性的关系，你就要在其位，谋其事。

如果你不想成为社会的"弃儿"，不想失业，就要在自己的位置上严格要求自己：能做到最好就全力以赴地去做，勇敢地对自己的工作负起责任，并一直保持住这种良好的工作作风。

想成为珍珠，就要从沙粒开始

小李的学习成绩挺好，毕业后却屡次碰壁，一直找不到理想的工作。他觉得自己怀才不遇、生不逢时，对社会感到非常失望。他为没有伯乐来赏识他这匹"千里马"而愤慨，甚至因伤心而绝望。

怀着极度的痛苦，他来到大海边，打算就此结束自己的生命。

正当他即将被海水淹没的时候，一位老人救起他。老人问他为什么要走绝路。

小李说："我得不到别人和社会的承认，没有人欣赏我，所以觉得人生没有意义。"

老人从脚下的沙滩上捡起一粒沙子，让年轻人看了看，随手扔在了地上。然后对小李说："请你把我刚才扔在地上的那粒沙子捡起来。"

"这根本不可能！"小李低头看了一下说。

老人没有说话，从自己的口袋里掏出一颗晶莹剔透的珍珠，随手扔在了沙滩上。然后对小李说："你能把这颗珍珠捡起来吗？"

"当然能！"

"那你就应该明白自己的境遇了吧？你要认识到，现在你自己还不是一颗珍珠，所以你不能苛求别人立即承认你。如果要别人承认，那你就要想办法使自己变成一颗珍珠才行。"小李低头沉思，半晌无语。

经过老人的教导后，小李对自己的愚蠢行为感到非常悔恨，从此奋发图强，最后创办了自己的公司。

有的时候，你必须知道自己只是普通的沙粒，而不是价值连城的珍珠。你要出人头地，不仅要有出类拔萃的资本，更要有埋头苦干的精神。

世界上有许多贫穷的孩子，他们虽然出身卑微，却能干出伟大的事业来。富尔顿发明了一个小小的推进机，结果成为美国最著名的工程师；法拉第仅仅凭借药房里的几瓶药品，成了英国有名的化学家；惠德尼靠着小店里的几件工具，竟然成了纺织机的发明者；贝尔用最简单的器械做出了对人类文明最有价值的贡献——电话。

美国历史上有许多感人肺腑、催人泪下的故事，主人公确定了伟大的人生目标，尽管在前进中遭遇了种种艰难险阻，但他们以坚韧的意志力最终克服了一切困难，获得了成功。

失败者的借口通常是："我没有机会。"他们将失败理由归结为没有人垂青他们，好职位总是让他人捷足先登。而那些意志力坚强的人则决不会找这样的借口，他们不等待机会，也不向亲友们哀求，而是靠自己的苦干努力去创造机会。他们深知唯有自己才能拯救自己。

在取得了一次战役胜利后，有人问亚历山大是否等待下一次机会，再去进攻另一座城市，亚历山大听后竟大发雷霆："机会？机会是靠我们自己创造出来的。"不断地创造机会，正是亚历山大之所以成为历史上最伟大帝王的原因，也唯有不断创造机会的人，才能建立轰轰烈烈的丰功伟绩。

做任何事情总是等待机会是极其危险的。一切努力和热望都可能因等待机会而付诸东流，而机会最终也不可得。

年轻人如果看了林肯的传记，了解他幼年时代的境遇和后来的成就，会有何感想呢？他住在一所极其简陋的茅舍里，没有窗户，也没有地板，用今天的居住标准看，他简直就是生活在荒郊野外。他的住所距离学校非常远，生活必需品也很缺乏，更谈不上有报纸、书籍可以阅读了。然而就是在这种情况下，他每天坚持不懈地走二三十里路去上学。为了能借几本参考书，他不惜步行一二百里路。到了晚上，他靠着燃烧木柴发出的微弱火光来阅读……林肯只受过一年的学校教育，成长于艰苦卓绝的环境中，但他竟能努力奋斗，最终成为美国历史上最伟大的总统，成了世界历史上最完美的模范人物。

天赋和坚韧对你开辟新的道路是重要的因素，但勤奋的经营却是你获得成功的基本保证，因为无论你做了多少准备，有一点是不容置疑的：当你进行新的尝试时，你可能犯错误，不管作家、运动员或是企业家，只要不断对自己提出更高的要求，都难免失败。但失败并非罪过，重要的是从中汲取教训。

因此，那些跌倒了爬起来，掸掸身上尘土再上场一拼的人，才会在生意场中获得成功。美国百货大王梅西就是一个很好的例子。他于 1882 年生于波士顿，年轻时出过海，以后开了一家小杂货铺，卖些针线。铺子很快就倒闭了。一年后他另开了一家小杂货铺，仍以失败告终。

在淘金热席卷美国时，梅西在加利福尼亚开了个小饭馆，本以为供应淘金客膳食是稳赚不赔的买卖，岂料多数淘金者一无所获，什么也买不起，这样一来，小铺又倒了台。

回到马萨诸塞州之后，梅西满怀信心地干起了布匹服装生意，可是这一回他不只是倒闭，而简直是彻底破产，赔了个精光。

不死心的梅西又跑到新英格兰做布匹服装生意。这一回他时来运转了，他买卖做得很灵活，甚至把生意做到了街上商店。头一天开张时账面上才收入 11.08 美元，而现在位于哈顿中心地区的梅西公司已经成为世界上最大的百货商店之一了。

关于伟大人物的名言中，有一句给我的印象特别深刻："许多人的生命之所以伟大，是因为他们承受了巨大的苦难。"杰出的才干往往是从苦难的烈焰中冶炼出来的，从苦难的坚石上磨砺来的。困难总会吓退一大批庸碌的竞争者。只有真正经历过艰苦工作的人才能得到命运的垂青。

让我们勤奋工作！

这是古罗马皇帝临终前留下的遗言。当时，士兵们全部聚集在他的周围。

勤奋与功绩是罗马人的伟大箴言，也是他们征服世界的秘诀所在。那些凯旋的将军都要归乡务农。当时，农业生产是受人尊敬的工作，罗马人之所以被称为优秀的农业家，其原因也正在于此。正是因为罗马人推崇勤劳的品质，才使整个国家逐渐变得强大。

为此，古罗马人建立了两座圣殿，一座是美德的圣殿，一座是荣誉的圣殿。他们在安排座位时有一个顺序，即必须经过前者的座位，才能达到后者——勤奋是通往荣誉圣殿的必经之路。这也是世界上所有的成功者的必经之路。

做事踏实，一步一个脚印

如果给你一张报纸，然后重复这样的动作：对折，不停地对折。当你把这张报纸对折了 51 万次的时候，你猜所达到的厚度有多少？一个冰箱那么厚或者两层楼那么厚，这大概是你所能想到的最大值了吧？通过计算机的模拟，这个厚度接近于地球到太阳之间的距离。

没错，就是这样简简单单的动作，是不是让你感觉好似一个奇迹？为什么看似毫无分别的重复，会有这样惊人的结果呢？换句话说，这种貌似"突然"的成功，根基何在？

秋千所荡到的高度与每一次加力是分不开的，任何一次偷懒都会降低你的高度，所以动作虽然简单却依然要一丝不苟地"踏实"。

其实，这样的动作和事情我们每个人都会做，但又不屑于做，他们贯穿于整个日常生活，甚至你完成了这样的一个动作，自己都不记得。比如你每天都会把垃圾袋带出去扔掉，你会记得你用怎样的动作扔掉的吗？这也正像全世界都谈论"变化""创新"等等时髦的概念时，却把"踏实"给忘记了。"踏实"是每个人都能够做到的，可是你真正做到了新含义的"踏实"了吗？没有，所以你不是优秀的员工。

做事情不能仰头向天，而应脚踏实地。一步一步地走在你的一生中，诚实和勤奋应该成为你永不背叛的益友。

报纸上曾经报道一位拥有 100 万美元的富翁，原来却是一位乞丐。在我们心中难免怀疑：依靠人们施舍一分、一毛的人，为何却拥有如此巨额的存款？事实上，这些存款当然并非凭空得来，而是由一点点小额存款累聚而成。从一分到 10 元、到 1000 元、到万元、到百万元，就这么积聚而成。若想靠乞讨很快存满 100 万美元，那是几乎不可能的。

聪明的人，为了要达成主目标常会设定"次目标"，这样会比较容易于完成主目标。许多人会因目标过于远大，或理想太过崇高而易于放弃，这是很可惜的。若设定"次目标"便可较快获得令人满意的成绩，能逐步完成"次目标"，心理上的压力也会随之减小，主目标总有一天也能完成。

曾经有一位 63 岁的老人从纽约市步行到了佛罗里达州的迈阿密市。经过长途跋涉，克服了重重困难，她到达了迈阿密市。在那儿，有位记者采访了她。记者想知道，这路途中的艰难是否曾经吓倒过她？她是如何鼓起勇气，徒步旅行的？

老人答道："走一步路是不需要勇气的。我所做的就是这样。我先走了一步，接着再走一步，然后再一步，我就到了这里。"

是的，做任何事，只要你迈出了第一步，然后再一步步地走下去，你就会逐渐靠近你的目的地。如果你知道你的具体的目的地，而且向它迈出了第一步，你便走上了成功之路！

在一位著名企业家的报告会上，有一位年轻人向企业家提出这样一个问题：

"请问您过去走过弯路没有？能不能给我们年轻人指出一条成功直线，让我们少走弯路呢？"

没想到这位企业家干脆利落地回答：

"我不承认自己走过什么弯路，我只知道自己一直走在成功的路上。成功从来就没有什么捷径，它就像登山一样，哪里有什么直路可走呢？"

这说明，成功没有捷径，只有一步一个脚印地走下去，才能攀登到事业的顶峰。

1938年，本田先生还是一名学徒时，就变卖了所有家当，全心投入研究制造心目中认为理想的汽车活塞环。他夜以继日地工作，与油污为伍，累了倒头就睡在工厂里，一心一意期望早日把产品装造出来，以卖给丰田汽车公司。为了继续这项工作，他甚至变卖妻子的首饰，最后产品终于出来了并送到丰田去，但是事与愿违，他的活塞环被认为品质不合格而打了回来。为了求取更多的知识，他重回学校苦修两年，其间经常为了自己的设计而被老师或同学嘲笑，被认为不切实际。

他无视于这一切痛苦，仍然咬紧牙关朝目标前进，终于在两年之后取得了丰田公司的购买合约，完成他长久以来的心愿。

当时，因为正值第二次世界大战，日本一切物资吃紧，政府禁卖水泥给他建造工厂。他没有就此停止前进，而是决定另谋它途，和工作伙伴研究出新的水泥制造方法。建好了他们的工厂。战争期间，这座工厂遭到美国空军两次轰炸，毁掉了大部分的制造设备。本田先生迅即召聚了一些工人，去捡拾美军飞机所丢弃的汽油桶，称其为"杜鲁门总统所送的礼物"。因为日本战时十分欠缺各种物资，而这些汽油桶则刚好提供了本田工厂制造用的材料。在此之后他们又碰上了地震，夷平了整个工厂，这时本田先生迫于无奈不得不把制造活塞环的技术卖给丰田公司。

第二次世界大战结束后，日本遭逢严重的汽油短缺，本田先生根本无法开着车子出门，买家里所需的食物。在极度沮丧下，他不得不试着把马达装在脚踏车上，他认为如果成功，邻居们一定会央求他给他们装部摩托脚踏车。果不其然，他装了一部又一部，直到手中的马达都用光了。他想何不开一家工厂，专门生产他所发明的摩托车？可惜的是他欠缺资金。

一如既往地，他决定无论如何要想出个办法来，最后决定求助于日本全国1.8万家脚踏车店。他给每一家脚踏车店用心写了封言词恳切的信，告诉他们如何借着他发明的产品，在振兴日本经济上扮演一个角色，结果说服了其中的5000家，凑够了所需的资金。

今天，本田汽车公司在日本及美国雇有员工总数超过10万人，是日本最大的汽车制造公司之一，其在美国的销售量仅次于丰田。本田汽车之所以能够有今天的成就，可说全是本田宗一郎个人始终凭着决心和毅力，不畏艰难而有所成就的。

俗语说得好：罗马不是一天建成的。既然一天建不成辉煌的罗马，那就让我们专注于建造罗马的每一天。这样，把每一天连起来，终将会建成一个美丽辉煌的罗马。这就如同一个人，一旦拥有宏伟的大胆的梦想，然后每天做一点事情，也就是说，用小步而不是迈大步越过一个个障碍，你就会走向成功的巅峰。

小钱积累大财富

巴比伦的繁荣昌盛历久不衰。巴比伦在历史上一直以"全世界首富之都"著称于世，其财富之多超乎想像。但巴比伦并非一直都如此富裕。巴比伦能够富裕，是因为它的百姓有理财的智慧。巴比伦人都得先学会致富之道。

这里，阿卡德将教你让口袋饱满的简单方法。这是迈向财富殿堂的第一步，第一步站不稳的人，永远别想登上这个殿堂。

阿卡德问一位若有所思的先生："我的好朋友，你从事什么工作？"

那位先生回答："我是个抄写员，专门刻写泥板。"

阿卡德："我最初也是刻写泥板的工人，靠着与你同样的劳力工作，我赚得了我的第一个铜钱。因此，你们也有相同的机会建立财富。"

阿卡德又问一位气色红润的先生："能否请你说说，你靠什么养家？"

那位先生说："我是个屠夫。我向畜农购买山羊来宰杀，再将羊肉卖给家庭主妇，将羊皮卖给制作凉鞋的鞋匠。"

阿卡德："你既付出劳力，又辗转牟利，因此你比我更具有成功的优势。"

阿卡德一一询问每位学员的职业，等他问完，他说：

"现在，你们可以看出，有许多贸易和劳动可以让人赚到钱。每一种赚钱方式，都是劳动者将劳力转换成金子流入自己口袋的管道。因此，流入每个人口袋的金子多或少，全看你们的本事如何。不是吗？"

大家都同意阿卡德的说法。

阿卡德继续说："假如你们渴望为自己建立财富，那么，从利用既有的财源开始，是不是很聪明的做法呢？"

大家都同意。

阿卡德转身问一位自称是蛋商的小人物："假如你挑出一个篮子，每天早晨在篮子里放 10 个鸡蛋，每天晚上再从篮子里取出 9 个鸡蛋，最后将出现什么结果？"

"总有一天，篮子会满起来。"

"为什么？"

"因为我每天放进篮子里面的鸡蛋比拿出来的多一个。"

阿卡德笑着转向全班："你们当中有人口袋扁扁的吗？"

大家起初听了觉得好玩，继而笑开，最后戏谑地挥动着他们自己的钱包。

阿卡德接着说：

"好了，现在我要告诉你们解决贫穷的法则。就照着我给蛋商的建议去做。在你们放进钱包里的每 10 个硬币中，顶多只能用掉 9 个。这样你的钱包将开始很快鼓起来，它所增加的重量，会让你抓在手里觉得好极了，且会令你的灵魂感到满足。"

因此，在阿卡德看来解决钱包空空的最佳方法就是：

每赚进 10 个铜板，至多只花掉 9 个。

也许有人瞧不起储蓄这点小钱，孰不知不少的有心人就利用一点小钱赚取了大钱，赢得了财富。

张家政在温州土生土长，那年高考，他以全村最高分考入了北京一所重点大学。因为家穷，平时生活相当节俭的他也时刻感到手头拮据，"穷则思变"，为此，他一到京城就开始琢磨做些生意，补贴学习生活费用。温州人精明的头脑在张家政身上表现得相当突出。因此，也使他的人生之路，一步步向光明迈去。

　　一个学期之后，张家政对北京的服装行业有了相当的认识，便决心做一回"倒爷"。寒假结束后，凭着手中仅有的上千元钱，他便与一些产品滞销的服装厂联系，由他捎上两个旅行袋的牛仔装，拿到北京投石问路，探探行市。起初张家政也没有把握，只权作一试。因为这是厂家的试销样品，又不用先付款，做工特别考究，所以张家政一到学校便在校园试开了。"什么价？"张家政的同学发问。

　　"12元，哥们优惠，10元。"

　　这种价钱在北京不可想像。因为市面上，同样做工同样质地的少说也得20元。

　　尝到甜头，张家政从此便尽可能地挤课余时间，干起了"推销员"的行业，在京城学府间忙碌奔波。

　　每到一个学校，他便直奔宿舍，直接入手，每次他都开价18元。比市价便宜2元，然后便双方交涉，讨价还价，一般砍到15元为底价。因为这已经比市价便宜了5元多。等两个旅行袋的牛仔装全部售完，一合计，居然收入达1800多元，扣除应支付厂家的出厂价成本，净赚1000元！每条牛仔裤的平均获利率，在125％以上。

　　牛刀小试，就如此惊人，张家政此时此刻已明白了推销别人产品将意味着什么。尤其是厂家的滞销产品，只凭老乡关系，就可以先货后款，卖完再结算。这不是无本生意吗？何乐而不为呢？于是，他决定充分利用课余时间，大干一场。

　　他不满足于四处流浪的交易，主动出击，仅凭三寸不烂之舌游走于市井街坊之中，寻找目标，"猎取"大头。

　　经过一个星期的摸底之后，张家政对服装行业有了更深刻的认识。他便以小老板的身份同商贩们侃起生意经来了。他还特地花钱印了一盒相当精致的名片，打上家乡温州某某服装加工厂驻北京办事处主任之头衔。这一招果然奏效，不仅从这帮服装倒爷们的口中挖出了不少信息，还同一位财大气粗的摊主挂上号。二人一拍即合，合伙联手大批特批牛仔服。

　　张家政便俨然以办事处主任的身份，同摊主谈服装的款式、价格、数量、发货时间等等。一切都谈妥，签订了供销合同之后，张家政便拍发电报回温州那家服装厂，要厂里火速发货过来，越快越好。服装厂没料到张家政有如此神通，喜不自胜，当即发了大宗牛仔衣。货到了，张家政便拿着提货单和供销合同，找到摊主，一手交钱一手交货，钱货两讫、张家政便大大赚了一笔。而这宗牛仔服，因为设计与众不同，做工也相当出色，一上摊，就被众多小商贩一抢而空。那大摊主也称张家政有眼力，表示愿意继续合作。

张家政摇身一变成了"天之骄子"中的款哥，继续着他的生意。

可见，小本钱，小生意照样可以挣大钱，只要你善于理财和经营。

对天才来说，他所拥有的天分可以为他提供许多好处。但事实上，天才若没有钱把自己的天分表现出来，那么，天才只不过是一种空洞虚无的荣誉而已。

爱迪生是世界上最著名及最受尊敬的一位发明家，但是，我们可以这样说，如果他不养成节俭的习惯，以及表现出他存钱的高超能力，那么，他可能永远是位默默无闻的小人物，任何人都不会去注意到他。

一个人想要成功，储蓄存款是不可缺少的。如果没有存款，有两种坏处：

第一，他将无法获得那些只有手边有现款的人才能获得的那种机会；第二，在遇到急需现款的紧急情况时，将无法应付。

有位年轻人从宾州的农业区来到费城，进入一家印刷厂工作。他的一位同事在一家储蓄公司开了一个户头，养成了每周存款5元的习惯。

在这位同事的影响下，这位年轻人也在这家储蓄公司开了户头。3年后，他有了900元的存款。这时，他所工作的这家印刷厂发生财务困难，面临倒闭的噩运。他立刻拿出这900元来挽救这家印刷厂，也因此获得了这家印刷厂一半的股份。

他采取了严格的节约制度，协助这家工厂付清了所有的债务。到了今天，由于他拥有一半的股份，所以每年可从这家工厂里拿到25000多元的利润。

金钱的积累是从"每一个硬币"开始的，一个成功致富的人绝不会因为钱小而弃之，他们知道任何一种成功都是从一点一滴积累起来的，没有这种心态不可能得到更大的财富。

从平凡小事做起

无论多平凡的小事，只要从头至尾彻底做成功，便是大事。

假如你踏踏实实地做好每一件事，那么绝不会空空洞洞地度过一生。

我们都是平凡人，只要我们抱着一颗平常心，踏实肯干，有水滴石穿的耐力，我们获得成功的机会，肯定不比那些禀赋优异的人少到哪里去。

有这样一位年轻人，他总是被公司当作替补队员，哪儿缺人手就被调到哪儿，自己的能力无法正常发挥。这位先生沮丧地向他的同学——现在已是一家公司的人力资源部经理诉苦道："这样值得继续干下去吗？我觉得自己的专长无法发挥出来。"昔日同学很认真地告诉他，你经常被调到不同岗位磨炼，是辛苦的，但只要你努力肯学，应该也能胜任，否则你的公司不会做这样的调度。现在，你在工作中的表现第一是努力，第二是努力，第三还是努力，那么过不了多久，公司员工之中磨炼最多的是你，能为公司贡献才智的也是你，你应该有这种认识。最后，同学又口授他一条成功秘诀：肯干就是成功，患得患失，拈轻怕重，就会失去成长的机会。受苦是成功与快乐的必经历程。这位先生干下去了，他干得很起劲，一年后，他终于成为公司中最耀眼的新星。

工作中每个人都有不同的分工，有些人负责一些比较重要且引人瞩目的工作，另外也有一些人负责的是常被人们忽视的琐事。假如你正好是负责这些不受到重视的琐事，你或许很容易就感到沮丧。沮丧起来或许就会忽视自己的职责，这样一来就会很容易出错，一出错就会消蚀自己的自信："我这是怎么啦，连这么无聊的活也做不好！"

皮尔·卡丹曾说："真正的装扮就在于你的内在美。越是不引人瞩目的地方越是要注意，这才是懂得装扮的人。因为只有美丽而贴身的内衣，才能将外表的华丽装扮更好地表现出来。"皮尔·卡丹的装扮理论用在工作上同样富有哲理，愈是不显眼的地方越要好好地表现，这才是成功的关键。

对此，纽约希尔顿饭店客户服务部经理莉莎·格里贝有着亲身的体验。她曾谈到：当初自己应聘饭店职员，初分配到洗手间工作，她有很大的情绪，认为洗手间工作低人一等。但通过一段时间的工作实践之后，她开始认识到工作没有高低贵贱之分，酒店的每一份工作都关系到酒店的服务质量和整体形象。从此她工作认真，服务热情周到，许多客人在接受她的服务之后，都交口称赞，因此，她被誉为酒店的榜样。她出色的工作表现，为酒店赢得了很多顾客，不久她被提升为客户服务部经理，更大地拓展了事业的平台。

莉莎的事例说明了什么？大事是由众多的小事积累而成的，忽略了小事就难成大事。从小事开始，逐渐增长才干，赢得认可、赢得干大事的机会，日后才能干大事，而那些一心想做大事的人如果不改变"简单工作不值得去做"的浮躁心态，是永远干不成大事的。

这也说明，在工作中每一件事都值得我们去做，而且应该用心地去做。

卢浮宫收藏着莫奈的一幅画，描绘的是女修道院厨房里的情景。画面上正在工作的不是普通的人，而是天使。一个正在架水壶烧水，一个正优雅地提起水桶，另外一个穿着厨衣，伸手去拿盘子——即使日常生活中最平凡的事，也值得天使们全神贯注地去做。

行为本身并不能说明自身的性质，而是取决于我们行动时的精神状态。工作是否单调乏味，往往取决于我们做它时的心境。

人生目标贯穿于整个生命历程，你在工作中所持的态度，使你与周围的人区别开来。日出日落、朝朝暮暮，它们或者使你的思想更开阔，或者使其更狭窄，或者使你的工作变得更加高尚，或者变得更加低俗。

每一件事情对人生都具有十分深刻的意义。你是砖石工或泥瓦匠吗？可曾在砖块和砂浆之中看出诗意？你是图书管理员吗？经过辛勤劳动，在整理书籍的间隙，是否感觉到自己已经取得了一些进步？你是学校的老师吗？是否对按部就班的教学工作感到厌倦？也许一见到自己的学生，你就变得非常有耐心，所有的烦恼都抛到了九霄云外了。

马丁·路德·金说："如果一个人是清洁工，那么他就应该像米开朗基罗绘画、贝多芬谱曲、莎士比亚写诗那样，以同样的心情来清扫街道。他的工作如此出色，以至于天空和大地的居民都会对他注目赞美：瞧，这儿有一位伟大的清洁工，他的活儿干得真是无与伦比！"

桑布恩先生是一位职业演讲家，曾经有一位优秀的邮差弗雷德给他提供最好的服务。在全国各地举行的演讲与座谈会上，他都会拿出这位邮差的故事和听众一起分享。

似乎每一个人，不论他从事的是服务业还是制造业，不论是在高科技产业还是在医疗行业，都喜欢听弗雷德的故事。听众对弗雷德着了迷，同时也受到他的激励与启发。

"我的名字是弗雷德，是这里的邮差，我顺道来看看，向您表示欢迎，介绍一下我自己，同时也希望能对您有所了解，比如您所从事的行业。"弗雷德中等身材，蓄着一撮小胡子，相貌很普通。尽管外貌没有任何出奇之处，但他的真诚和热情通过自我介绍溢于言表。

桑布恩收了一辈子的邮件，还从来没见过邮差做这样的自我介绍，这使他心中顿觉一暖。

当弗雷德得知桑布恩是个职业演说家的时候，弗雷德希望最好能知道桑布恩先生的日程表，以便桑布恩不在家的时候可以把信件暂时代为保管。

桑布恩先生表示没必要这么麻烦，只要把信放进房前的邮箱里就好。但弗雷德提醒道："窃贼会经常窥探住户的邮箱，如果他们发现邮箱是满的，就表明主人不在家，他们就可能为所欲为了。"

所以弗雷德建议只要邮箱的盖子还能盖，他就把信放到里面，别人不会看出桑布恩不在家。塞不进邮箱的邮件，他就把信件搁在房门和屏栅门之间，从外面看不见。如果房门和屏栅门之间也放满了，他就把剩下的信留着，等桑布恩回来。

桑布恩在多次演讲中提起弗雷德的故事后，有一个灰心丧气、一直得不到老板赏识的员工写信给桑布恩。信中表示弗雷德的榜样鼓励了她"坚持不懈"，做好每一件平凡小事，而不计较是否能得到承认和回报。

目前全球有很多公司创设了"弗雷德奖"，专门鼓励那些在服务、创新和尽责上具有同样精神的员工。

由此可见，每一件事都值得我们去做。不要小看自己所做的每一件事，即便是最普通的事，也应该全力以赴、尽职尽责地去完成。小任务顺利完成，有利于你对大任务的成功把握。一步一个脚印地向上攀登，便不会轻易跌落。通过工作获得真正的力量的秘诀就蕴藏在其中。

每天进步一点点，成功从细节开始

伟大的成就通常是一些平凡的人们经过自己的不断努力而取得的，他们注重细节，每天懂得进步一点点，日积月累就前进一大步。对那些勇于开拓的人而言，生活总会给他提供足够的机会和不断进步的空间。人类的幸福就在于沿着已有的道路不断开拓进取，永不停息。那些最能持之以恒、忘我工作的人，往往就是最成功的人。

人们总是责怪命运的盲目性，然而命运本身的盲目性就是以人的活动为主体的。天道酬勤，命运总是掌握在那些勤勤恳恳地工作、每天注意细节的人手中，就正如优秀的航海家总能驾驭大风大浪一样。对人类历史的研究表明，在成就一番伟业的过程中，一些最普通的品格，如公共意识、注意力、专心致志、持之以恒等等，往往起很大的作用。即使是盖世天才也不能小视这些品质的巨大作用，一般的就更不用说了。事实上，正是那些真正伟大的人物才相信常人的智慧与毅力的作用，而不相信什么天才。

牛顿无疑是世界一流的科学家。当有人问他到底是通过什么方法得到那些伟大的发现时，他诚实地回答道："总是思考着它们。"还有一次，牛顿这样表述他的研究方法："我总是把研究的课题置于心头，反复思考，慢慢地，起初的点点星光终于一点一点地变成了阳光一片。"正如其他有成就的人一样，牛顿也是靠勤奋、专心致志和持之以恒来取得成功的，他的盛名也是这样换来的。

可见，一点点进步都是来之不易的，任何伟大的成功都不可能唾手可得。千里之行，始于足下。不积跬步，无以至千里；不积小流，无以成江海。德·迈斯特说过："耐心和毅力就是成功的秘密。"没有播种就没有收获，光播种，而不善于耐心地、满怀希望地耕耘，也不会有好的收获。最甜的果子往往在最后成熟，西方有一句格言："时间和耐心能把桑叶变成云霞般的彩锦。"

卡尔·华尔德曾经是爱尔斯金（美国近代诗人、小说家和出色的钢琴家）的钢琴教师。有一天，他给爱尔斯金教课的时候，忽然问他："你每天要练习多少时间钢琴？"

爱尔斯金说："大约每天三四小时。"

"你每次练习，时间都很长吗？是不是有个把钟头的时间？"

"我想这样才好。"

"不，不要这样！"卡尔说，"你将来长大以后，每天不会有长时间的空闲的。你可以养成习惯，一有空闲就几分钟几分钟地练习。比如在你上学以前，或在午饭以后，或在工作的休息余闲，5分钟、5分钟地去练习。把小的练习时间分散在一天里面，如此则弹钢琴就成了你日常生活中的一部分了。"

14岁的爱尔斯金对卡尔的忠告未加注意，但后来回想起来真是至理名言，并且他从中得到了不可限量的益处。

当爱尔斯金在哥伦比亚大学教书的时候，他想兼职从事创作。可是上课、看卷子、开会等事情把他白天和晚上的时间完全占满了。差不多有两个年头，他一字不曾动笔，他的借口是"没有时间"。后来，他突然想起了卡尔·华尔德先生告诉他的话。到了下一个星期，他就把卡尔的话实验起来。只要有5分钟左右的空闲时间，他就坐下来写作100字或短短的几行。

出乎意料之外，在那个星期的终了，爱尔斯金竟写出了相当多的稿子。

后来，他用同样积少成多的方法，创作长篇小说。爱尔斯金的授课工作虽一天比一天繁重，但是每天仍有许多可以利用的短短余闲。他同时还练习钢琴。他发现每天小小的间歇时间，足够他从事创作与弹琴两项工作。

斯瓦布先生小时候的生活环境非常贫苦，他只受过短时间的学校教育。从15岁起，就在宾夕法尼亚的一个山村里赶马车了。过了两年，他才谋得另外一个工作，每周只有 2.5 美元的报酬，可是他仍无时不在留心寻找机会，果然，不久又来了一个机会，他应某工程师的招聘，去建筑卡内基钢铁公司的一个工厂，日薪 1 美元。做了没多久，他就升任技师，接着升任总工程师。到了 25 岁时，他就当上了那家房屋建筑公司的经理。又过了 5 年，他便兼任起卡内基钢铁公司的总经理。到了 39 岁，他一跃升为全美钢铁公司的总经理。

斯瓦布每次获得一个位置时，总以同事中最优秀者作为目标。他从未像一般人那样离开现实，想入非非。那些人常常不愿使自己受规则的约束，常常对公司的待遇感到不满，甚至情愿彷徨街头等待机会来找他。斯瓦布深知一个人只要有决心、肯努力、不畏艰难，他一定可以成为成功的人。他的一生就像是一篇情节曲折的童话，我们从他一生的成功史中，可以看出努力劳动的伟大价值。他做任何事情总是十分乐观和愉快，同时要求自己做得精益求精。因此有些必须考究一点的事情，非请他来处理不可，他做事总是按部就班，从不妄想一跃成功，他的升迁都是势所必然的。

这也启发人们：如果一个人积累不够，就急于表现，可能只是昙花一现，甚至会给自身带来伤害；而厚积薄发，水到渠成的人则会长久地享受成功的愉悦。

曾有一则这样的寓言可以很好地说明这一点：

农夫在地里同时种了两棵一样大小的果树苗。第一棵树拼命地从地下吸收养料，储备起来，滋润每一个枝干，积蓄力量，默默地盘算着怎样完善自身，向上生长。另一棵树也拼命地从地下吸收养料，凝聚起来，开始盘算着开花结果。

第二年春，第一棵树便吐出了嫩芽，憋着劲向上长。另一棵树刚吐出嫩叶，便迫不及待地挤出花蕾。

第一棵树目标明确，忍耐力强，很快就长得身材苗壮。另一棵树每年都要开花结果。刚开始，着实让农夫吃了一惊，非常欣赏它。但由于这棵树还未成熟，便承担开花结果的责任，累得弯了腰，结的果实也酸涩难吃，还时常招来一群孩子石头的袭击。甚至，孩子会攀上它那羸弱的身体，在掠夺果子的同时，损伤着它的自尊心和肢体。

时光飞转，终于有一天，那棵久不开花的壮树轻松地吐出花蕾，由于养分充足、身材强壮，结出了又大又甜的果实。而此时那棵急于开花结果的树却成了枯木。农夫诧异地叹了口气，将那根瘦小的枯木砍下，烧火用了。

　　两棵树的不同命运揭示出"成大事者需积累"的真谛，因此，对于那些刚进企业的员工来说，一定要养成坚持学习，每日"充电"的好习惯，但求知学习好比是修剪移栽，修剪是一个长期的，不间断的过程，花草如果长时间不修剪，就会变得杂枝横陈，一个榜样员工如果长时间不学习，大脑就会迟钝、原有的知识就会落伍，原本作为榜样的优势就会荡然无存！

　　可见，一个人有没有出息，不在于你处于什么环境，干什么工作，关键是看你怎样对待环境，怎样对待工作，如何看待细节。你的态度会直接决定着你的命运，因为注重细节，每天进步一点点，命运就会掌握在你的手中。

　　积沙成丘、集腋成裘的道理每个人都懂，但是很少有人将这些道理付诸行动，而成功的人往往就是那些将这些道理变成行动的人。

　　每天勤奋一点点、每天完美一点点、每天主动一点点、每天学习一点点、每天创造一点点……只要每天进步一点点并坚持不懈，那么有一天你就会惊奇地发现，在不知不觉中，你已经在同事中脱颖而出，具备了承担责任的能力；每天多走访一条街、每天多给客户打一个电话、每天总结一条经验、每天多开发一个客户、每天的销量增加 1%……只要在各项工作中每天进步一点点并长期坚持，那么有一天领导就会惊奇地发现，在不知不觉中你的各项业绩已经鹤立鸡群，在考核表中你的各项指标已经遥遥领先。

　　如果一个人在同事中具备了承担更多责任的能力，并拥有遥遥领先的业绩，那么升职加薪离他还会远吗？无论你是一位刚刚就职的销售员，还是一位营销老总，都应该坚持到底、永不放弃，哪怕只是每天进步一点点。因为只要这样一切都会由量变转化成质变，只要这样你就会从现实的此岸迈向成功的彼岸。

第五章　细节入手，赢得人脉

一点一滴累积交际经验

你知道一般人才与顶尖人才的真正区别在哪里呢？你可能会毫不犹豫地回答，是才能。那你就错了。哈佛大学商学院曾经做过一个调查发现，在事业有成的人士中，26％靠工作能力，5％靠关系，而人际关系好占了69％。

可见，要想成为出类拔萃的顶尖人才，并不仅仅靠提升你的才能，更重要的是拓展你的人脉，提升你的人脉竞争力，也只有这样，你才会脱颖而出，取得事业的成功。

曾有这样一则寓言：

在动物王国里，熊猫是最受大家尊重的，就连爱挑剔的老狐狸也对它极为佩服，因为很难挑出它的什么毛病。

有一天，刺猬找到熊猫，向它请教道："熊猫大哥，你为什么那么受人尊重，有什么秘密吗？"

"秘密？没有。"熊猫坦然地答道，"不过，我开设了一个感情账户，不停的往里面存了礼貌、宽容、感恩、信用、诚实……"

"这样的感情账户有什么用吗？"

"当然有用，你也看到了，我开设了这个账户后，就已经开始受益了。"

其实，做人也如此，要想成就一番事业，在世间安身立命的话，也要在生活中开设一个"感情账户"。储存你的人脉信息。

在21世纪的今天，无论是保险、传媒，还是金融、科技、证券等各个领域，人脉竞争力都是一个日渐重要的课题。专业知识固然重要，但人脉是一个人通往财富、荣誉、成功之路的门票，只有拥有了这张门票，你的专业知识才能发挥作用。

在台湾证券投资领域，杨耀宇可是知名人士，他将人脉竞争力发挥到了极致。他曾是统一集团的副总，退出后为朋友担任财务顾问，并兼任5家电子公司的董事。根据推算，他的身价应该有 5 亿元台币之高。为什么一个不起眼的乡下小孩到台北打拼能快速积累这么多财富？杨耀宇自己解释说："有时候，一个电话抵得上 10 份研究报告。我的人脉网络遍及各个领域，上千万条，数也数不清。"

很显然，一个善于处理人际关系，拥有人脉的人，总能在人生和事业中像杨耀宇一样如鱼得水，这一点对于推销员的工作来说显得尤为重要。

据估计，有 50％以上的行销之所以完成，是由于交情的关系，其实这就是交情行销。假如有 50％的行销是以情面为基础，而你还没有和准客户（或客户）交朋友，你等于把 50％的市场拱手让人了。

早在 20 世纪 80 年代，泰瑞就认识了声名卓著的演员迈尔斯·戴维斯。可是当时，他并没有想到这对他的生活将会产生怎样的影响。那时，泰瑞在纽约一家医院进行社会公益活动，而迈尔斯则刚刚在该医院做完手术。由于迈尔斯是一个大名鼎鼎的明星，所以泰瑞几乎每天都去看他。等到迈尔斯出院时，他们已成为非常不错的朋友。

一天，泰瑞收到了一份请柬，邀请他去参加迈尔斯的 60 岁寿宴。这次宴会迈尔斯只邀请了他最好的朋友，这对泰瑞而言真是不胜荣幸。

宴会上，泰瑞结识了埃迪·墨菲、肯尼斯·福瑞斯和埃迪的堂兄——雷·墨菲。当宴会结束时，肯尼斯说："泰瑞，今晚埃迪在卡门迪俱乐部有表演，您愿意去吗？"

"是的，我当然愿意！"泰瑞答应道。

埃迪的表演相当不错。节目过后，泰瑞与肯尼斯和雷一起参加酒会。对于这次令人难忘的酒会，泰瑞说：

"如果是别人，他可能只认为那是个不错的酒会，他同两位朋友在卡门迪俱乐部度过了非常有趣的一晚。但我并没有这么做，我仍然不断地与朋友保持联系。回去之后，我立刻给他们去信，对他们的热情款待表示感激。"

泰瑞常常订购近百种杂志和报纸，但他一般只看那些他感兴趣的事。当某位明星或者名人提到他或她感兴趣的东西时，泰瑞便将它记录下来，输入电脑。于是，只要读到认为可能引起那些人的兴趣的东西，泰瑞就将文章给他们寄过去。尽管他没有一个确切的目的，但他感觉到他所做的这些细小的事情迟早会有用的。

当然，一旦泰瑞读到认为可能引起埃迪和另外两个朋友兴趣的文章时，也会给他们寄过去——这些文章包括泰瑞看到的各种内容，如音乐、电影、电视——泰瑞觉得，这正是让他们记得他的一种方式。

两年以后，泰瑞同埃迪·墨菲和他的同事们越来越熟悉。肯尼斯还经常邀请他去参加一些聚会，他也逐渐为埃迪·墨菲的圈内人士所接纳。

有一次泰瑞受邀参加了埃迪的第一次音乐会的拍摄。影片取得了巨大的成功，同时埃迪也成为世界最具票房价值的人物。不久，泰瑞又参加了一部由埃迪主演的影片的首映式。在这个首映式上，泰瑞听说埃迪正在寻找一个公关代理人。这时，泰瑞感觉到机会来了。他说：

"听到这个消息，我就预感我将成为埃迪的代理人。但是，我不知道该怎样去实现这个目标。有人认为这是一个野心勃勃的目标，但我有世界最具票房价值的埃迪作为我的第一位客户，这就是对我最大的支持。"

泰瑞所做的第一件事就是给埃迪写信。在给埃迪的信中，他简单地介绍了一下自己的工作，然后列出了自己的工商界、政界和娱乐圈的朋友，也就是那些他认为会推荐他的人。泰瑞非常清楚地表示，希望能成为埃迪的公关代理人。

一个月过去了，埃迪并没有回信。于是泰瑞决定给她家打电话。

接电话的是雷·墨菲，像往常一样，他非常热情地打招呼："你好，泰瑞！"

闲聊了一会儿，然后雷说："埃迪就在旁边，想和你谈谈。"

埃迪接过电话："泰瑞，你的信我收到了，我非常高兴由你代理我的公关宣传。"

真是令人难以置信，就这么简单，泰瑞成功了！对于这次成功的自我推销，泰瑞说：

"有时候，一个推销员要花上几个月甚至几年的时间才能达成一笔买卖或者找到一条路。其实交情是通过一些小事积累起来的。"

"你必须着眼于长远，着眼于未来，这样你就没有做不了的事。"

在人际关系中，小事就是大事。其实人们所需要的，只是作为人应享有的那一点儿关注。推销员在不断拓宽人际关系时，切莫低估任何人的价值。也许就是日常生活中微不足道的小事，也能维持和巩固你与他人的关系，直至让他们感受到你是真的喜欢、关心他们，这样很容易就构建了你与消费者两者都受益的"双向道"。对此，泰瑞说：

"销售东西给朋友是不需要行销技巧的，好好想一想，你想约朋友出去，或者请朋友帮忙时，只要开口就行了。因此，你不需要更多的行销技巧，你只需要更多的朋友。"

关于友情，爱默生有一句话说得最恰当："一个真心的朋友胜于无数个狐朋狗党。"真的，除了自己的力量外再也没有别的力量能像真心朋友那样，帮助你得到成功了，朋友是成功的助推器。

而经营友情，并不需要刻意地去为朋友做多少惊天动地的大事，只要你能够像泰瑞那样，善于利用日常生活中的点滴小事来与他人沟通、交流，友情和交情自然而然地就建立起来了。作为"世界上最伟大的推销员"乔·吉拉德就是一个通过做好服务中的点点滴滴来赢得更多客户的高手。

乔·吉拉德在销售和服务生涯中有一个核心的东西，那就是"服务是在销售之后"。他说："一旦新车子出了什么问题，客户找上门来要求修理。我会叮嘱有关修理部门的工作人员，要他们如果知道这辆车子是我卖的，那么就立刻通知我：我会马上赶到，设法安抚客户。我会告诉顾客，我一定让人把修理工作做好，一定让他对车子的每一个小地方都觉得特别满意，这也是我的工作。没有成功的维修服务，也就没有成功的推销。如果客户仍然觉得有严重问题，我的责任就是和客户站在一边，确保他的车子能够正常运行：我会帮助客户要求修理厂进行进一步的维护和修理，我会同他共同战斗，一起去对付汽车制造商。无论何时何地，我总是和我的客户站在一起，与他们同呼吸、共命运。"

"当顾客把汽车送回来进行修理时，我就尽一切努力使他的汽车得到最好的维修……我得像医生那样，他的汽车出了毛病，我就要为他感到担忧。每卖一辆车，都要做到与顾客推心置腹，把情况说清楚，他们不是要故意找麻烦或惹人讨厌。"

车子卖给客户后，若客户没有任何信息反馈，乔·吉拉德就会主动和客户联系，不断地与客户接触，或者打电话给客户，开门见山地问："××先生，您以前买的车子情况如何？"或者是亲自拜访，问客户使用汽车是否舒适，并帮客户检查车况。在确定客户没有任何问题之后，他才离开，并顺便向对方示意，在保修期内该将车子仔细检查一遍，提醒在这期间送去检修是免费的。

当然，他的服务为他带来了更多的客户。

客户为他介绍许多的亲朋好友来车行买车，甚至包括他们的子女。客户的亲戚朋友想买车时，首先便会考虑到找他。卖车之后，乔·吉拉德总希望让客户买到一部好车子，而且永生不忘。

乔·吉拉德将客户当作自己的朋友，把客户的事当作自己的事，正是这种付出的精神和心态，使得客户不为他做点事都觉得惭愧，不为他介绍客户都觉得不安。

这就是人脉的力量。

在好莱坞，流行一句话："一个人能否成功，不在于 What you know（你知道什么），而在于 Whom you know（你认识谁）。"初入社会的年轻人，不要以为自己拥有卓越的才能就能获得成功。学着从点滴小事做起去建立自己的人脉网络吧。只有建立起了人脉网络，你才会享受到人脉给你带来的好处，那时你才会深刻认识到，一般人才与顶尖人才的真正区别在于人脉，而非仅仅是才学和能力。

定期联络朋友、亲人和同事

经常有很多做市场的年轻人抱怨客户越来越少，市场越做越小，更多的是一些既不做业务也不跑市场的朋友则抱怨生活郁闷，总觉得缺少什么！

其实现代人在物质上什么都不缺，缺的就是一层人际关系。或许有人会说，人际关系又不能发我薪水，人际关系又不管饭吃，人际关系又无法帮我解决情感问题，人际关系又……人际关系乍听起来华而不实，好像没半点用处。非也！

举个例子，如果您认为薪水待遇不优，工作特别无聊枯燥，感觉郁闷，萌发了跳槽的冲动，殊不知现在的经济形势，你的处境已经很不错了！试着找过去的同事、朋友或同学多联络，多聊聊，消极一点说，搞不好您的待遇还略胜他们一筹咧！若往积极面思考，说不定某位至友的公司正缺人，您不就上了吗！总之，你再也不会那么冲动，盲目作出将来会后悔的决定，甚至你会逐渐发觉工作似乎变得有意思了，你也不再郁闷了。重点是要"多联络"！

保持联络是成功建立关系网络的关键。纽约时报记者问美国前总统克林顿，他是如何保持自己的政治关系网的。克林顿回答道："每天晚上睡觉前，我会在一张卡片上列出我当天联系过的每一个人，注明重要细节、时间、会晤地点和其他一些相关信息，然后添加到秘书为我建立的关系网数据库中。这些年来朋友们帮了我不少忙。"

无独有偶的是德国前总理科尔也是一个注重与朋友联系之人，他和他的朋友之间互相联系的方法有很多，"礼尚往来"、"交流"等等，其中最普遍、最有人情味的一种是有空去朋友家坐坐。他和他的朋友在礼仪性的道别时，总不忘加一句"有空来玩"，不论这是否是一句发自肺腑的言语，听后都让他的朋友感到温情四溢，他自己似乎也可以从中体会到我是被人们接受的，是受人欢迎的人。朋友之间，也需要以这样的方式来建立良好的人际圈。

事实上，科尔所做的并不多，只是有时间有心地去朋友家走一走，也许只是随意地寒暄几句，也许进行一次长谈，总之，科尔在努力加深对方对自己的印象，让彼此之间越来越熟悉，关系越来越融洽。这也是科尔为什么能在德国政坛上驰骋十几年的一个重要原因。

其实，要与关系网络中的每个人保持积极联系，还有一种方式就是创造性地运用你的日程表。记下那些对你的关系特别重要的日子，比如生日或周年庆礼等。打电话给他们，至少给他们寄张卡让他们知道你心中想着他们。

乔·吉拉德之所以成为世界上最伟大的推销员，而且历年荣获汽车销售领域里的冠军宝座，一定有他与别人不一样的地方。有人问乔·吉拉德成功的秘诀是什么？他说："有一个想法是我有而许多推销员所没有的，那就是认为'真正的推销工作开始于把商品推销出去之后，而不是在此之前'。"

推销成功之后，乔·吉拉德立即将客户及其与买车子有关的一切信息，全部都记进卡片里。第二天，他会给买过车子的客户寄出一张感谢卡。很多推销员并没有如此做，所以乔·吉拉德特意对顾客寄出感谢卡，顾客对感谢卡感到十分新奇，以至于对乔·吉拉德印象特别深刻。

乔·吉拉德说："顾客是我的衣食父母，我每年都要发出 13000 张明信片，表示我对他们最真切的感谢。"

乔·吉拉德的顾客每个月都会收到一封来信，这些信都是装在一个朴素的信封里，但信封的颜色和大小每次都不同，每次都是乔·吉拉德精心设计的。乔·吉拉德说："不要让信看起来像邮寄的宣传品，那是人们连拆都不会拆就会扔进纸篓里去的。"

顾客一拆开乔·吉拉德写来的信，马上就可以看到这样一排醒目的字眼："您是最棒的，我相信您。""谢谢您对我的支持，是您成就了我的生命。"1月里发出"乔·吉拉德祝贺您新年好"的贺卡，他2月里给顾客发出"在乔治·华盛顿诞辰之际祝您幸福"的贺信，3月里发出的则是"祝圣帕特里克节愉快"的贺卡。乔·吉拉德每个月都会为顾客发出一封相关的贺卡，顾客都喜欢这种贺卡。

　　乔·吉拉德拥有每一个从他手中买过车的顾客的详细档案。当顾客生日那天，会收到这样的贺卡："亲爱的比尔，生日快乐！"假如是顾客的夫人生日，同样也会收到乔·吉拉德的贺卡："比尔夫人，祝生日快乐。"乔·吉拉德正是靠这种方法保持和顾客的不断联系。使得他最大限度地赢得顾客的心，赢得了事业发展机遇。

　　可见，"感情投资"应该是经常性的，不可似有似无，要做到常联系、常沟通，到时才能用得着、靠得住。否则，遇到急事时，"临时抱佛脚"，那样是不会有好下场的。

　　有这样一个寓言：黄蜂与鹧鸪因为口渴得很，就找农夫要水喝，并答应付给农夫丰厚的回报。鹧鸪向农夫许诺它可以替葡萄树松土，让葡萄长得更好，结出更多的果实；黄蜂则表示它能替农夫看守葡萄园，一旦有人来偷，它就用毒针去刺。农夫并不感兴趣，对黄蜂和鹧鸪说："你们没有口渴时，怎么没想到要替我做事呢？"

　　这个寓言告诉我们这样一个道理：平时不注意与人方便，等到有求于人时，再提出替人出力，未免太迟了。

　　中国人讽刺临事求人的做法，最简练的话就是"平时不烧香，临时抱佛脚"。俗话说得好，"平时多烧香，急时有人帮"。真正善于利用关系的人都有长远的眼光，做好准备，未雨绸缪。这样，在紧急的时候就会得到意想不到的帮助。

　　尽管西奥多·罗斯福具有非凡的个人能力，但是，如果没有来自于他朋友们强有力的、无私的和热心的帮助，他是根本不可能取得这么大的成就的。事实上，如果不是有他的朋友们，特别是他在哈佛大学所交的那些朋友们的倾力相助，他能否当选为美国总统还是个问题呢。不论是在他作为纽约州长的候选人期间还是在他竞选总统期间，许许多多的同班同学和大学校友为他不辞辛苦地奔波。在他所组织的"旷野骑士团"中，他获得了众多的友谊之手，他们最终在总统竞选中为罗斯福在西部和南部赢得了成千上万张选票。

　　这一切的一切与平时罗斯福注重人际交际，时时处处与朋友搞好关系是密不可分的。

　　可见，常常与朋友保持联系对你自己会有许多好处，一旦你碰上什么事情，朋友会直接或间接地帮助你。如果朋友之间平时没有什么联系，需要时就很难找上门去，即使找上门去，别人也不会乐意帮忙的。

规划出自己的人际关系圈

一个人应该广交朋友，俗话说："多一个朋友多条路。"朋友多了，办事就很方便顺利。有些人平时也喜欢交友，但就是到了真正需要时手忙脚乱，甚至一个人也找不到。这种人需要做的一件事情就是建立一个朋友档案。

不管你是否喜欢交朋结友，一个人一生中都离不开自己的朋友，这些朋友有的会成为你的至交。当然，交友是不能勉强之事，你无法勉强自己，也不能勉强对方，否则你们都无法建立这种友情之链。有时，当我们交友时，也真是难以一下子就断定你们能交往得有多密切，并且能持续多久，但不管怎样，你都可以采取一种更有弹性的做法，投缘的好，不投缘的也好，通通将他们纳入你的"朋友档案"！

应该怎样建立自己的"朋友档案呢"？

首先，你可以把上学时的同学资料整理出来，毕业几年甚至几十年后，你会有很多同学分散在各种不同的行业，有的肯定已经干出点名堂，当你需要帮忙时，凭着你们原来的同窗关系，他们一定会帮你忙的。这种同学关系还可从大学向下延伸到高中、初中、小学，如能充分运用这种关系，这将是你一笔相当大的资源和财富。当然，要建立起这些同学关系，你得经常与同学保持联系，并且随时注意他们对你的态度。

其次，建立你身边的朋友的资料，对他们的专长作个详细记录，如他们的住所、电话、工作等。工作变动时，也要在你的资料上随时修正，以免需要时找不到人。

同学和朋友的资料是最不能疏忽的，你还可以在档案中记下他们的生日，并在有些人的生日寄上一张贺卡，或请吃个便饭，这样你们的关系一定会突飞猛进。平时注意保持这种关系，到你有事相求时，他们一定会尽力相助，万一他们自己做不到，也可能动用自己的关系网为你帮忙。

在应酬场合中认识的"朋友"也不能忽略，你们只交换过名片，更谈不上交情。这种"朋友"面很广，各行业各阶层都有，你不应把这些名片丢掉，应该在名片上尽量记下这个人的特征，以备再见面时能"一眼认出"。最重要的是，名片带回家后，要依姓氏或专长、行业分类保存下来。你不必刻意去结交他们，但可以找个理由在电话里向他们请教一两个专业问题，自然要提一下你们碰面的场合，或你们共同的朋友，以唤起他对你的印象。有过一二次"请教"之后，他对你的印象也会加深。当然，这种"朋友"不一定能帮你什么大忙，因为你们没有进一步的交情，但帮点小忙也许对他们来说是举手之劳。再说，你也不可能天天有很多要事去求人帮忙，很多情况下就是点小事。

现代社会，很多人开始使用电脑办公，因此你也可以用电脑建立一个朋友档案。也可用笔记薄，或用名片等等……总之，方法有许多，关键的是要善于充分利用"朋友档案"，为自己事业的顺利进展点燃一把火。

杜维诺面包公司是纽约一家高级的面包公司，这家面包公司的老板杜维诺一直试着要把面包卖给纽约的某家饭店。一连 4 年，他每天都要打电话给这家饭店的老板，他也去参加那个老板的社交聚会。他还在该饭店订了个房间，以便找机会与老板谈谈。但是经过长时间的努力，他都没有成功。

杜维诺开始反省自己，决定改变策略，收集了这家饭店老板的个人资料，为他建立了一个"朋友档案"，终于找出了这个人最感兴趣、最热衷的东西。这个老板是一个叫做"美国旅馆招待者"的旅馆人士组织的一员，由于他的热情，还被选举为主席以及"国际招待者"的主席。不论会议在什么地方举行，他都会出席，即使跋山涉水也决不落下。

给他建立一个小档案后，杜维诺再见到那个饭店老板的时候，就开始谈论他的组织。杜维诺得到的反应令人吃惊，那个老板跟他说了半个小时，都是有关他的组织的，语调充满热情，并且一直在笑着。在杜维诺离开他的办公室前，他还把他组织的一张会员证给了杜维诺。

在交谈过程中，杜维诺一点儿都没有提到卖面包的事，但过了几天，那家饭店的厨师长打电话给他，要他把面包样品和价目表送过去。

那位厨师长在见到杜维诺的时候说："我不知道你做了什么手脚，但你真的把老板说动了!"

后来，杜维诺与这位老板成了无话不谈的好朋友，他说："想想看吧! 我缠了那个老板 4 年，就是想和他做大生意。如果我不建立他的个人小档案，不去用心找出他的兴趣所在，了解他喜欢的是什么，那么我至今也不能如愿。"

建立和善用"交际圈"是一种深刻地了解人，并与之保持有效联系的方式。掌握了这一细节，并善加利用，自然免去了"人到用时方恨少"的苦恼。

其实，为人处世不仅要会建立自己的人际关系网，更要有所侧重地学会筛选自己的人际关系网，使它更有效。

在工作与生活的过程中，搜集与组织关系网其实是有可能的，但试图维持所有关系似乎是不可能的，而想要在现有的人际网络内加进新的人或组织就更加艰难。因此，在组建人际关系网的时候，必须学会筛选。换言之，你必须随时准备重新评估早已变得难以掌握的人际网络；对现有的人际关系网重新整理；放弃你已不再感兴趣的组织和人。

筛选虽然不容易，但仍是可以做得到的。选择本来就是一件很困难的事，结果往往更令人痛苦。然而有句话说得很对：有失才有得。

你衣柜满了，需要清理与调整，以便腾出空间给新的衣服。同样的道理，你的人际关系网也需要经常清理。

国际知名演说家菲立普女士曾经请造型顾问帕朗迪帮她做造型设计。菲立普女士说："整理出来的衣服总共分成三堆：一堆送给别人；一堆回收；剩下的一小堆才是留给自己的。有许多我最喜欢的衣物都在送给别人的那一堆里，我央求帕朗迪让我留下一件心爱的毛衣与一条裙子。但她摇摇头说道：'不行，这些也许是你最喜爱的衣服，但它们却不适合你现在的身份与你所选择的形象。'由于她丝毫不肯让步，我也只得眼睁睁地看着自己的大半衣物被逐出家门。我必须学着舍弃那些已不再适合我的东西，而'清衣柜'也渐渐地成为我工作与生活的指导原则。不论是客户也好，朋友也好，衣服也罢，我们必须评估、再评估，懂得割舍，以便腾出空间给新的人或物。我也常用这个道理与来听演讲的听众分享，这是接受并掌握生活不断变动的一种方法。"

为此，我们在建造人际结构时，就要努力为自己建造一种能够进行新陈代谢的开放性人际结构。而一切使人际结构僵硬化、固定化的态度和方法，都是应当抛弃的。

及时修复关系

人在职场犹如人在旅途，总是需要有几个朋友相伴而行，一是可以相互驱赶心头的寂寞，二是在遇到艰难险阻的时候，可以相互帮助，相互鼓励，一起与困难作斗争。但是，不知为什么总有人在告诫职场新人，要他们与同事保持距离，警告他们千万不要发展办公室友谊，并教给他们在办公室内步步为营、暗施巧技、克敌制胜的"职场功夫"，一副与公司所有同事不共戴天的样子。其实，职场中人至少有 1/3 的时间与同事在一起，相互之间天生并没有深仇大恨。

过几天就是小王的生日了，小刘作为同学和同事，想给她办一个热闹的生日 Party。小刘在北京一个很有名的歌厅订了一个包厢，生日蛋糕和其他准备工作都做好了，她想到时给小王一个意外的惊喜。但小王从另外一个同学那里得知这事后，找到小刘说自己不习惯去那种地方，所以不愿去那种地方过生日。小刘一听非常生气："一切都准备好了，怎么办？"小王说："你自己看着办吧。"听小王这么说，小刘气愤地说："你怎么这么自私！为了你的生日 Party，我花了钱不说，还费了这么多心血，你怎么一点也不知好歹！"没想到小王只淡淡回了她一句："是你过生日，还是我过生日？"于是，双方心中的积怨像火山爆发了，她们的友谊也到此结束。

现代职场中也有不少人像小王和小刘一样在热切地追求着友谊，渴望着友谊，但是她们却不懂得该如何呵护这份友情，以至于一点点小事也会导致友情之花的凋谢和枯萎。因而，有人指出，人们应该经营自己的事业一样去经营自己的友谊。

首先，要学会善待和体谅他人，凡事不要过于苛求。

孟子说："爱人者，人恒爱之；敬人者，人恒敬之。"每个人都有自己优点和长处。同样，每个人也都有缺点和弱点。如果你向来注意的是朋友的优点，你就会爱友敬友，对朋友的弱点或过错就能不介意；如果你平时耿耿于怀的是朋友的缺点和不当，你就会什么都不顺心、不满意。

对于血肉之躯的人来说，受人挑剔和轻蔑是不痛快的，只会滋生对抗心理，许多夫妻不睦、家庭不和以及离婚事件，都是源于家人间相互的挑剔和责怪。所以，我们要学会"爱人"、"敬人"的本领，就不要乱挑剔，这也"不是"那也"不是"。和睦相处的秘密就在于彼此尊重对方的弱点。推而广之，要想获得深厚的友谊和建立良好的人际关系，就必须从宽容他人的弱点开始。

水至清则无鱼，人至察则无徒。没有鱼的水是死水一潭，没有朋友的人也是不可想像的。与人交往时，我们必须对朋友的人格独立、人身自由、行动自主，给予足够的尊重。彼此行为协调、关系密切的程度，应由双方的意愿、交往的实际决定，千万不能不顾实际、强求一致。过分地强求，不是违心地改变自己，就是蛮横地改变朋友。前者是愚蠢，后者是霸道。苛求是自设罗网，自缚手脚，只能损友害己，失去友谊，失去朋友，所以人际交往不能苛求什么都相同。

这样看来，如果小王不那么苛求小利，并能体谅小刘为自己的生日 Party 所耗费的很多心血的话，她们的友谊也不至于中断，不过话说回来，如果小刘能够包容小王一些，不至于情绪失控的话，可能她们也不至于走向那么不堪收拾的地步。

古语说：人非圣贤，孰能无过。包容就是不计较，事情过去了就算了。每个人都犯过错，如果执著于其过去的错误，就会形成思想包袱，不信任、耿耿于怀、放不开，这样既限制了自己的思维，对别人也是一种阻碍。

其实，包容还是一种必不可少的品质，一种正确的自我意识的体现。一个人只有正确地认识了自己，才会有包容的胸怀。包容是极高思想境界的升华，是一个人品质的体现，是一种崇高的境界。表面上看，它只是一种放弃报复的决定，这种观点似乎很消极，但真正的包容却是一种需要巨大精神力量支持的积极行为。我国有一位著名心理学家曾经说过："人类心理的适应，最主要的就是人际关系的适应，人类心理的病态，也主要由人际关系的失调而得来。"而人际关系的失调严重伤害人的身体健康，所以必须学会包容。包容得到的收益是人际关系的协调和适应。

有一次，小冯和办公大楼的管理员发生了一场误会，这场误会导致了他们两人之间的彼此憎恨，甚至演变成激烈的敌对态势。这位管理员为了表示他对小冯的不悦，在一次整栋大楼只剩小冯一个人时，他就立即把整栋大楼的电灯全部关掉。这样的事情连续发生了几次后，小冯终于忍无可忍了。

转眼又到了下个周末，小冯刚在桌前坐下，电灯灭了。小冯跳了起来，奔到楼下锅炉房。管理员正若无其事地边吹口哨边添煤。小冯一见到他就不由地破口大骂，直到把所有能想到的骂人的话全骂完了才停下来。这时，管理员站直身体，转过头来，脸上露出开朗的微笑，他以一种充满镇静和柔和的声调说道："呀，你今天晚上有点儿激动吧？"

你完全可以想像小冯当时是一种什么感觉，面前的这个人是一位文盲，有这样那样的缺点，况且这场战斗的场合以及武器都是小冯挑选的。小冯非常沮丧，甚至恨这位管理员恨得咬牙切齿。但是无可奈何。回到办公室后，他好好反省了一下，终于想通了，他感觉没有什么其他的办法了，他只能道歉。

小冯又回到锅炉房。轮到那位管理员吃惊了："你有什么事？"

小冯说："我来向你道歉，不管怎么说，我不该开口骂你。"

这话显然起了作用，那位管理员不好意思起来："不用向我道歉，刚才并没有人听见你讲的话，况且我这么做，只是泄泄私愤，对你这个人我并无恶意。"这样一来，两人竟互生敬意，一连站着聊了一个多小时。

从那以后，小冯和管理员居然成了好朋友。小冯也从此下定决心，以后不管发生什么事，绝不再失去自制力。因为一旦失去自制力，另一个人——不管是一名目不识丁的管理员，还是一位有教养的人——都能轻易地将他打败。

可见，为人处世，赢得友谊，一定要学会控制自己的情绪，包容别人，只有这样才能驾驭自己，赢得别人，以至于赢得世界。

从小冯很好地处理和管理员的矛盾之中，也看出勇于承认自己的错误，向别人道歉带来的益处。在修复关系时，学会恰当地运用一点幽默，可以达到化解尴尬与冲突，与别人和谐相处的目的。

大家都知道丘吉尔那段著名的幽默。有一次，时任英国首相、陆军总司令的丘吉尔去一个部队视察。天刚下过雨，他在临时搭起的台上演讲完毕下台阶的时候，由于路滑不小心摔了一个跟头。士兵们从未见过自己的总司令摔过跟头，都哈哈大笑起来，陪同的军官惊慌失措，不知如何是好。丘吉尔微微一笑说："这比刚才的一番演说更能鼓舞士兵的斗志。"效果的确如丘吉尔所戏言的，士兵们对总司令的亲切感、认同感油然而生，因此更坚定地听从总司令的命令，去英勇地战斗。

可见在人生之中人与人之间发生矛盾、冲突和不快是在所难免的，但是，你可以运用开阔的心胸，去宽容他人；你可以真诚地道歉，去感动他人；你还可以运用幽默，去化解一切的尴尬……因此，只要你以一颗善良、真诚的心灵，去追求和呵护一份友谊，你就能够得到别人友情的回报、真诚地帮助和尊敬，为你的人生之路辅就起成功的桥梁。

以诚信赢得人脉

中国人特别崇尚忠诚和信义，因为诚信是为人处世的根本，而"信、智、勇"更是人自立于社会的三个条件。诚信是摆在第一位的。"言必信，行必果"是中国人与他人交往过程中的立身处世的原则。

《论语》上说："信近于义，言可复也。"一个做事做人均无信的人，是很难在社会上立足的，因为人们均不齿于那些言而无信的人，所以孔子说："言而无信，不知其可也。"

某教授学识渊博，气质儒雅，颇令一拨拨青年学子为之倾倒，真可以说是桃李满天下了。在经商潮的冲击下，他也跃跃欲试地兼任了一个什么信息与广告咨询事务所的经理。

一天，某小杂志社的主编经人介绍来到教授家，教授热情而又不失矜持地接待了他，一番寒暄过后，主编道出来意。原来，他们这个小杂志社有心搞一项文化活动，以扩大自己的影响和募集一些资金，想请他出面帮帮忙。

教授仔细询问了一番之后，如同面试学生而感到还算满意似地，微微抬起下颌频频点头："嗯，你们的想法很好，这样搞就对路子了，我愿意帮助那些有作为的年轻人。"接着他又蛮有把握地许诺说："我的学生中现在有许多已经是企业和一些部门的领导了，他们一向很尊重我，也非常关心和支持我现在搞的这桩事业。我请他们搞点赞助、广告什么的，估计不成问题。"

教授一次次满有把握的回话，使主编大喜过望，信心也立时大增，连忙动用各种关系，好话说了千千万，才有一些"德高望重"的名人答应来捧场。

就在主编等着教授许诺肯定能够拉来的赞助款到来，以便发布消息的时候，教授忽然销声匿迹了。各路菩萨都已一一拜到，杂志社不但白白劳神费力搭线，而且从此更会失信于人。

后来，朋友碰到老教授，提起这事，他的两颊不禁泛起了红晕，他叹着气说："唉，为拉赞助，我不知费了多少口舌，跑了多少路，好话说了几十车，把我的老脸都丢尽了！谁知那些人原来说的好好的，什么愿意给文化事业投点资呀，什么您出面我们还有什么可说的……可事到临头，该往外掏钱了，就又都变卦了！这下我可倒好，成了猪八戒照镜子——里外都不是人了！"

可见，失信往往会使一个人陷入困境，也许有人会说，一个善意的谎言是为了解救他人和自己，是一种在困境中的解脱。但是常用这种谎言表达，会使你丧失在人群中的可信度。

当一个人的所有性格特征和承诺一样庄严神圣时，他的一生就拥有比他的职位和成就更伟大的东西——诚实，这比获得财富更重要，比拥有美名更持久。

在19世纪中期有一个正义与诚实的代名词——"亚伯拉罕·林肯"。

在林肯还没有成为总统的时候，他从事过店员这个职业，一次为了把零钱还给一位夫人，摸黑跑了6英里的路，而不是等到下次再找那位夫人，就是这件事体现了林肯诚实的品格，从而使人性中诚实这种高贵的品质被象征地说成"亚伯拉罕·林肯"。

在林肯从事另一个职业——律师的时候，有一次，他在处理一桩土地纠纷案，法庭要当事人预交 10000 美元，那个当事人一时还筹不到这么多钱，于是，林肯说："我来替你想想办法。"林肯去了一家银行，和经理说他要提 10000 美元，过两个小时就能归还。经理什么也没说，也没有要林肯填写借据，就把钱借给了他。正是因为林肯诚实的品德，使得经理才如此相信他。

还有一次，林肯得知他的当事人捏造事实、欺骗律师事物所，就拒绝为那人辩护。他对自己说："如果我去了，我就将成为一个说谎者，那是我所不能允许的。"

伊利诺斯州斯普林菲尔德的一名律师是这样评价林肯的，他说："如果没有把握为当事人打赢官司，他就不接案子。法庭、陪审团和检查官也都知道，只要亚伯拉罕·林肯出庭，他的当事人就肯定是正义的一方。我并不是站在政治立场上说这番话的，我和他属于不同的党派，但事实的确如此。"

有一次，林肯的盟友劝说他，只要能获得两个敌对代表团的选票，他就能成为内阁的候选人。但这样就会要林肯违背自己坚持的原则——说不真实的话，林肯拒绝了朋友这种劝说，坚决地说："我不会同人民讨价还价，也不会受制于任何势力。"

因为他追求的是正义、追求的是人格完美。林肯一次又一次地拒绝说谎的诱惑，没有在金钱的引诱下迷失方向，没有为赢得权力而放纵自己。最终成为了美国最伟大的总统之一。

讲信用，是做人的基本品德。如清朝人王永彬在《围炉夜话》所说："一个信字是立身之本，所以人不可无也。一信字是接物之要，所以终身可行也。"意思是说诚信是人不可没有的"立身之本"。一个人不讲诚信，周围的人就无法相信他，他在社会上也会受到孤立和谴责。反之，讲信用的人，历来受到社会的赞赏。也为自己赢得他人的信任，获得了发展的机遇。

一位名牌大学计算机专业毕业的大学生满怀着信心到一家开发游戏软件的大公司应聘。他从中学时代就开始玩计算机，又经过了大学 4 年的深造，更是如虎添翼。他最感兴趣的就是在计算机上玩游戏。因此，当这家公司录取他时，他高兴得快合不拢嘴了。

上班的第一天，部门经理告诉他说："以后，你每天上班，最好能提前半小时到办公室。"

年轻人很惊讶地问："先生，请问这是为什么？"

经理直截了当地告诉他："打扫办公室的卫生。"

年轻人对此十分不满，也感到非常沮丧。但经理不容分辩地走开了。他无法想像像他这样的一个计算机专业的高才生居然要每天提前到办公室打扫卫生，干如此低等的活！

第二天，他提前来上班了。到了办公室后，他愤愤不平地巡视了一圈，然后坐下来，开始考虑自己在这家公司的前途。当然，他并没有打扫卫生。

片刻后，竟然进来了一位清洁工。

清洁工闷声不响地干完了活，就离去了。年轻人觉得这一切很有意思，也许这是个考验他的圈套，也许是有人忘了通知清洁工今天不用来上班了，反正这一切都显得有些古怪。

接下去的几天，他每天都提前半小时到办公室，而片刻后，清洁工总是如期而至，他始终没有动手打扫卫生。连着一星期都是如此。

一星期后，他去经理办公室汇报工作。工作汇报完毕后，他很坦率地向经理说明了这一星期的"打扫卫生"情况：

"事实上我一天的活都没有干过，因为清洁工总是准时来到办公室，如果这是一个考验我的圈套，我认为毫无必要，作为一家著名的大公司，这样的考试方法并不高明。"

年轻人鼓足勇气说出了这一番话。

经理笑了，说："这是一个误会。这里不存在着你所说的圈套。事情是这样的，你刚来上班时，负责我们办公室卫生的清洁工生病了，当时你的工作还未完全安排好，因此先让你打扫几天办公室的卫生，公司为此将会支付给你工资。这一星期，你干得很出色。"

"但我并没有干，事实是这样，先生，我很抱歉。"年轻人回答说。

"不，你之所以没有干是因为误会。这段时间你每天都提前到办公室，如果不是误会，你会干的。"

"我并不太乐意干这个，我得承认。"

经理又笑了："所有的同事都以为是你干的，包括我在内。只有那位清洁工知道，如果你不说出真相的话。小伙子，你非常诚实。"

年轻人有点迷惑地看着这位态度和蔼的经理，有些不知所措。他站起来准备告辞。

经理走到他面前，告诉他公司已准备将他调往一个比较重要的岗位去工作。

年轻人目瞪口呆，叫道："可我什么都没干啊！这么说这中间还是有一个考验的圈套，是吗，先生？这太荒唐了。"

"不，不，不，小伙子，这里没有你所谓的圈套，有的仅仅是公司管理制度的不够完善。你什么都没干，正如你所说的。但有一点你干了，而且干得很出色，那就是你的主见，还有你的诚信。打扫卫生仅仅是一个误会，但对公司来说，你的诚信，却是一个意外的收获。"

这位年轻人就是美国最著名的计算机软件开发工程师之一——威廉·赫德森。

其实，诚信之所以能带给人意想不到的机遇，很大程度上是因为一个人的诚信博得了他人的尊敬和信赖，这是营造良好的人际关系，使你走出困境，使自己的事业走向成功的一个关键。

李亚丽是某工厂的一名下岗职工，丈夫所在的工厂也不景气，每月只能发300元，加上她的下岗补贴，不足400元，可家里还有两个孩子上学，日子过得非常艰难。

政府为了解决下岗职工再就业的问题，在城区建了一个菜市场，鼓励下岗职工进行自食其力的劳动。

亚丽和丈夫一商量，借了400元钱，再加上家里仅有的100元钱，租了一个菜摊，准备卖菜。

夫妻俩说干就干，第二天就把摊支开了，亚丽跑上跑下，抱着批来的蔬菜，就像抱着自己的第一个儿子一样，心里喜滋滋的。

一天下来，算一算账，赚了12元多，亚丽心里甭提有多高兴了。

然而好景不长。这个位置太偏，人们购菜都不愿跑那么远，于是菜市场就慢慢地冷落了，有时候，一天连一斤菜也卖不出去，亚丽决定第二天就收摊，不再卖菜了。

第二天，快下班的时候，有一个黑黑的中年人，偶尔跑到这里，买了5斤西红柿让亚丽包装好，呆会儿再来拿。可是亚丽守着摊什么也没卖，一连等了5天，这个人终于来了，亚丽赶忙喊了他，给他西红柿，可一看，西红柿全坏了，于是亚丽拿出口袋里仅有的5元钱，去外边买了5斤西红柿，交给了中年人。

中年人怔怔地看着亚丽和空空的菜摊，好像明白了什么，轻轻地问："这几天你一直在等我？"

亚丽慢慢地点了点头。

中年人略略思索，麻利地掏出笔，唰唰地在纸片上写着，递给亚丽说："我是附近工厂的伙食长，每天都到城里买菜，往后你就照这个单子每天给我厂送菜吧。"

亚丽惊喜地接过纸片。

从此，亚丽每天就按时给工厂送菜，从而摆脱了家中的困境，生活慢慢好起来。

在这个小故事中，亚丽可以说是因祸得福，而她得福的主要原因，还是归功于她的真诚，正是这样才赢得他人的感情，从而使自己走出窘境。

青年人在生活和工作中要注意不断地培养与他人之间的感情，这样才更利于自身的发展。同事关系就是其中最典型的一种，融洽的同事关系，是成功的要素之一。

人际关系的成长是人生中的一件大事。和谐的人际关系，不但有利于事业的发展，还有利于个人的健康。

要搞好人际关系，就要具备一定的素质。诚信就是其中不可缺少的一项。

小事之中见真情

友爱，不光只对朋友，把友爱善意撒向他人，随一份友谊的情缘，同样也会收获一片明媚春光，人间因此更美好，人情因此更温暖。反之，相互仇视就像为了逮一只耗子而不惜烧毁自己的房子，弄得两败俱伤。"人"字是相互支撑的结构，请让我们伸出援手，因为我们彼此都需要对方。

1995 年的圣诞节前夕，16 岁的比利一直忙着扮演帮圣诞老人跟小朋友合照的一个小精灵，以便凑足自己的学费。随着圣诞节的来临，圣诞天地的工作益发繁重，但经理玛丽总在适当的时候给他一个足以鼓舞士气的微笑，使他取得了最好的业绩。为了感谢经理玛丽，比利决定在圣诞夜送一份礼物给她。但下班的时候就 6 点了，当他冲出去时，却发觉周围几乎所有的店都关门了。但比利实在想买个小礼物送给玛丽，虽然他没有多少钱。

回去的路上，比利竟然看到史脱姆百货公司还开着门，于是他以最快的速度冲了进去，来到礼品区。等冲进去后，比利才发现自己跟这里格格不入，因为这个店是有钱人光顾的地方，其他顾客都穿得很漂亮，又有钱，在这个店里，比利怎么指望会有价钱低于 15 元的东西呢？

这时，一位女店员向比利走过来，亲切地询问能否帮他。此时，周围的人都转过头来看他。比利尽可能低声说："谢谢，不用了，你去帮别人吧！"
女店员看着他，笑了笑，坚持道："我就是想帮你。"于是，比利只好告诉她
他想买东西给谁，以及为什么买给她，最后羞怯地承认自己只有 15 元。而女
店员呢，似乎很开心，思考了一会儿，就开始动手帮他选。然而百货公司的
礼物已所剩无几了，她仔细地挑着，摆成了一个礼物篮，一共花了 14 元 9
分。当一切完成后，商店就要关门，灯已经熄了。

　　当时，比利站在那里迟疑了一会儿，想着回家怎样才能包装得更漂亮点。
女店员似乎猜到了比利在想什么，问他："需要包装好吗？""是。"比利回答。
此时，店门已经关了，一个声音在询问是否还有顾客在店里。女店员没有丝
毫的犹豫，就走进后场，过一会儿她回来了，带着一个用金色缎带包裹得非
常精美的篮子。比利简直不敢相信自己的眼睛，当他向女店员道谢时，她笑
着说："你们小精灵在购物中心为人们散播快乐，我只是想给你一点小小的快
乐而已。"

　　"圣诞快乐！"当他把礼物送到玛丽的面前时，她竟欢喜地哭了，比利感
到很开心！

　　一个假期，比利脑海中不断浮现出那个女店员微笑的面容，一想到她的
善良以及带给自己和玛丽的快乐，比利总想为她做点什么。能做什么呢？比
利唯一能做的就是给百货公司写了一封感谢信。

　　比利觉得这件事就这么过去了，但一个月后，突然接到芬尼，也就是那
个女店员的电话，请他吃顿午餐。当碰面时，芬尼给了比利一个拥抱，一份
礼物，还讲了一个故事。

　　原来，因为这封信，芬尼成了史脱姆百货公司的服务明星。当宣布芬尼
得奖时，芬尼很兴奋，也很迷惑，直到她上台领奖，经理朗读了比利的信时，
她才恍然大悟，每个人都报以一阵热烈的掌声。

　　芬尼的照片被放在大厅，而且还得到一个 14K 金的别针和 100 元奖金。
然而更棒的是，当她把这个好消息告诉父亲时，父亲定定地看着她说："芬
尼，我实在为你骄傲。"芬尼激动地握着比利的手，说："你知道吗？我长这
么大，父亲从来没对我说过这句话！"

　　那个时刻，比利一辈子都记得。它让比利了解到一个微不足道的帮助将
会给他人带来多大的改变。芬尼漂亮的篮子、玛丽的快乐、比利的信、史
脱姆百货的奖励、芬尼父亲的骄傲，整件事至少改变了三个生命。当然，更
重要的是通过这件小事，对比利来说，他还获得芬尼和玛丽之间真挚的友情。

其实，一个人要想获得别人的友情并不难，只要你能够从小事做起，用点点滴滴的真情去打动他人，相信你最终会赢得真情的回报，历史上有不少大人物都是深谙此道，以此赢得属下的爱戴，使自己顺利渡过难关。

刘邦设计逼走范增后，项羽又羞又愧，命令军士加紧攻荥阳，定要活捉刘邦，碎尸万段，方解心头之恨。

楚军里三层外三层，把荥阳城围得水泄不通。城里粮草即将用尽，破城就在旦夕之间了。凭着现有的军队，要突围而出谈何容易。刘邦急得团团转，谋士陈平束手无策。正在这时，将军纪信进来求见。

纪信的身材长得颇像刘邦。他说："大家都在这里等死，不是办法。请允许我假扮成大王，从东门引开楚军，大王乘机从西门出城，搬取救兵，以胜楚军。"

刘邦觉得纪信这样做太危险，于心不忍。纪信流着泪说："现在不这样做，城破以后，玉石俱焚，我死了又有什么作用？我出城引敌，大王能够脱离危险，全城将士也可获救，如此死了，值得！"他见汉王还在犹豫，拔出佩剑，就要自刎。陈平赶忙拦住，说："将军如此忠义，实在令人钦佩。"又转过头劝刘邦："看来，眼下也就只有这个办法了。"

刘邦两眼垂泪，起身离座，拉着纪信的手说："将军的一片诚心，感天动地。寡人知道将军家中还有老母、妻子和年龄尚幼的子女。以后，将军的母亲，就是寡人的母亲，将军的夫人，就是寡人的弟妹，将军的子女，也由寡人替你抚育……"刘邦说着说着，已泣不成声。陈平也眼圈发红。

半夜时分，陈平召来两千名年轻妇女，一律穿上汉军戎服，装扮成汉军士兵。纪信身着汉王衣冠，乘坐覆盖着黄绢的专车，打着汉王的大旗。一切准备妥当，三声炮响，荥阳城东门大开，一行人拥着"汉王"，徐徐出城。城上的汉军齐声呐喊："我们的粮食吃光了，汉王愿意投降！"

守在城南、城北和城西的楚军纷纷围过来看热闹。他们连年作战，终于盼到了胜利的这一天。

项羽也赶到东门。他用手撩开车帘，请"汉王"出来相见。哪知，车上坐的根本不是刘邦，随行的汉军，也全是女的。再次受到愚弄的项羽气得两眼喷火，厉声责问纪信："汉王究竟在哪里？"

纪信不慌不忙，用手朝后边指了指，说："我出东门的时候，汉王已经从西边出城了。"项羽还要再问，纪信却闭上眼睛。项羽下令："架起柴火，烧死他！"熊熊烈火里，传出纪信豪放的大笑声。

这一次，刘邦总算死里逃生，两行热泪以及几句催人泪下的话，赢得了纪信的忠心，保住了身家性命。

古语说："感人心者，莫过于情。"人们在作出某种决定时，事实上是依赖人的感情和五官的感觉来作判断的，也就是说感情可以突破难关，更能诱导反对者变成赞成者，这是潜在心理术的突破点。

尼克松 1952 年被共和党提名为副总统候选人，竞选期间，突然传出一个谣言，《纽约邮报》登出特大新闻："秘密的尼克松基金！"开头一段说，今天揭露出有一个专为尼克松谋经济利益的"百万富翁俱乐部"，他们提供的"秘密基金"使尼克松过着和他的薪金很不相称的豪华生活。尼克松对此本不想理睬，然而，候选人的"清白"问题是个敏感的"公共事务"，它是不会轻易被人忘掉的，加上对手的有意利用，谣言越传越凶。民主党人举着大标语："给尼克松夫妇冰冷的现钱！"在波特兰，示威者全力出动，聚在一起向尼克松扔小钱，扔得那样凶，逼得他在车上低下头……不认真对待不行了，尼克松决定发表电视演说，他在电视演说中叙述了那笔经费的来源和使用情况，还宣读了会计师和律师事务所的独立证词，解释基金是完全合法的。

尼克松非常明白，不利舆论已经气势汹汹，单靠说明"这件事"的真相是远远不够的。他要公布他的全部财务状况来证明自己的清白。他从青年时期开始，说到当前，最后总结说："我现在拥有一辆用了两年的汽车、两所房子的产权、4000 元人寿保险、一张当兵保险单。没有股票，没有公债。还欠着住房的 3 万元债务，银行的 4500 元欠款，人寿保险欠款 500 元，欠父母3500 元。"

"好啦，差不多就是这么多了，"尼克松说，"这是我们所有的一切，也是我们所欠的一切。这不算太多。但帕特（尼克松夫人）和我很满意，因为我们所拥有的每一角钱，都是我们自己正当挣来的。"当时，他无疑已把广大听众争取过来了。

为了借此机会进一步地加深与公众的感情，赢得大多数的支持，尼克松将演说的现场设在了书房，出场人物是尼克松和夫人帕特、两个女儿及一条有黑白两色斑点的小花狗，大家相拥而坐，表现出一个充满温暖的中上等幸福家庭。对听众谈话时，尼克松也不时看着妻、女、爱犬，"还有一件事情，或许也应该告诉你们，因为如果我不说出来，他们也要说我一些闲话。在提名（为候选人）之后，我们确实拿到一件礼物。德克萨斯州有一个人在无线电中听到帕特提到我们两个孩子很喜欢要一只小狗，不管你们信不信，就在我们这次出发做竞选旅行的前一天，从巴尔的摩市的联邦车站送来一个通知说，他们那儿有一件包裹给我们，我们就前去领取。你们知道这是什么东西吗？"

"这是一只西班牙长耳小狗，用柳条篓装着，是他们从德克萨斯州一直运来的——带有黑、白两色斑点。我们6岁的小女儿特丽西娅给它起名叫'切克尔斯'。你们知道，这些小孩像所有的小孩一样，喜欢那只小狗。现在我只要说这一点，不管他们说些什么，我们就是要把它留下来！"

美国人爱狗是有名的，尼克松得到的唯一礼物就是一只小狗，何况那是送给6岁女儿的，为了孩子，这是他唯一要"保卫"的东西。还有比这更富于人情味的吗？还有比这更与普通选民情感相通的吗？何况，那只可爱的小花狗正依偎在6岁女儿的怀里呢……

说变就变！支持的电报和信件雪片般飞来，尼克松出色地利用舆论——以其人之道还治其人之身，抬高了自己的身价，化解了危机，赢得了民众的支持。

这件事充分说明了"小事见真情"的道理。因此，我们在为人处世的过程中，要想赢得他人的好感，就不要吝惜在细微的小事中抛洒真情，施予爱心，相信你定能收获无数的友爱之情，无怪乎人们常说："得人心者得天下。"最起码，你的一份真情，定能获得他人的一份真心的回报，即使不在今天，也将在不远的未来。

结交贵人，和成功者在一起

我们在阅读名人传记时，会发现这些成功的人士背后都有深厚的社会背景，查一查这些科学界、政治界、金融界的名人家谱，都可以看到周围雄厚的人脉资源和政治资本。实际上，有许多的人际关系就在我们身边，只是有许多人不知道去利用这些贵人罢了。

人类是以社会形态生存着的，在我们每个人的一生中都会有很多朋友，他们在各行各业占有一席之地，也许某天就成为我们自己的贵人。贵人是根据我们发展的不同阶段而变换的。因此，我们需要建立一个良好的关系网，来帮助我们寻求不同阶段的不同贵人。有时候，你距离目标只有一步之遥，而关键就在于你能否找到实现目标的资源。克富洛夫说："现实是此岸，理想是彼岸，中间隔着湍急的河流，行动则是架在河上的桥梁。"现代社会里，人脉又是行动必须的桥梁。如果我们想要把"也许伟大"的想法付诸行动，就必须寻找贵人的帮助。

特别是你在创业中，或是事业正处于成功的前夕，遇到了困难或是意外的事，已远远超出你的能力范围，你面临的或是不能继续创业，或是已付出的精力、财力的事业将半途而废，这时，如果有贵人帮你一把，你就能获得成功。瓦特发明蒸汽机的事例充分说明了成功是离不开贵人相助的：

瓦特是世界公认的蒸汽机发明家。他发明的蒸汽机是对近代科学和生产的巨大贡献，具有划时代的意义，它导致了第一次工业技术革命的兴起，极大地推进了社会生产力的发展。

1736 年，瓦特出生在英国苏格兰格拉斯哥市附近的一个小镇格里诺克。1756 年，他来到格拉斯哥市，想当一名修造仪器的工人。由格拉斯哥大学教授台克介绍，他才进入格拉斯哥大学当了修理教学仪器的工人。这所学校拥有较为完善的仪器设备，这使瓦特在修理仪器时认识了先进的技术，开阔了眼界。此阶段，他对以蒸汽做动力的机械产生了浓厚的兴趣，开始收集有关资料。为此，他还特意学会了意大利文和德文。在大学里，他认识了化学家约瑟夫·布莱克等人，并从他们那里学到了很多科学理论知识。

1764 年，学校请瓦特修理一台纽可门式蒸汽机。在修理的过程中，瓦特熟悉了蒸汽机的构造和原理，并且发现了这种蒸汽机的两大缺点：活塞动作不连续而且慢；蒸汽利用率低，浪费原料。以后，他开始思考改进的办法。直到 1765 年春天，一次散步时他想到纽可门蒸汽机的热效率低是蒸汽在缸内冷凝造成的，为什么不能让蒸汽在缸外冷凝呢？他产生了采用分离冷凝器的最初设想。同年，他设计了一种带有分离冷凝器的蒸汽机。从理论上说，他的这种蒸汽机优于纽可门蒸汽机，但要变为实在的蒸汽机，还要走很长的路。他辛辛苦苦地造出了几台蒸汽机，效果反而不如纽可门蒸汽机，甚至四处漏气，无法开动。耗资巨大的试验使他债台高筑，但他没有在困难面前怯步，而是继续进行试验。

当布莱克知道瓦特的奋斗目标和困难处境时，他把瓦特介绍给了化工技师罗巴克。罗巴克在苏格兰的卡隆开办了一座规模较大的炼铁厂，并对科学技术的新发明倾注着极大的热情，非常赞许瓦特的新装置，大力赞助瓦特进行新式蒸汽机的试制。从 1766 年开始，在 3 年多里，瓦特克服了在材料和工艺等方面的困难，1769 年研制出了第一台样机。同年，瓦特因发明冷凝器而获得他在革新纽可门蒸汽机的过程中的第一项专利。第一台带有冷凝器的蒸汽机试制成功了，但它同纽可门蒸汽机相比，除了热效率有显著提高外，在作为动力机来带动其他工作机的性能方面仍未取得实质性进展，即这种蒸汽机还是无法作为真正的动力机。

由于瓦特的这种蒸汽机仍不够理想，销路并不广。当瓦特继续探索时，罗巴克已濒于破产，他将瓦特介绍给了工程师兼企业家博尔顿，以使瓦特能得到赞助，继续进行研制工作。博尔顿是位能干的工程师和企业家。他对瓦特的创新精神表示赞赏，并愿意赞助瓦特。

博尔顿经常参加社会活动，他是当时伯明翰地区著名的科学社团"圆月学社"的主要成员之一。参加这个学社的人大多都是本地的一些科学家、工程师、学者以及科学爱好者。经博尔顿介绍，瓦特也参加了"圆月学社"。在"圆月学社"活动期间，由于与化学家普列斯特列等人交往，瓦特对当时人们关注的气体化学与热化学有了更多的了解，更重要的是，"圆月学社"的活动使瓦特进一步增长了科学见识，活跃了科学思想。

瓦特自与博尔顿合作之后，在资金、设备、材料等方面得到大力支持。他又生产了两台带分离冷凝器的蒸汽机。由于没有显著的改进，这两台蒸汽机没有得到社会的关注。这两台蒸汽机耗资巨大，使博尔顿也濒临破产，但他仍然给瓦特以慷慨的赞助。在他的支持下，瓦特以百折不挠的毅力继续研究。自1769年试制出带有分离冷凝器的蒸汽机样机之后，他已看出热效率低已不是他的蒸汽机的主要不足，活塞只能做往返的直线运动才是它的根本局限。1781年，他仍然参加圆月学社的活动，也许在聚会中会员们提到天文学家赫舍尔在当年发现的天王星以及由此引出的行星绕日的圆周运动启发了他，也许是钟表中齿轮的圆周运动启发了他，他想到了把活塞往返的直线运动变为旋转的圆周运动就可以使动力传给任何工作机。同年，他研制出了一套被称为"太阳和行星"的齿轮联动装置，终于把活塞往返的直线运动转变为齿轮的旋转运动。为了使轮轴的旋轴增加惯性，使圆周运动更加均匀，他在轮轴上加装了一个火飞轮。由于对传统机构的这一重大革新，他的这种蒸汽机才真正成为能带动一切工作机的动力机。1781年底，他以发明带有齿轮和拉杆的机械联动装置获得第二个专利。

1782年，瓦特试制出了一种带有双向装置的新汽缸，由此获得了他的第三项专利——把原来的单汽缸装置改装成双向汽缸，并首次把引入汽缸的蒸汽由低压蒸汽变为高压蒸汽。这是他在改进纽可门蒸汽机过程中的第三次飞跃。通过这三次技术飞跃，纽可门蒸汽机完全演变为了瓦特蒸汽机。

　　从最初接触蒸汽技术到蒸汽机研制成功，瓦特走过了二十多年的艰难历程。他虽然多次受挫、屡遭失败，但他仍然坚持不懈、百折不挠，在布莱克、罗巴克、博尔顿等贵人的鼎力帮助下，终于完成了对纽可门蒸汽机的三次革新，使蒸汽机得到了更广泛的应用，成为改造世界的动力。

　　1784 年，瓦特以带有飞轮、齿轮联动装置和双向装置的高压蒸汽机的综合组装取得了他在革新纽可门蒸汽机过程中的第四项专利。1788 年，他发明了离心调速器和节气阀，1790 年，他发明了汽缸示工器。至此，他完成了蒸汽机发明的全过程。

　　由瓦特发明蒸汽机的经历，非常清楚地看到贵人不可或缺的作用。处于奋进或创业或困境中的你、我、他，此时想：要是遇上贵人，那该多好呀！因为有贵人相助，可以尽早尽好地取得成功。但客观的事实表明，不是你想遇上贵人，贵人就会出现。

　　相逢贵人需要机遇，但是如若你有机会相识贵人，也一定要把握好机会，善于与之相交，才能在人生之中获得贵人的帮助，让自己的命运从此得以改变。

　　结交贵人需要机遇，但机遇不是侥幸得来的，由学徒发展成洲际大饭店总裁的罗拔·胡雅特，他的经历有很多值得相信"机遇"的青年人仔细回味的地方。

　　胡雅特是法国知名的观光旅馆管理人才。可是他当年初入这行时，不仅对这一行懵懂无知，而且还是带着几分勉强的心理。因为那完全是他母亲一手安排的，胡雅特一点也不感兴趣，但也没有反对的意思，只是浑浑噩噩的。这样的工作方式，当然谈不上机遇不机遇。

　　刚进去的时候，胡雅特很不适应，便想离开，但他母亲认为，抱着怜悯自己、同情自己的心理，改变主意，以后就会形成习惯，一遇到困难就打退堂鼓，最终将会一事无成。胡雅特最后还是回到训练班，结果以第一名的成绩毕业，并侥幸进入罗浮的关系企业——巴黎柯丽珑大饭店。

　　胡雅特进去是当侍应生，但他知道，观光大饭店，接待的是各国人士，必须有多种语言的能力，才能应付自如。于是，他在工作之余，开始自修英语。3 年之后，柯丽珑大饭店要选派几个人到英国实习，胡雅特被录取。

　　在英国实习一年回来后，胡雅特由侍应生升为了领班。接着，就获得一个机会到德国广场大饭店实习。胡雅特到德国后不久，正赶上 20 世纪 30 年代的经济不景气，观光旅客的人数跟着锐减，大饭店的经营非常不容易。他利用广场大饭店过去旅客的资料，动脑筋设计出一些内容不同的信函，分别寄给旅客，使广场大饭店平稳地渡过了这段艰苦的时期。他这些函件，其中有400多封，直到现在还有不少观光企业用它来作为招揽客人的范本。

这时候，胡雅特已经具备英、德、法三种语言能力，但一直没有机会去美国看看，于是决定请假自费到美国看一看。经理却决定特准予他公假，以公司名义派他去美国考察，一切费用公司承担。

胡雅特一到美国就去拜见华尔道夫大饭店的总裁柏墨尔，并把经理的亲笔信交给他，请他给自己一个见习机会，并要求从基层做起。

胡雅特真的从擦地板开始做起。胡雅特的做法，给他带来了好运。

有一天，华尔道夫的总裁柏墨尔到餐厅部来视察，看到胡雅特正在爬着擦地板。他跟这位来自法国的青年见过一面，印象颇为深刻，见他在擦地板，不禁大为惊讶。

"你不是法国来的胡雅特么？"柏墨尔走过去问。

"是的。"胡雅特站起来说。

"你在柯丽珑不是当副经理吗？怎么还到我们这里擦地板？"

"我想亲自体验一下，美国观光饭店的地板有什么不同。"

"你以前也擦过地板吗？"

"我擦过英国的、德国的、法国的，所以我想尝试一下擦美国地板是什么滋味。"

"是不是有什么不同？"

"这很难解释，"胡雅特沉思着说，"我想，如果不是亲自体会，很难说得明白。"

柏墨尔的眼睛里，突然闪起一道亮光，用力注视了他半天，才说："你等于替我们上了一课，罗拔，下班后，请到我办公室来一趟。"

这次的相遇，使胡雅特进入了美国的观光事业。自此以后，胡雅特的事业蒸蒸日上，一直干到洲际大饭店的总裁，手下有64家观光大饭店，营业遍及45国。

从这些知名人士的身上，我们能够发现一种优良的品质：即善于创造机遇，主动结交朋友。其实，在现代社会，如果能够不断地扩大自己的交际圈，并且结交贵人的话，对于一个人的事业的发展将是大有益处的。

第六章　大处着眼，小处着手

——领导不仅是做大事

把权力交给这样的人

到巴黎卢浮宫观光，除了有幸看到那里著名的达·芬奇油画《蒙娜丽莎》和美丽绝伦的维纳斯雕像等琳琅满目的艺术珍品之外，博物馆入口那座金字塔形建筑物的奇特造型，也令人无不叹为观止。

卢浮宫是位于巴黎市内塞纳河畔的一座古老宫殿，法国大革命之后，卢浮宫成了一座法国的国家博物馆。但那古老的宫殿里却显得阴暗潮湿，原来的出入口已无法容纳每天数以万计的游客，并且缺乏通往各展厅的通道。这个难题虽早在路易十四时就曾试图改造，但 300 余年来始终令法国建筑师们束手无策。20 世纪 80 年代初，总统密特朗上任不久，便专门邀请著名美籍华裔建筑大师贝聿铭主持设计卢浮宫博物馆的改建工程。此决定立即引起当时法国建筑界和传媒的一片哗然，纷纷在报纸上撰文指责总统：不该把如此重任委托给一个中国人，丢尽了法国人的脸，感到无法接受。然而，高瞻远瞩的密特朗总统对贝聿铭的非凡才能则深信不疑，他顶住了来自舆论和议会的种种压力，初衷不移。

其实，贝聿铭之所以会毅然决定担此重任，不仅在于他具有丰富的经验和卓越的才能，并且他早已胸有成竹，具有十分的把握。贝聿铭先生出身于中国苏州望族，有名的狮子林原是他祖辈之园林。早年在上海圣约翰大学附中求学，1937 年进圣约翰大学就读。以后他转赴美国留学，在著名的麻省理工学院攻读建筑，毕业后再进哈佛大学深造，获建筑硕士学位。20 世纪 40 年代，他又跟随当时一位杰出建筑大师格鲁比斯实习，边工作，边深造。50 年代初，贝先生赴欧洲开拓他的建筑事业。当时，他仔细考察了希腊神庙和英国教堂，并汲取了其中的精髓。他还在巴黎花了不少时间，悉心研究如何处理好卢浮宫中的建筑群和侧厅间布局之关系。可见他之所以能决定接受密特朗总统的亲自委托，决非偶然。

新建筑揭幕的那一天，卢浮宫拿破仑院中各界名流云集，新闻传媒纷至沓来。当法国总统密特朗亲自将那金字塔形建筑物的巨大丝绒帷幕拉开时，顿时在人群中迸发出一片惊叹和欢呼声。但见那用钢条框着的连片玻璃方块，犹如用细丝网罩着一具无形的三维框架。那巨大的金字塔玻璃面上反射出周围建筑和蓝天白云，与美丽、宏伟的宫殿建筑融为一体。入晚之后，这座玻璃金字塔就像一座巨型水晶灯，光芒四射，十分壮观。

当人们走进那"金字塔"大门，便有宽畅的自动扶梯把成群的观众送至地下大厅。在华丽、明亮的大厅里，你可以方便地寻找到展出的信息和服务台。从这里顺利地通往3个楼面的10个展厅，其中包括古希腊、古罗马、古埃及的众多文物，也可以看到东方的瓷器、欧洲的油画和雕塑。在博物馆里，还设有礼堂、餐厅、礼品商店、贵宾室等功能设施，使参观者处处感到异常方便和舒适。

若干年来，国际建筑界已将这座由贝聿铭大师主持设计的杰作视为20世纪经典之作，并把它称作"贝氏金字塔"。这在近代建筑史上是绝无仅有的殊荣。

数十年来，在贝聿铭先生的主持指导下，已经创造性地设计了许多国际上著名的建筑物。其中如香港的标志性建筑——高矗云霄的香港中国银行大厦等，就是他的代表作。

可见，贝聿铭的确有建筑方面的天赋，难怪当年的法国密特朗总统慧眼识才，力排众难，委以重任。

对于现代企业领导来说，善于授权对于成就自己的事业是至关重要的。而授权能否成功的关键因素之一，在于你所决定选择的人选，能不能独当一面，胜任工作。因此，你必须要慎重考虑你要授权的人选，以下是你在选择授权对象时的判断要点，请你参考：

（1）这项任务对谁具有挑战性？谁能获益最多？谁能胜任？

（2）谁具有该任务所需的才能和意愿？

（3）达成这项任务须具备什么人格特质？谁具有这些人格特质？

（4）所需的人数是否不只一人？如果是，如何使这些人同心协力工作？

（5）完成这项任务需要过去的经验吗？安排某个人去获取这种经验，能否加强工作团队的实力？

（6）如果时间与品质要求允许的话，可以把这项任务作为团队成员的训练机会吗？

（7）被授权者目前的工作负荷是否够重？你是否需要协助他调整他的工作？

（8）你将如何监督工作进度以及如何评估工作成果？

美国一家著名企业的经理约翰先生曾经提到自己永远记忆深刻的一件事，就是在早期登上业务经理职位时，当时的总经理曾给了他一个终身受用不尽的教训：

"再坚强，再能干的主管，也要借助他人的智慧和能力，你唯一要做好的事情，就是仔细精选人才，训练他们，然后授权给他们，让部属尽量去发挥。"

他教导年青的约翰要成为一位敢向下授权的企业主管人，由于遵奉力行，使他在往后的日子里获益良多。他发现一个人的能力毕竟有限，想要成就一番大事业，领导者确实需要把自己的权力和责任适度地交由部属分担，分层负责，才是提高团队效率的捷径。

在日本有"经营之神"美誉的松下幸之助，就是一位非常善于授权的企业家，他经常告诫各级主管，不要像个管家婆，要授权，在分层负责的过程中，领导者只要扮演发号施令的角色就好。松下幸之助如是说：

"公司经营最重要的是分层负责。一个人想把所有的事情都揽在手里亲自处理，只能做到一个人的力量范围的事，无法成就大事。想要做大事，必须懂得分层负责。"

对松下而言，授权的秘诀就是："实力胜于资力"，"让年轻人任高职"。

松下之所以提出这样的主张，有其生理的、社会的理论依据。松下认为，一个人，30岁是体力的顶峰时期，智力则在40岁时最高。

过了这个阶段，智力、体力就会下降，慢慢地走下坡路。尽管也有例外，但大体情况如此，因此，职位、责任，都应与此相适应，这才是合乎规律的。

阅历、经验，当然是年长者多一些，但这并不等于"实力"。松下提出的"实力"概念，是很有意味的。他认为，有实力，不仅要能知，而且更要能行，知行合一，才是实力的象征。老年人也许能知，但往往力不从心，未必能行。相比较来说，还是三四十岁的人更具实力。有实力的人，当然应该委以重任。

不过，一个大公司由于有各种各样的职位，其中有一些还是颇适合老年人的。但面对困难时的攻坚、冲刺，就非年轻人不可了。

松下认为，国家遇到困难，公司遇到困境时，要靠年轻人的力量才能突破难关。

其原因，正是因年轻人具备实力。

同样，创新也是离不开年轻人的，这是与人在各年龄段的生活观念相联系的。人的眼光也有年龄的区别：青年人向前看，中年人四周看，老年人回头看。因此，老年人易于保守，给他们创新的任务显然是不合适的，这项使命应该放在年轻人的肩上。

但是，根深蒂固的东方文化传统，并不轻易容许年轻人脱颖而出。松下深知此点，因此，他有一个解决的办法，那就是经常听取年轻人的意见。松下在决定一件事的时候，往往要吸取年轻人的意见，亲自向他们问询。如果年轻人直接把自己的意见提出来，即使正确并富有建设性，也会因为人微言轻而不被采纳；但如果公司首领征求他们的意见，用经营者自己的口说出来，分量就大不一样，这就是巧妙的领导艺术了。

松下很看重和欣赏这种技巧，他认为年长的企业领导，应该吸取年轻人的智慧，巧妙地推进工作。

松下对数千年形成的东方民族"重年资"传统的弊端看得很清楚。在一次会议上，他谆谆告诫手下的部属们："现在的年轻干部，过 10 年 20 年就会老了，那时候不管你的地位是社长还是会长，论实力都比不上 40 来岁有才能的人，假如由他们来代替你们的职位，就更能促使公司的发展。但日本的情势、人心向背，各种因素错综复杂，这一设想未必能顺利进行。但是，千万要记住，如果可以代替的话，对公司的发展是有益的！"

另外，也有人建议可以把权力交给以下的 10 种人，相信他们一定能尽职尽责、尽善尽美地去执行自己的使命，完成自己担负的重任。

1. 忠实执行上司命令的人

一般说来，领导下达的命令，无论如何也得全力以赴，忠实执行。这是下属必须严守的第一大原则。

如果下属的意见与上司的意见相左，当然可以先陈述他的意见。陈述之后，领导仍然不接受，就要服从上司的意见。

有些下属在自己的意见不被采纳时，抱着自暴自弃的态度去做事，这样的人没有资格成为上司的辅佐人。

2. 做上司的代办人

下属必须是上司的代办人。纵然上司的见解与自己的见解不同，上司一且有新决定，下属就要把这个决定当作自己的决定，向下属或是外界人作详尽的解释。

3. 知道自己权限的人

下属必须认清什么事在自己的权限之内，什么事自己无权决定。

绝不能混淆这种界限。如果发生某种问题，而且又是自己权限之外的事，就不能拖拖拉拉，应该立刻向上司请示。

超过顶头上司与上级领导交涉、协调，等于把上司架空，也破坏了命令系统，应该列为禁忌。非得越级与上级联络、协调的时候，原则上也要先跟顶头上司打个招呼，获得认可。

4. 向上司报告自己解决问题情况的人

下属自己处理好的问题，如果不向上司报告，往往使上司不了解实情，作出错误的判断，或是在会议上出洋相。

当然，有些事情无需一一向上司报告。但是，原则上可称之为"问题"、"事件"的事情，还是要向上司提出报告。

5. 勇于承担责任的人

有些下属在自己负责的工作发生错失或延误的时候，总是举出许多的理由，这种将责任推卸得一干二净的人，实在不能信任。

下属负责的工作，可说是由上司赋予全责，不管原因何在，下属必须为错失负起全责。他顶多只能对上司说一声："是我领导不力，督促不够。"

如果上司问起错失的原因，必须据实说明，千万不能有任何辩解的意味。

一个优秀的管理者必须有"功归下属，失败由我负全责"的胸怀与度量才行。

6. 不是事事请示的人

遇到稍有例外的事、下属稍有错失或者旁人看来极琐碎的事，都一一搬到上司面前去等候指示，这样的下属，令人不禁要问：他这个下属是怎么当的？

下属对领导不该有依赖心。一位优秀的下属应当明确执行工作所需的权限。他必须在不逾越权限的情况下，凭自己的判断把分内的事处理得干净利落。这才是领导期待的好下属。

7. 经常请求上级指示的人

下属不可以坐等上司的命令。他必须自觉做到：请上司向自己发出命令。

请上司对自己的工作提出指示。如此积极求教，才算是聪明能干的下属。

8. 提供情报给上司的人

下属与外界人士、下属等接触的过程中，经常会得到各种各样的情报。这些情报，有些是对公司有益或是值得参考的。下属必须把这些情报谨记在心，事后把它提供给领导。

另外下属在说明与报告时必然遵守如下的原则：

（1）不可偏于一方。

（2）从大局出发，扼要陈述。

9. 上司不在时能负起留守之责的人

有些下属在上司不在的时候，总是精神松懈，忘了应尽的责任。例如，下班铃一响就赶着回家；办公时间内借故外出，长时间不回。

按理，上司不在，下属就该负起留守的责任。当上司回来，就向他报告他不在时发生的事以及处理的经过。如果有代上司行使职权的事，就应该将它记录下来，事后提出详尽的报告。

10. 准备随时回答上司提问的人

当上司问及工作的方式、进行状况或是今后的预测，或有关的数字，他必须当场回答。

好多下属被问到这些问题的时候，还得向自己下属探问才能回答，这样的下属，不但无法管理部属与工作，也难以成为领导的辅佐人。下属必须随时掌握职责范围内的全盘工作，在领导提到有关问题的时候，都能立刻回答才行。

细枝末节体现人情味

假如你是一位统率千军万马的大元帅，你会过问每一个士卒的饥寒冷暖吗？

事实上，这是根本不可能的。

但是，你可以适时、适当地参加一些细致入微的事务性工作，这是对你有益而无害。如果你总是摆出一副官架子，遇到一些事就满脸的不高兴，不屑于做或者根本不情愿去做小事，那么，你的下属或同事会对你产生成见。

在处理一些小事上，你做得效果不佳，或不完美，下属们也会轻视、讥笑你。认为像你这样连一点儿小事都不想做，或者连一点儿小事都做不成的人，又如何做得了大事情呢？你的信誉会受到危胁。

况且有一些小事，你作为领导，必须努力去做到：

例如，你的下属得了一场大病，请了半个多月的病假在家养病。今天，他恢复健康，头一天来办公室上班，难道你对他的到来能面无表情，麻木不仁，不加半句客套，没有真诚的问候话语吗？

再比如，你同科室的一位年轻人找到了一位伴侣，不久要喜结良缘，或者这位年轻人在工作上取得了突出成就，为本部门作出了杰出的贡献，难道你能不冷不热、无动于衷地不加一声祝贺称赞的话语吗？

这些小事足可以折射出领导人品质的整体风貌，大家会通过一些鸡毛蒜皮的小事去衡量你、评判你。

一个优秀的企业家，只有做到了让职工们认识到自己存在价值和具备了充足的自信之后，才有可能做到与职工们产生内心的共鸣，事业才能迅猛发展。

士光敏夫使东芝企业获得成功的秘决是"重视人的开发与活用"，时时处处为员工献上爱心。在他 70 多岁高龄的时候，曾走遍东芝在全国的各公司、企业，有时甚至乘火车亲临企业现场视察。有时，即使是星期天，他也要到工厂去转转，与保卫人员和值班人员亲切交谈，从而与职工建立了深厚的感情。他说："我非常喜欢和我的职工交往，无论哪种人我都喜欢与他交谈，因为从中我可以听到许多创造性的语言，使我获得极大的收益。"

例如，有一次，士光敏夫在前往东芝姬路工厂途中，正巧遇上倾盆大雨，他赶到工厂，下了车，不用雨伞，和站在雨中的职工们讲话，激励大家，并且反复地讲述"人是最宝贵"的道理。职工们很是感动，他们把士光敏夫围住，认真倾听着他的每一句话。炽热的语言把大家的心连到了一起，使他们忘记了自己是站在瓢泼大雨之中，激动的泪水从士光敏夫和员工们的眼里流了出来，其情其景，感人肺腑。

讲完话后，士光敏夫的身上早已湿透了。当他要乘车离去时，激动的女工们一下子把他的车围住了，他们一边敲着汽车的玻璃门，一边高声喊道："社长，当心别感冒！保重身体，更好地工作。你放心吧，我们一定要拼命地工作！"面对这一切，士光敏夫情不自禁地泪水满面，他被这些为了自己企业的兴旺发达而拼搏的员工们的真诚所打动，他更加想到了自己的职责，更加热爱自己的员工。

老板如果想获得成功，必须着眼于为其手下的人谋福利，而非完全替自己打算。如果他企图控制或支配员工，他迟早是会失败的。老板的成功是建立在员工成功的基础之上的。唯有真正关心员工的老板，才能使大家愿意要求进步，为公司尽力。

是"情"，而不是利益使员工对其老板表现出极大的忠诚。某化妆品销售公司的一位员工由于遇到了一些个人的问题，连续两个月销售额降低了3000美元，除非第三个月她的销售额超过3万元，否则她将会被公司解雇。很不幸，第三个月是7月，一个创记录的热浪使每个人都关在家里，将近月底时，她还没卖到3万元的数目，这位员工平时是很乐观的人，在销售公司里，老板一直很喜欢她，但是迫于公司的规定，她不得不作出牺牲。

于是，这位员工最后不得不通过家里的人，冒着高温酷暑挨家挨户推销产品。老天不负有心人，月底她的销售额终于突破了3万元。

其实她所在这家公司的待遇并不是很好，她完全有可能在被解雇之后，找到一个工作环境、待遇更好的公司。但她忘不了老板的恩情，老板在她最困难的时候帮助了她，帮助她摆脱了前夫的纠缠。平日里无处不体现出一位好老板对她的关心和爱护，使她愿意为公司作出牺牲，为老板效力。由于老板的真情所致，员工对老板的忠心在关键时刻就显出来了。很多时候我们不能体会"公司的成败在于人"这一句话中的人具体指谁，究竟是员工呢？还是老板呢？很多人都会说"老板"，这就犯了一个大的错误。事实上，老板纵然有天大的本事，也不能独木撑天，只有员工才是决定公司成败的"人"。

中国人向来重视报恩，"滴水之恩当以涌泉相报"。你急他人所急，给人以恩惠，他会心存感激，终身效力，也会在你遇到危难的时候，竭尽全力帮助你渡过难关。

因此，领导在对待员工时，一定要注意这样的细节，在培养中使用，在给予中索取，而且这种给予不仅是金钱的满足，更重要的是精神上的关怀，这才是管理员工的最佳境界。

弗雷德里克·史密斯是联邦快递的董事会主席，他以前是海军的一名上校。对于下属的爱护，他的看法是："我在海军里学到的最伟大的领导原则是，在一个讲求行动效率的组织里，必须爱护部队，海军尤其强调这条原则，它高于一切领导原则。在我发展联邦快递的数年里，它对于我具有无法估量的重要性。"一句话，联邦快递的成功归因于这条简单的原则——爱护你的员工。

领导的眼光不应只是着眼于公司，而应该处处为部属着想。爱护你的员工，为你的员工谋福利，也是你的分内之事。领导要想方设法为部属的执行创造有利条件，这样站在他们的立场来为他们设想，他们自然乐于执行决策，公司的业绩也自然而然会提升。

斯塔巴斯公司的CEO舒尔茨将一个仅拥有几个店面的地方性咖啡馆发展成为全国性的巨无霸——一个拥有超过1300家店面，25000名雇员的大公司。他说："我们的首要事务是照顾我们的员工，因为是他们负责向顾客传递热情。只有把员工照顾好了，我们才能完成了第二重要的事务——照料我们的顾客。只有这两个目标都实现了，我们才能长期为我们的股东提供滚滚红利。"

道理听起来枯燥乏味，但这却是许多成功商人所遵循的原则。世界上最成功的旅馆公司创立者马里奥特，就遵循着与舒尔茨的信仰道理一样的简单原则——"我们关心员工，员工关心客人"。

或许，有人认为这样做，领导似乎过于自我牺牲了。但是，为员工着想的确是成功的秘诀。通常领导者的想法都是以自我为中心。领导以领导的立场来思考和判断事物，很少会站在部属的立场来考虑问题，员工们也同样如此。这样领导与员工都不为对方着想，两者虽然在一起工作，但集团活动无法顺利进行也就不足为怪了。因此，领导的想法必须改变，凡事要多为部属考虑，要知道，"你替他着想，他会为你卖命"。只有考虑到员工们的想法，他们才能更好地为你办事。只有你真诚地去尊重人、关心人、理解人、帮助人，你才能最大限度地调动起他们的积极性和创造性。正如一位职员曾经说过的那样："领导把我当成牛，我就把自己当成人；领导把我当成人，我就把自己当成牛。"

这都是很简单的道理，同样也是人之常情。如果你希望别人可以为你付出他们的全部，你必须要有人情味，将别人当作人来看待。

要让别人觉得你富于人情味，并不是通过宣扬自我来体现，而是实实在在地通过日常生活中的细节来加以表现：

（1）给到你办公室的人沏茶。

（2）主动为女员工让路。

（3）慰问生病员工。

（4）休息时与员工聊天。

（5）到员工常去的餐馆就餐。

（6）与大家一起关注体育赛事。

（7）和员工讨论文学及音乐等话题。

（8）邀请员工家人一同共进晚餐。

（9）给老员工和勤奋工作的人以鼓励。

无论做什么，宗旨只有一条：把你的下属、员工当人看，给予人应享受的关怀和尊重。无论你的事业取得多么骄人的业绩，也不要将自己高高挂起。这一点说得容易，在实践中大多数领导都是很难办到的。

如果领导者能在许多看似平凡的时刻，勤于在细小的事情上与下属沟通感情，经常用"毛毛细雨"去滋润员工的心灵，员工的心里会感受到无比的温暖，会全身心地投入到工作中，去回报这种细致入微的关怀。

从细节入手，打造团队精神

古语云："和实生物"；"和则一，一则多力，多力则强"。千百年来，"和"文化深深地影响着中国这个东方大国。团队要达到"和"，就要协调各种利益，综合不同意见，化解复杂矛盾，凝聚各方力量。其中最为关键的一点就是：凝聚力。

所谓凝聚力，可以从两个方面来看。一是个体成员要把自己有机融合到团队之中；二是这个团队要在实际行动中表现出自己的团结与合作精神。这两个方面互为前提，互相制约，都是不可缺少的因素。

每年南飞北往的大雁总是结队而行，它们的队形一会儿呈"一"字，一会儿呈"人"字，一会儿又呈"V"字。许多人曾经对此迷惑不解，后来科学家发现，大雁的编队飞行能产生一种空气动力学作用，编队飞行的大雁，在耗费同样能量的情况下，要比单独飞行的时候多飞行70％的路程。也就是说，编队飞行的鸟能飞得更远。

鸟儿结伴飞行给企业团队领导者的启示应该是深刻的，一盘散沙难成大业，握紧拳头出击才有力量。任何一支团队，成员之间必须团结一致，大家心往一处想，劲往一处使，才能无往而不胜。

团队凝聚力是团队对其成员的吸引力和成员之间的相互吸引力，它包括"向心力"和"内部团结"两层含义，当这种吸引力达到一定程度，而且团队队员资格对成员个人和对团队都具有一定价值时，我们就说这是个具有高凝聚力的团队。

团队凝聚力是维持团队存在的必要条件，如果一个团队丧失凝聚力，像一盘散沙，这个团队就难以维持下去，并呈现出低效率状态；而团队凝聚力较强的团队，其成员工作热情高，做事认真，并有不断的创新行为，因此，团队凝聚力也是实现团队目标的重要条件。

现代社会，靠单打独斗是不能获得成功的，个人的能力与智慧毕竟有限，依靠个人奋斗的个人英雄主义时代已经一去不复返了。如果仅指望领导者殚精竭虑而没有广大员工的积极参与或只是提高员工的个人能力而没有有效的团队协作，那么在竞争日益加剧的今天就不会有生命力。

要想取得今后的成功，在未来的竞争中立于不败之地，就应充分运用人力资源，特别是要尽力使团队协调默契，形成强大的团队合力。

在人类的历史上，曾经有不少杰出人士都是善于打造团队精神的高手，从而使自己所在的团队取得了辉煌的业绩，自己也赢得了巨大的成功。

在第一次世界大战中，艾迪·瑞肯巴契尔创下击落 26 架敌机的记录，成为美国的"空军英雄中的英雄"。有一天，他的中队长在作战中阵亡，他就继任驻法第 94 航空中队中队长。

作战的损失非常大。更糟的是由于飞机保养维护不良，使很多驾驶员死于非作战性的坠机。由于找不到美军飞机，这个中队与其他空军中队不一样，用的全是法国制造的飞机。驾驶员也都认为他们的装备不好，因此士气非常低落，就在这种情形下，瑞肯巴契尔继任中队长。

他后来这样描述说："首先我将驾驶员都召集起来，我告诉他们，我们驾驶的飞机和其他在前线上的中队所用的飞机相同，包括那些法国空军。我问他们，法军驾驶员的技术是不是比我们好？当他们回答说'第 94 航空中队拥有最优秀的驾驶员'时，我就向他们挑战，要他们和其他战斗机中队比赛。输赢的标准非常简单，只要记下击落敌机的数目即可。击落敌机最多的中队就是胜利者"。

"然后我又召集所有地勤人员开了一次会。我特别强调，没有他们，驾驶员只能在地上跑。我告诉他们，现在我们这个中队要和其他战斗机中队比赛。既然他们也是竞赛中的一分子，我要求他们和其他中队的地勤人员比赛。比赛的事项是看谁的飞机故障率最低"。

"从一开始，我就看出比赛的效果……当目标是要击败某些人的时候，人们会工作得更努力——即使是对自己的朋友。"

用不着再多说，第 94 中队在瑞肯巴契尔的领导下，就此成为战场上最好的美军战斗机中队。退役后，他运用同样的技巧创立了东方航空公司，使这家公司从一无所有变成当时最好的美国航空公司。

假若你想吸引别人的追随，别忘了利用竞赛的方式将工作变成游戏。他们会因此追随你，而且使你们的团队成为胜利者。

世界首富比尔·盖茨成功的最大秘诀是什么？答案是：微软有成功的团队。

微软公司是一家由聪明人组成、管理良好的公司。盖茨很自豪能请来一群他所能找到最聪慧的人才。他在 1992 年曾说：微软和其他公司与众不同的特色就是智囊的深度。把他们称作螺旋桨头脑、数字头脑、齿轮转动头脑或工作狂、用脑狂，还是微软奴都可以。

盖茨多次说道："把我们顶尖的 20 个人才挖走，那么我告诉你，微软会变成一家无足轻重的公司。"

韦尔奇认为，微软公司就是靠这些出类拔萃的人物和比尔·盖茨合理的管理制度，在竞争中走向成功道路的。那么，怎样才能组建一个类似于微软有战斗力的团队呢？从微软和其他一些成功公司的管理者身上，韦尔奇总结的经验是：

1. 明确合理的经营目标

目标是把人们凝聚在一起的重要基础，对目标的认同和共识才会形成坚强的组织和团队，才能鼓舞人们团结奋进的斗志。为此，要做好：

（1）有导向明确、科学合理的目标，有的企业提出"以质量取得顾客信赖，以满足顾客需要去占领市场，努力提高市场占有率，通过扩大市场份额去求效益和发展"。这就比那种单纯提销售额增加多少，利润增加多少的目标更明确、更具体，知道劲往哪里使。

（2）把经营目标、战略、经营观念，融入每个员工头脑之中，成为员工的共识。

（3）对目标进行分解，使每一部门、每一个人都知道自己所应承担的责任和应作出的贡献，把每一部门、每一个人的工作与企业总目标紧密结合为一体。

2. 增强领导者自身的影响力

领导是组织的核心，一个富有魅力和威望的领导者，自然会把全体员工紧紧团结在自己的周围；反之，就会人心涣散，更谈不上团队精神了。领导者由于其地位和责任而被赋予一定权力，但仅凭权力发号施令、以权压人是不能形成凝聚力的，更重要的是靠其威望、影响力令人心服，才会形成一股魅力和吸引力。这种威望，一是取决于领导者的人格、品德和思想修养；二是取决于领导者的知识、经验、胆略、才干和能力状况；三是取决于领导者是否严于律己，率先垂范，以身作则，能否全身心地投入事业；四是取决于领导者能否公平、公正待人，与员工同甘共苦、同舟共济，等等。

3. 建立系统科学的管理制度

建立与人本管理相适应的一整套科学制度，使管理工作和人的行为制度化、规范化、程序化，是生产经营活动协调、有序、高效运行的重要保证。没有有效的制度和规范，就会出现无序和混乱，就不会产生井然有序、纪律严明、凝聚力很强的团队。

4. 以平等为基础的深入沟通

很多著名企业都强调沟通、互相尊重，使团队内每一位成员感觉到自己在公司的重要性。这些企业的上下级并没有尊卑之别，而是大家一律平等，有问题可以越级沟通。而且有许多具体制度来保证下情上达，下面的意见不会被过滤。"以人为本"首要之处就是要有一种平等的理念，尊重每一个员工。其实大家都是平等的，只是工作的性质不一样，行使的权力不一样，不代表谁就比谁特别能干、特别地强。

如果一支军队能够攻城掠地、百战不殆，它最大的特征就应该是人和。一个优秀的企业团队同样如此，要坚信强大的凝聚力来自于相互之间的平等！

5. 员工自主管理与团队配合

一个团队具有凝聚力，并不是说这个团队的所有成员都只作为团队的一员而存在，相反，他们都有足够的个人空间，都能发挥出自己的最大能力。领导者要做的就是促进团队成员之间的配合。

作为团队领导人而言，培养团队成员整体搭配的团队默契，应在给予每位成员自我发挥的空间的同时，还要破除个人英雄主义，搞好团队的整体搭配，形成协调一致的团队默契，努力使团队成员懂得彼此之间相互了解，取长补短的重要性。如果能做到这一点，团队就能凝聚出高于个人力量的团队智慧，随时都能造就出不可思议的团队表现和团队绩效。

6. 建立和谐的人际关系

人是社会的人，每一个人在工作和生活中，会与许多人交往、打交道，必然有人际关系问题，而且一个人每天8小时甚至更多时间是在工作单位度过的，因而企业内的人际关系更为重要。同事之间友好、融洽地相处，创造一种和谐的良好的人际关系，会使人心情舒畅、精神焕发，使企业融合为一个友好、和睦的大家庭和团队。

7. 树立全局观念和整体意识

一个团队、一个系统所最终追求的是整体的合力、凝聚力和最佳的整体效益，所以必须树立以大局为重的全局观念，不斤斤计较个人利益和局部利益，自觉地为增强团队整体效益作出贡献。

从细微处全面考察下属

考察是识别和衡量人才是否堪当重任的非常重要的手段和方法。我国早在汉代就确定了刺史六条，用以监督和考察百官的政绩与行为，并把它立为百代不易之良法，可见，对人才的考察由来已久。

但中国人一直比较内敛，向来都是含蓄不露，这就无形中增加了考察的难度，中国管理也自有一套适合中国人自己的察人法宝，即见微知著，从人不经意的细节中洞察他的本性。所以，中国式管理讲究识人必须从外到内去认识人的质性，也就是从外表的仪态、容貌、声音、神色、眼神、举止等求其内在的精髓。

周亚夫可谓汉景帝的股肱重臣，他在平定七国之乱的时候立下了赫赫战功，以后又官至丞相，为汉景帝献言献策，也算是忠心耿耿了。可是汉景帝在选择辅佐少主的辅政大臣的时候，还是把他抛弃了，原因何在呢？

在古代的时候，每个皇帝年老之后，皇位的继承问题就空前复杂起来，每个皇帝都会费一番心血。汉景帝就碰到了这个问题，当时太子才刚刚成年，需要辅政大臣的辅佐，汉景帝为此试探了一次周亚夫。

一天，汉景帝宴请周亚夫，给他准备了一大块肉，但是没有切开，也没给他准备筷子，周亚夫看了，很不高兴，就回头向主管筵席的官员要筷子，汉景帝笑着说："丞相，我给你这么大一块肉你还不满足吗？还要筷子，真是讲究啊。"周亚夫一听，赶紧摘下帽子，向皇帝跪下谢罪，汉景帝说，起来吧，既然丞相不习惯这样吃，那就算了，今天的宴席就到此为止了。周亚夫听了，就向皇帝告退，快步出了宫门。汉景帝目送他离开，并说，看他闷闷不乐的样子，实在不是辅佐少主的大臣啊！

所谓见微知著，汉景帝试探周亚夫的方法可以说是很巧妙，辅佐少主的大臣，一定要稳重平和，任劳任怨，不能有什么骄气，因为少主年轻气盛，万一有什么做得过分的地方，只有具有长者风范的人，才能包容这些过失，一心一意地忠贞尽责。从周亚夫的表现来看，连老皇帝对他不礼貌的举动，他都不能忍受，一副很不高兴的样子，以后又怎么能包容少主的过失呢？赏赐他的肉，虽然不方便食用，但在汉景帝看来，他也应该二话不说，把它吃下去，这表现了一个臣子安守本分的品德，他要筷子的举动，在汉景帝看来就是非分的做法，到辅佐少主的时候，会不会有更多非分的要求呢？这是汉景帝不能不防的，所以汉景帝果断的放弃了周亚夫。

在任何时候，管理都是一项复杂的工程，尤其是与人打交道更不能掉以轻心，匆忙给别人下结论，也就是说，防止出现过早下结论的错误，以免影响其他环节。许多高明的管理者都是善于从细微处考察人。

芝加哥第一国民银行来了位新总经理，名叫凯奇，几天以后银行的出纳部主任伏根要求拜会这位新总经理。其实伏根并没有任何要紧的事，只是想向新的总经理表示祝贺和致敬。

这位伟大的银行家凯奇，很喜欢与人闲聊，他对账目专家伏根的造访，表示了十分的热情。后来伏根回忆说："凯奇先生与我谈话时，专门寻根究底，所谈内容相当琐碎。从我的儿童时代一直问到现在，当然谈得最多的还是有关银行经验。这使我惊奇不已。"他又说："当时我就有些莫名其妙，回到自己的办公室后，心里愈发糊涂了。"

不久以后，一纸委任状下来，伏根被任命为银行的副总经理。6年以后，凯奇成为美国总统府的内阁成员，伏根便接替了凯奇的总经理职位。

凯奇遴选出这位非常出色的副手，并非一件偶然巧合的事。他曾几度研究过伏根的为人及能力，而伏根并不知道自己被上司留心观察。而凯奇也并没有完全听取旁人对伏根的评价，也没有向伏根表明目的，只是与他交谈问他问题，聆听他的讲话，注视他外在表情，研究他的内心世界。

可以说，一个人在没有提防时所做的事和所说的话，最能反映出他平素的为人处世。

例如，有位大实业家威司汀有一次邀一个人到他家里，本来他是准备将一项重要的任务交给他的。闲谈良久，却发现此人"胸无成竹"，只好取消原来的计划。

对于这种策略的运用，美国一名工程师，也是一位非常著名的实业界领袖曾风趣地说，了解一个人最好的法子，便是与他一道玩网球和高尔夫球。缘由何在？可能寓意其中了。

戴维斯，一家人寿保险公司的经理，曾以善于遴选和训练职员著称。他所雇佣的职员，都是他在别家铺子里留心的人，或者是在旅途中偶然认识的人。在这些场合，与人交谈一般是不加提防的，这样正好给了他留心观察的机会。使他能对他所要遴选的人的真实面目、能力智商有较深刻的了解。合适者便聘来训练任用。

常言道，言为心声。了解下属的直接方法就是和他交谈。平时，领导要多接触下属，多与下属交谈，有意识地询问下属一些你关心和正在思考的问题，从下属的谈吐中初步判断他们的观念、才学与品性。

1. 目光远大的人可以共谋大事

在询问下属"公司应该向何处发展？"，"你有什么打算？"等问题时，领导如果发现下属不满足于现状，有远大理想，有不同寻常的发展眼光，且想法也不空泛。那么，这是一个值得重用的人，可以提拔重用，成为共谋大事的搭档。

2. 善于倾听的人能担大任

善于倾听别人谈话，能够抓住对方本意，领会其要旨，回答言简意赅的人能担当大任。

因为他们善解人意。善听是一种修养，它只有经过长期的锻炼才能形成；同时，这些人想必是有谦逊的品德，有随和的个性，具有领导和管理的天赋。一般来说，三言两语就能切中问题要害的人，往往是思维缜密、周详而又迅速果断的人。他们对事物体察入微，而且客观全面，作出的决定也实际可靠，他们是能担当大任之人。此所谓"真人不露相，露相非真人"。启用他们，公司业务扩展获得的成果定会是实实在在的。

3. "胆小"心细的人比轻易许诺的人更可靠

在布置任务时，有的下属常说"我担心……"，"万一……"之类的话。乍看起来，这种人给人一种胆小怕事的印象。其实不然，因为他们往往思维比较严密，能够居安思危，经常考虑到可能的各种情况和结果，同时也善于自我反省，明白自己的所作所为及其可能的结果，很有责任感。由于他们对工作中所遇到的困难和出现的问题有足够的重视，做起工作来，就会有条不紊越做越好。领导应当给他们加压、委以重任。

一个常轻松说"肯定是……"，"就这么回事"，"一定成"，"没问题"等如此之类的话的人，往往给领导一个爽快能干的印象。事实上，这种轻下断言、轻易许诺的人是靠不住的。轻易断定没有任何困难，这至少表明他工作草率、不具备发现问题的能力；轻易许诺是缺乏承诺的诚意与能力的一种表现。

4. 华而不实、言之无物的人不能使用

说话模棱两可，公式化的一问一答，善于应酬而胸中无策的人不可重用。

华而不实者，口齿伶俐，能说会道，口若悬河，滔滔不绝，乍一接触，很容易给人留下良好印象，并当作一个知识丰富、表达力强、善交往、能拓展业务的人才看待。但是，领导者不要被外表所迷惑，须要分辨他是不是华而不实的人。华而不实的人，善于说谈，谈古论今头头是道，而且能将许多时髦理论挂在嘴上，迷惑许多辨别力差、知识不丰富的人。考察这种人，谈话要多一些具体的问题，给予具体的任务，让他找出对策，试办具体的业务。如果此人谈话、做事避实就虚，圆滑应对，说明此人是华而不实者，当副手尚可，决不能独当一面。

总之，作为企业管理者，要学会从一言一行的细节处考察人才，管理公司。所谓细节决定成败，它也同样适用于人才的选择和企业的管理。在企业当中，日常做得最多的还是些细节性的小事，惊天动地的大事毕竟只是少数。因此，管理者考察人才和管理决策时，最应该注意的是员工平时在工作当中的细节问题和公司存在的普遍现象。所谓"见微知著，以小见大"即是指此而言。

总之，从生活细节上识别人，带有很大的经验性，需要敏锐的眼力，发现别人不容易发现的特点，能在转眼即逝的言行中发现某个人的隐蔽特征。身为领导者，只要注意锻炼自己观察细节的能力，就不难发现每个人的奥秘。

不当绯闻闹剧的主角

男性领导与女下属之间的微妙关系，一直是人们茶余饭后津津乐道的话题。只要关系稍微亲近一点，就有可能被渲染成桃色新闻，跳进黄河也别想洗清。

这类的传闻多少带点戏弄的意味，而对于那些添油加醋的恶意揶揄，男性便要小心提防了，它往往使人哭笑不得。为避免使自己成为桃色新闻的主角，平日在言谈举止方面，男性领导就应当谨守规范。已受流言所困者，最好抱持"清者自清"的态度，过多的解释只能助长好事者的猎奇，并不是明智的对付他们的方法。

办公室是男性领导应该时刻注意的地方。身边的异性员工与自己在一起的时间最长，如果两人经常相处，那就更应该注意。

如果双方的关系是领导者与员工的关系，不是不可以谈生活中的问题，但要注意分寸，要提防，温柔之水时刻会向自己淹来。

早晨走进办公室，如果员工迎过来向自己问好，并帮自己整理办公桌是非常正常的。

如果不单是这些，便应该立刻拒绝。

如帮自己脱外衣，问寒问暖，还时不时看自己一眼，不乏脉脉之情。男性领导此时可要把握自己，不接受过分的殷勤，该自己办的事自己完成，可以说："噢！挺忙的，你忙你的，我自己来，不麻烦你了。"

可说一句笑话："你做这么多，不会发薪时向我多要工资吧？"或者说："我可没雇你当我的保姆，不该做的事，就不要越俎代庖，耽误了工作，我可要扣你工资。"这样的一两句话，加上面带笑容，她不会十分难堪，但也会明白你的用意。

如果她明显对自己表现出异心，甚至有时对自己过分亲昵，男性领导就该找理由把她调到别的部门，或干脆向她说明："我不吃这一套。"

记住这条忠告，办公室最好不要安排异性，自己办公室的门也不要经常关着，说话要尽量大声，以免让人怀疑。记住！身为男性领导千万别主动和异性下属有过度亲密的举动，因为有些下属会认为：她们如果拒绝上司的"好意"就会惹麻烦，不是撤换她们的工作就是剥夺她们某些应享的权利，再不然就是停止更进一步的训练。此外，有些男性中层领导还会给她们很差的评价，甚至开除她们。

所以，男性领导千万不要"碰"自己的员工，也不要告诉她们自己的"床笫私事"——如自己的性幻想或性问题，这种行为通常会引起她们的不快甚或引起她们的误会。除非男性领导想要多了解她们，或是要设法帮助她们处理问题，否则不应该过问她们的私事。

也许男性领导想让大家像一个家庭般地其乐融融，但也不应该和她们讨论私事。如果有某个女下属非常有魅力，千万别想要"染指"她。如果男性中层领导这样做了，有一天一定会吃不了兜着走的。

曾经有一位刚上任的公司经理，总是爱接近公司的女员工，时不时请客吃饭，虽然没有闹什么花边新闻，但是时间久了，公司上下的员工都对他很不屑，也很冷漠，这让他很难在公司顺利地开展工作，最后因为总也没有很好的工作业绩，在上司的责备中灰溜溜地辞职离开了。

现在许多外企公司都有一个不成文的规定，禁止在办公室谈恋爱。其目的也是为了避免这种绯闻在公司内部的传播所带来的负面影响。但人是有感情的动物，白领一族在这忙碌的商业社会中，绝大多数的时间都投注在事业上，很难有机会在工作圈外结交异性，两个年轻人在事业上目标一致，学识见解相似，在一天天的工作中，彼此逐渐认识对方的个性，看到对方最优秀而尽职的一面，自然而然产生情愫、萌生爱意是相当正常的事，也是现代人囿于环境，没有闲暇时间参加社团——外界社交时最有机会认识异性朋友的方式。

但是在办公室中的恋情因为掺杂了老板、同事、顾客、薪水等等的变数，一旦出现问题，要作出牺牲的往往是双方的当事人，因此人们对待办公室恋情则需更加谨慎。尤其是对自己下属的恋情更应该慎之又慎。其实，如果自己不情愿卷入绯闻之中，最好的办法是学会与异性下属保持适当的距离，洁身自好，自然会远离事端，让自己的人生和事业有风平浪静地向前发展。

作为领导，在与办公室里异性的下属或同事相处时，要适当注意彼此间的距离，使其不超越正常的同事关系，就能避免许多闲言碎语和不必要的麻烦，要特别注意几种场合下的言谈举止。

（1）与异性下属保持正常的空间距离。心理学研究说明，在人际交往中，空间距离的不同，会产生不同的心理效应。正常的人际交往中，要保持一定的空间距离。

美国人类学家爱德华霍尔按交流中彼此间的生理距离划分为 4 种类型。

距离为 0～0.46m 之间为亲密型，距离在 0.46～1.2m 之间属正常型，距离在 1.2～3m 之间为社会空间型，3m 以上的距离是普通型。空间距离的大小，引起的细微变化也不相同。职业女性与男性上司或同事交往过程中，如果破坏了正常的交往距离，就会引起不当的心理刺激，心理不健康的人就容易产生非分之想，甚至做出越轨的行为。因此，作为职业中人要时刻注意与异性下属和同事保持一定的距离，避免出现桃色事件。

（2）最好不要单独与异性下属在办公室谈工作。许多企业和公司的董事长或总经理都有自己独立的办公室，给外人的印象是具有私人空间的地方。如果你与下属谈论工作上的事情，可以直接到他（她）的办公室里去找他（她），需要单独与异性下属谈话时，也不要用太长时间，最好就事论事，谈完就让下属离开。这样可以避免同事的猜疑，也不给异性下属独处的机会。

（3）不要轻易到异性下属家里去。家是一个私人的生活空间，并不是一个公共场所或工作场合。只有与异性下属的关系达到一定的程度，才有可能到对方家里去做客。作为上司到异性下属的家中，往往就意味着彼此之间私人关系已经不同一般了。因此，不要轻易到下属家里去，以免引起不必要的麻烦。

（4）不要单独与异性下属去娱乐场所。由于娱乐场所的气氛活跃，再加之浪漫的音乐，闪烁的霓红灯，容易使人产生错觉，做出意外的举动。年轻的上司不适宜与异性下属光顾这种场合，特别是与有家庭的下属，因为这种交往超出了彼此之间的工作范围。

综上所述，上司要注意与异性下属和同事交往，因为这是一个非常敏感的话题，要小心谨慎，尽量避免私下里单独与下属接触，要注意保持正常的交往距离，才能确保自己身正影不歪。

不卷入派系斗争

在现代社会中，企业内部的人际关系问题让广大职场人士和企业经理人"饱受折磨"。不管是分工合作，还是职位升迁，抑或利益分配，无论其出发点是何其纯洁、公正都会因为某些人的"主观因素"的渐渐蔓延，原本简单的同事关系、上下级关系变得复杂起来：一个十几个人的办公室，可以有几个不同的派系，更可以有由这些派系滋生出来的上百个纠缠不清的话题。习惯于这种不动声色、波澜不惊的职场老手，将办公室比喻成战场，在这里，每天都进行着一场场没有硝烟战火的较量，不管你累不累，愿意不愿意，只要你置身"江湖"，就"身不由己"。

安娜在某跨国传媒公司下属的一个办事处工作，和其他4名员工一起，在频道主编的带领下，努力地工作，他们负责的频道眼看日长夜大。谁也没想到，一场因为值班而引发的争斗悄悄降临……

一个周末，轮到安娜这一组值班。一位同事头天加班，早晨晚到了一会儿。安娜因为生病，也是下午才过去。不料这些都被"顺便路过"的分站总编看在眼里。第二天，公司里开始盛传"××频道的员工不肯值班"，好在频道主编挺身而出，替他们作了澄清……事情很快平息，但总编和他们的关系从此急转直下。

当别的频道还在建设中时，安娜这一组完成了所有的准备。可在例会上，总编却要求他们加班，说是"权当作样子给上面看，卖力点，也好加工资"。却遭到了频道主编的反驳："效率出工作，没必要做'秀'嘛。"看得出来，总编脸上有点挂不住。

两个月后，总编总算钻到了"空子"：频道主编怀孕开始休假。第二天，总编立马送给××频道"穿小鞋"——每天召开三刻钟会议，一开始就是一星期，会议的主题只有一个：反复强调剩下的4个人要对他直接负责，××频道的内容需要全面调整。

以后，总编的小动作不断：试用期过了，安娜的工资却明增暗减，公司里更在盛传，××频道已经被判了"死刑"。

谣言很快变成了现实，一个月后，总编直截了当地对安娜说："公司里要调整职位，你的文笔不错，应该可以找到新的工作。"很快，另外3个人也遭厄运：一个同样被辞，总编找人传个话，就把他打发了。一个调到市场部。最后一个"独木难成林"，请了长病假。人事经理事后悄悄告诉安娜："你们的上司不在，谁也保不住你们。"

可见，作为职场中人的安娜因为工作的关系，不自觉地卷入了公司内部总编与频道主编之间的派系纷争，到头来，只落得稀里糊涂地被辞的命运，的确未免太冤枉了。

置身于派系斗争的枪林弹雨中极易受到伤害，但也提供了许多机会，曾经有人用两头削尖的铅笔来象征人事部门的两副面孔："工会的人来了我们支持，管理人员来我们也支持，而我们真正做的是获取我们需要的东西。"

在这种情况下，权力的关键是：分而治之。

这需要你在两方之间充当中间人的角色。权力中间人致胜的秘诀是：暗地里对每个人都表示赞同，同时把他们逼入角落。

假设你的经理和同事，为是否把一批质量低劣但价格暴涨的产品封仓入库，展开了争论。你对同事说："你完全正确，我们应当坚持原则。"而对经理说："你完全正确，我们应当实际一些。"开会时你又说："我认为双方都有道理。"

这样做很有用，因为双方都不清楚对方在拉拢你，自以为获得你的支持而欣喜，当你把他们都逼入角落后，下一步就可以提出你自己的第三种解决方案了。这不仅可以使自己在派系斗争中寻求一种平衡，而且还能够坐收渔翁之利。

但是，在现实社会之中，为了让我们自己更好地生存、发展，一方面要避免卷入派系斗争，如果实在回避不了，就要采取策略去寻求两者之间的平衡；另一方面也避免在社会中，在单位上拉帮结派，集结自己的势力集团，这样的结果往往会带来许多恶劣的后果。

有一句顺口溜是这样说的："三五成群搞帮派，看谁不爽就淘汰。同志之情弥足惜，制造隔阂不应该。"说的就是职场上的拉帮结派，这在古时候，也许就是小人之间的"朋党"。小人与小人，以同利为朋，小人所好者利禄也，所贪者钱财也。有一则成语叫"结党营私"，凡是拉帮结派的，其出发点总是为了"营私"。"官靠商富，商靠官发"，他们相互利用，彼此勾结，沆瀣一气，形成了一个个的"小圈子"。

江南某省组织部部长徐某的贪污受贿丑闻东窗事发后，"官场帮派"引起了人们的警惕。此案所牵涉到的人不多，仅是几个人的"小帮派"而已。据报道，徐某在公共场合以及亲近的工作人员身边都始终作秀，表现得清正廉洁，同时极力培植有价值的私人小帮派，在其中予取予求、腐败透顶。徐某在任期间，利用职务之便，为他人谋取利益，先后收受贿赂460万元和8000美元，接受礼金10万元人民币。这个"他人"正是徐某"小帮派"里的人。

"物以类聚，人以群分"，搞"小圈子"和拉帮结派的人，往往利用同学、老乡、战友等关系，搞亲亲疏疏、团团伙伙，甚至沆瀣一气、党同伐异，结成一荣俱荣、一损俱损的"铁哥们"。

他们在圈子内，只讲义气，不讲纪律，视规章为儿戏，拿原则做交易。据披露，徐某推荐"自己人"时，往往是在省委常委会要开会前，匆忙召开部务会，把严肃的程序变成纯粹的过场，成为合法程序下的腐败。

应该说，由于各人素质不同，利益不等，自我修养不一，每个单位都有一些或大或小的帮派势力，作为领导者如果不慎就会稀里糊涂地上了贼船。领导者盲目地加入某一伙，就等于自动地成了另一派的敌人。而最好的办法是：弄清单位里的各种复杂关系，分析利弊，保持中立，不至于因某一派失利而受损。

倘若领导者真有哪位一屁股坐在某种帮派的板凳上，那么，他就立即会招致以下一系列意想不到的恶果：

（1）使自己沦为某种帮派的袒护者。

（2）无法再对各种帮派发挥协调平衡作用，只能对某种帮派发挥有限的影响作用，况且，自己的所作所为还将受到这种帮派的强大影响和制约。

（3）人为地在自己面前树立众多的对立面。

（4）激化各种帮派之间的矛盾，严重破坏整个管理机制的正常运转。

（5）最终动摇自己的领导地位，导致另一位能被各种帮派接受的新领导者来取代自己。

由此可见，领导者必须凌驾于各种帮派之上，不偏不倚，秉公处事，巧妙灵活地按动每个"琴键"。

责备下属时不要让对方无地自容

格利乌斯说："冷淡的称赞要比猛烈的批评更令人惭愧。因为批评你的人被看作有偏见和敌意，而冷淡地称赞你的人被看作朋友，他乐意称赞却找不出什么值得一赞。"

美国著名的人际关系专家戴尔·卡耐基博士给我们讲述他用赞扬的批评，帮助他的侄女：

"我的侄女约瑟芬·卡耐基来到纽约给我做秘书时，那年她才 19 岁，从中学毕业刚一年，工作经验等于零。她现在可以说是西方国家最熟练的秘书之一。但是在开始时，只能说她是可以提高的。一天，当我正要批评她时，我对自己说：'稍等一下，戴尔·卡耐基。你在年龄上比约瑟芬大两倍，在工作经验上多一万倍，你怎么能期望她具有你的观念、你的判断力、你的能动性，尽管这也只是普普通通的能力。再稍等一下，戴尔，你在 19 岁时是怎么干的？记得你犯下的愚蠢的错误，办的傻事吧？记得你做的这个……做的那个……？'思考一番后，公正地得出结论，约瑟芬的平均工作成绩比我在 19 岁时的平均成绩要好，我很内疚地承认约瑟芬没有为此得到多少表扬。

"因此，每当我想让约瑟芬注意错误时，我常常先说这样的话：'你出了个错误，约瑟芬，不过老天知道，比我曾经犯过的许多错误来说，你的要轻得多，你不是生来就精明的，这只能从经验中产生，而你比我在这个年龄时好多了。我对自己所做的蠢事、傻事很感内疚，因而并不想批评你或别人。不过，如果你这样做，你觉得是不是更明智些？'"

卡耐基博士总结道："如果批评者在开始的时候就谦卑地承认自己也并非没有缺点，那么听他数说错误也就不那么逆耳了。"

可见，批评是一门艺术。尤其对于领导来说，时常要面临着对于工作或表现不满的下属的批评一事，如何能够使自己的批评不伤害对方的自尊心，又能起到惩前毖后，治病救人的效果，这需要掌握批评这一门学问。

其实，人非圣贤，孰能无过？当员工犯了错误时，领导是简单粗暴、不分场合地给予批评，还是经过调查之后心平气顺、和风细雨地加以沟通，对部下晓之以情，既指出员工的缺点，又不伤害其自尊心，使其心服口服，从而激发起更高的积极性、主动性和创造性，这无疑显示出一个领导的领导水平如何以及其批评的艺术掌握得怎样。

说出来，批评下属是一件不太轻松也不容易的事情，有时会令那些缺乏管理知识和经验的领导者感到无所适从。但是，谁都会犯错误，批评也是一种艺术。如果管理者不懂得如何批评下属，就有可能降低部门的工作效率，甚至影响整个团队的工作情绪。一般来说，领导者在进行批评工作时，最需要注意的就是批评的原则与批评的方式两个方面。

1. 批评的目的在于救人

批评的目的不是批评本身，而在于纠正错误。毛泽东就深明批评的精要在于"惩前毖后，治病救人"。从某种意义上讲，批评包含一定的"治病救人"的性质——批评者与被批评者同步成长。治病，是医生与患者共同参与的互动行为，医疗环境对医疗效果有较大的影响。尤其老中医，很注意调动患者的能动性，话语中甚至语气运用都很谨慎。西医也明白这个道理，所以把很苦的药制成"糖丸"。

在对员工进行批评教育时，你应该首先让对方认识到你不是为了批评而批评。你是出于帮助和教育的目的，"因为爱他，所以批评他"。同时你也必须告诉他，你相信他会知错能改，你是非常信任他的，并且你也希望他能够信任你。如果你无法取得对方的信赖，即使言之凿凿，见解精辟，却依然无法令人折服。

领导者对于部下进行批评的目的是为了帮助部下认识错误，改正错误，而不是为了把下属制服，或者一棍子打死，也不是拿部下出气，显示自己的威风。这就要求领导者以关怀爱护的态度来对待犯了错误的人，耐心地倾听他们的意见，客观地帮助他们分析问题、查找原因，从而使他们真正认识到自己的问题，鼓起勇气，下决心改掉缺点和毛病。

2. 尊重事实、公正合理

领导批评下属，一定要尊重事实，公平合理，说话要有分寸，批评要有根据。切不可随便捕风捉影，没有证实是否属实，就企图让部下接受批评。那样势必要惹起部下的反感。因为每个人都有自尊心，对批评意见都会比较敏感，一旦事实有出入，产生对立、抵触情绪是必然的。

弄清楚下属犯错误的过程，分析错误的性质、程度及原因，这样，针对性强的批评部下容易接受。

3. 适度原则

对于犯错误的员工，领导的批评深浅要适度，不能无度、缺度或过度。大哲学家黑格尔说过："凡一切人世间的事物，诸如财富、荣誉、权力甚至快乐、痛苦等等，皆有其确定的尺度，超过这个尺度就会招致毁灭。"领导者对下级的批评同样如此。领导者应该掌握好批评的分寸，视员工所犯的错误的严重程度，来决定对其批评的严厉程度。一旦没有掌握好力度，批评超出了一定的限度，也就是说超出了某个临界点，那么批评就会发生质变，就会走向反面。

4. 不要在众人面前指责下属

有的领导喜欢在众人面前斥责下属，想以此来把责任转移到下属身上，好让上级、客户、或其他下属知道，这不是他的错，而是某个下属办事不利。这种想法是非常幼稚的。

其一，你既为该单位的领导，无论如何，你总对该单位的人与事负有责任，这是谁也推诿不掉的。一味强调自己的不知情，反而暴露出你的管理不利，或由你所制定的管理体制不健全。更不好的是，还会给人留下自私与狭隘的印象。

其二，单位所表现的一切，是全体员工共同努力的结果。如果上司或外界有何不满，最高负责人应负起这个责任。领导者以底下人员为挡箭牌，逃避责任，作为代罪羔羊的下属很可能因此自暴自弃，以后任何活动、任何工作再也不会热衷了。领导一直对外宣称全体员工就是整个单位的代表，却不用实际行动来表现，这就像画饼充饥一样地不真实。

在发生问题的时候，如果领导确实不十分知情，该把有关人员找来，把问题问清楚，然后让下属回去继续工作。领导应该负起责任处理问题。等上司或客户走了，有必要纠正、责备时再严格执行。

古时候，有一位侠客，他的下属有近千人。一次，朋友问他："有那么多的子弟仰慕你、跟随你，你是否有什么秘诀吗？"他回答说："我的秘诀是，当我要责备某一位犯错误的弟子时，一定叫他到我的房间里，在没有旁人的场合才提醒他，就是如此。"日本的社会学家岛田一男在援引这个例子后说："无论是辈份较长的人或是上司，都应该有这位侠客的认识才好。在大庭广众之下被责骂，会觉得很没面子，很可能会萎靡不振、意志消沉，有的可能对你产生反抗或憎恶的态度。"

　　设想一下，假若下属因为被你当众责骂而觉得下不了台，抱着横竖都挨责备的心理，一反常态地和你争吵起来，甚至把本单位一些不该为外人知道的东西也抖露了出来，当领导的本为保全自己的"面子"，如此一来，岂不是连"面子"都保不住了吗？"家丑不可外扬"，从经营管理的角度来说，不是完全没有道理的。但要下属做到家丑不外扬，当领导的，首先不要把下属的"丑"外扬才好。

　　当然，批评的原则、方式、细节等问题，远不是这 4 条可以说清楚的。领导者在批评下属这个问题上，一定要谨慎对待，原则上少用为好，教育为主，惩罚为辅，毕竟企业不是国家，更不是军队。

第七章　工作无小事

——细节成就卓越

不以卑微的心做卑微的事

无论你贵为君主还是身为平民，无论你是男还是女，都不要看不起自己的工作。如果你认为自己的劳动是卑贱的，那你就犯了一个巨大的错误。

罗马一位演说家说："所有手工劳动都是卑贱的职业。"从此，罗马的辉煌历史就成了过眼云烟。亚里士多德也曾说过一句让古希腊人蒙羞的话："一个城市要想管理得好，就不该让工匠成为自由人。那些人是不可能拥有美德的。他们天生就是奴隶。"

今天，同样有许多人认为自己所从事的工作是低人一等的。他们身在其中，却无法认识到其价值，只是迫于生活的压力而劳动。他们轻视自己所从事的工作，自然无法投入全部身心。他们在工作中敷衍塞责、得过且过，而将大部分心思用在如何摆脱现在的工作环境上了。这样的人在任何地方都不会有所成就。

所有正当合法的工作都是值得尊敬的。只要你诚实地劳动和创造，没有人能够贬低你的价值，关键在于你如何看待自己的工作。那些只知道要求高薪，却不知道自己应承担的责任的人，无论对自己，还是对老板，都是没有价值的。

也许某些行业中的某些工作看起来并不高雅，工作环境也很差，但是，请不要无视这样一个事实：有用才是伟大的真正尺度。在许多年轻人看来，公务员、银行职员或者大公司白领才称得上是绅士，其中一些人甚至愿意等待漫长的时间，目的就是去谋求一个公务员的职位。但是，同样的时间他完全可以通过自身的努力，在现实的工作中找到自己的位置，发现自己的价值。

"低就"不一定就低人一等。对于许多选择就业岗位的人们来说，首要的不是先瞄好令人羡慕的岗位，而是一开始就树立正常的就业观念。如果干什么都挑三拣四，或者以为选准一个岗位便可以一劳永逸，那么你就可能永远真正地低人一等。正如台湾的女作家杏林子所说："现代社会，昂首阔步、趾高气扬的人比比皆是，然而有资格骄傲却不骄傲的人才真正高贵。"

20世纪70年代初，美国麦当劳总公司看好台湾市场。正式进军台湾之前，他们需要在当地先培训一批高级干部，于是进行公开的招考甄选。由于要求的标准颇高，许多初出茅庐的青年企业家都未能通过。

经过一再筛选，一位名叫韩定国的某公司经理脱颖而出。最后一轮面试前，麦当劳的总裁和韩定国夫妇谈了三次，并且问了他一个出人意料的问题："如果我们要你先去洗厕所，你会愿意吗？"韩定国还未及开口，一旁的韩太太便随意答道："我们家的厕所一向都是由他洗的。"总裁大喜，免去了最后的面试，当场拍板录用了韩定国。

后来韩定国才知道，麦当劳训练员工的第一堂课就是从洗厕所开始的，因为服务业的基本理论是"非以役人，乃役于人"，只有先从卑微的工作开始做起，才有可能了解"以家为尊"的道理。韩定国后来所以能成为知名的企业家，就是因为一开始就能从卑微小事做起，干别人不愿干的事情。

工作本身没有贵贱之分，但是对于工作的态度却有高低之别。看一个人是否能做好事情，只要看他对待工作的态度。而一个人的工作态度，又与他本人的性情、才能有着密切的关系。一个人所做的工作，是他人生态度的表现，一生的职业，就是他志向的表示、理想的所在。所以，了解一个人的工作态度，在某种程度上就是了解了那个人。

那些看不起自己工作的人，往往是一些被动适应生活的人，他们不愿意奋力崛起，努力改善自己的生存环境。对于他们来说，公务员更体面，更有权威性；他们不喜欢商业和服务业，不喜欢体力劳动，自认为应该活得更加轻松，应该有一个更好的职位，工作时间更自由。他们总是固执地认为自己在某些方面更有优势，会有更广泛的前途，但事实上并非如此。

克尔在一家快速消费品公司已经工作了两年，一直是不冷不热的状态，待遇不高，但能学到东西，比较锻炼人，薪水也马马虎虎过得去。但最近和一些老朋友交流过程中，他发现大家都发展得不错，好像都比自己好，这使得他开始对自己目前的状态不满意了，考虑怎么和老板提加薪或者找准机会跳槽。

终于，他找了一次单独和老板喝茶的机会，开门见山地向老板提出了加薪的要求。老板笑了笑，并没有理会。于是，他对工作再也打不起精神来，开始敷衍应付起来。一个月后，老板把他的工作移交给其他员工，大概是准备"清理门户"了。他赶紧知趣地递交了辞呈。可令他始料未及的是，接下来的几个月里，他并没有找到更好的工作，招聘单位开出的待遇甚至比原来的还差了。

由于心态的错位与失衡，克尔失去了那份还过得去的工作，而且，他的下一份工作还不如以前。

像克尔这种具有消极被动心态的人，他们只是指责和抱怨，并一味逃避。他们不思索关于工作的问题：自己的工作是什么？工作是为什么？怎样才能把工作做得更好？他们只是被动地应付工作，为了工作而工作，不在工作中投入自己全部的热情和智慧，只是机械地完成任务。这样的员工，是不可能在工作中做出好的成绩并最终拥有自己的事业的。

许多管理制度健全的公司，正在创造机会使员工成为公司的股东。因为人们发现，当员工成为企业所有者时，他们表现得更加忠诚，更具创造力，也会更加努力工作。以积极主动的心态对待你的工作、你的公司，你就会尽职尽责完成工作，并在工作中充满活力与创造性，你就会成为一个值得信赖的人，一个老板乐于雇用的人，一个可能成为老板得力助手的人。更重要的是，你终将会在事业上有所成就。

其实，每个人都应该相信天生我才必有用，懒懒散散只会给我们带来巨大的不幸。有些年轻人用自己的天赋来创造美好的事物，为社会作出了贡献；另外有些人没有生活目标，缩手缩脚，浪费了天生的资质，到了晚年只能苟延残喘。本来可以创造辉煌的人生，结果却与成功失之交臂，不能说不是一个巨大的遗憾。

因此，在职场中有一条永远不变的真理：以积极的心态对待工作，工作也会以积极的回报回馈于你。

工作不只为薪水

一些年轻人，当他们走出校园时，总对自己抱有很高的期望值，认为自己一开始工作就应该得到重用，就应该得到相当丰厚的报酬。他们在工资上喜欢相互攀比，似乎工资成了他们衡量一切的标准。但事实上，刚刚踏入社会的年轻人缺乏工作经验，是无法委以重任的，薪水自然也不可能很高，于是他们就有了许多怨言。但这样带来的后果往往很糟。

安妮大学毕业后在一家公司的财务部门任职。老板说："试用期半年，干得好，半年以后加薪。"

安妮刚到公司上班时，干劲特别足，每天干的活一点也不比老职员少，可是两个多月以后，她觉得凭借自己能够在公司独当一面，完全可以获得更高的薪水，老板应该提前给她加薪才是，而不必非要等到半年以后。

自产生这个想法以后，安妮对工作的态度来了个一百八十度的大转变，上司交给她的各项任务不再像以前那样认真、细致地完成，月末单位赶制财务报表需要加班加点时，她甚至对同事们说："你们加班是应当的，我的任务我在白天已经完成了。"

言下之意，安妮的薪水低，没理由和那些高薪族一起加班，还半真半假地幽默道："半年后，说不定我就会与你们一道并肩作战了。"当然，这一切不会逃过老板的火眼金睛。

半年过去了，老板丝毫没有给安妮加薪的意思，她一气之下离开了那家公司。

后来同事跟她私下聊天："真遗憾，你白白地坐失了一个加薪晋升的良机。老板看你工作扎实，业务能力又强，本来想在第三个月提前给你加薪，甚至还有意在半年后提拔你为主办会计。"得知这一切的安妮心中悔恨不已，但为时已晚。

其实，像安妮这样的员工，她的失败源于她不知道这样的一个职场法则：

如果一个人工作只是为了薪水，没有远大理想，没有高尚目标，不关心薪水以外的任何东西，那么他的能力就无法提高，经验也无法增多，机会也就无法垂青于他，成功也就自然与他无缘。

因此，有一位成功企业家说过，不要为薪水而工作。工作固然是为了生计，但是比生计更可贵的，就是在工作中充分发掘自己的潜能，发挥自己的才干，做正直而纯正的事情。

这时，你会惊喜地发现：工作所给你的，要比你为它付出的更多。如果你将工作视为一种积极的学习经验，那么，每一项工作中都包含着许多个人成长的机会。

美国某著名教授有两个十分优秀的学生，聪明能干，兴趣和爱好也相近。对他们来说，找个有发展潜力的工作应该是件轻而易举的事。当时，教授有个朋友正在创办一家小型公司，委托教授为他物色一个适当的人选做助理。教授建议他这两个学生都去试试看。

　　两个学生分别前去应聘。第一位去应聘的名叫纳费尔。面谈结束几天后，他打电话向教授说："您的朋友太苛刻了，他居然只肯给月薪 600 美元，我才不去为他工作呢！现在，我已经在另一家公司上班了，月薪 800 美元。"

　　后来去的那位学生叫比克，尽管开出的薪水也是 600 美元，尽管他也有更多赚钱的机会，但是他却欣然接受了这份工作。当他将这个决定告诉教授时，教授问他："如此低的薪水，你不觉得太吃亏了吗？"

　　比克说："我当然想赚更多的钱，但是我对您朋友的印象十分深刻，我觉得只要从他那里多学到一些本领，薪水低一些也是值得的。从长远的眼光来看，我在那里工作将会更有前途。"

　　好多年过去了。纳费尔的年薪由当年的 9600 美元涨到区区 4 万美元，而最初年薪只有 7200 美元的比克呢，现在的固定薪水却是 25 万美元，外加期权和红利。

　　这两个人的差异到底在哪里呢？显然纳费尔是被最初的赚钱机会蒙蔽了，而比克却是基于学东西的观点来考虑自己的工作选择。

　　这就是一个眼光的问题，如果你只注重眼前的金钱和利益，而不是在工作中锻炼和增长自己的能力的话，那你永远也不可能像比克那样获得成功的机会。

　　古往今来，那些成功人士的一生往往是跌宕起伏，像波浪线一样，一下高一下低。命运的起伏使他们失去了很多东西，但有一样东西是不会失去的，这就是能力，是能力使他们重新跃上事业的顶峰。杰出人物所具有的创新力、决断力以及敏锐的洞察力往往是人们所钦慕的，然而，他们的这些能力是在长期的工作中锻炼的，而不是一开始就具备的。他们通过工作了解自己，发现自己，最大限度地发挥自己的潜力。

　　一个名叫尼克的普通银行职员，在受聘于一家汽车公司 6 个月后。试着向老板琼斯毛遂自荐，看是否有提升的机会。琼斯的答复是："从现在开始，监督断厂机器设备的安装工作就由你负责，但不一定加薪。"糟糕的是，尼克从未受过任何工程方面的训练，对图纸一窍不通。然而，他不愿意放弃这个难得的机会。因此，他发扬自己的领导特长，自己找了些专业人员安装，结果提前一个星期完成任务。最后。他得到了提升，工资也增加了 10 倍。

　　"我当然明白你看不懂图纸，"后来老板这样对他说，"假如你随意找个原因把这项工作推掉，我有可能就把你辞掉。"

　　只有在工作中主动争取机会，尽自己最大努力去发挥自己的能力，你才会比别人更多一份成功的可能。

"追求热爱的事业，而非一份可以挣钱的工作。"这句简单的名言，或许可以避免许多人失去对生命的热情。

钢铁大王查尔斯·施瓦布对此有非常精辟的看法，他说："如果对工作缺乏热情，只是为了薪水而工作，很可能既赚不到钱，也找不到人生的乐趣。"

为了避免这样的一种情形，我们有必要重新认识工作的价值。

固然，我们投身于职场是为了自己而工作。但人生并不只有现在，还有更长远的未来。薪水当然重要，但那只是个短期的小问题，最重要的是要获得不断晋升的机会，为未来获得更多的收入奠定基础，更何况生存问题需要通过发展来解决。

维斯卡亚公司是美国 20 世纪 80 年代最为著名的机械制造公司。

艾伦和许多人的命运一样，在该公司每年一次的用人招聘会上被拒，但是艾伦并不灰心，他发誓一定要进入这家公司工作。

于是，他假装自己一无所长，找到公司人事部，提出为该公司无偿提供劳动力，请求公司分派给他任何工作，他都不计任何报酬来完成。公司起初觉得简直不可思议，但考虑到不用任何花费，也用不着操心，于是便分派他去打扫车间的废铁屑。

一年下来，艾伦勤勤恳恳地重复着这种既简单又劳累的工作。为了糊口，下班后他还得去酒吧打工。尽管他得到了老板及工人们的一致好感，但仍然没有一个人提到录用他的问题。

1990 年初，公司的许多订单纷纷被退回，理由均是产品质量问题，为此公司将蒙受巨大的损失。公司董事会为了挽救颓势，紧急召开会议，寻找解决方案。当会议进行一大半还不见眉目时，艾伦闯入会议室，提出要见总经理。在会上，他就该问题出现的原因作了令人信服的解释，并且就工程技术上的问题提出了自己的看法，随后拿出了自己的产品改造设计图。

这个设计非常先进，既恰到好处地保留了原来的优点，又克服了已经出现的弊病。

总经理及董事觉得这个编外清洁工很是精明在行，便询问他的背景及现状。于是，艾伦当着高层决策者们的面，将自己的意图和盘托出。之后经董事会举手表决，艾伦当即被聘为公司负责生产技术问题的副总经理。

原来，艾伦利用清扫工到处走动的特点，细心察看了整个公司各部门的生产情况，并一一详细记录，发现了所存在的技术问题并想出了解决的办法。

他花了一年时间搞设计，做了大量的统计数据，为最后一展雄姿奠定了基础。

艾伦不为薪水工作的同时，却为自己的未来创造了成功的契机。

因此，世界著名的成功大师戴尔·卡耐基告诫人们成功的秘诀之一就是：不为金钱工作。

你如果想做一个快乐的人，切记：金钱不是万能，不是"权力"，它只是用来达到目的的一种工具罢了。若你不注意发展你的人格而只注意赚钱，那么，全世界银行金库里的钱还不够替你买到快乐！金钱变为你的生活目的时，怕连你的生活，甚至你的命也保不住了！

以老板的心态来工作

绝大多数人都必须在一个社会机构中奠基自己的事业生涯。只要你还是某一机构中的一员，就应当抛开任何借口，投入自己的忠诚和责任。一荣俱荣，一损俱损！将身心彻底融入公司，尽职尽责，处处为公司着想，对投资人承担风险的勇气报以钦佩，理解管理者的压力，那么任何一个老板都会视你为公司的支柱。

这种理念其实就是《这是你的船》的作者迈克尔·阿伯拉肖夫提出的一种员工心态的观念。

1997 年 6 月，当迈克尔·阿伯拉肖夫接管"本福尔德"号的时候，船上的水兵士气消沉，很多人都讨厌待在这艘船上，甚至想赶紧退役。

但是，两年之后，这种情况彻底发生了改变。全体官兵上下一心，整个团队士气高昂。"本福尔德"号变成了美国海军的一艘王牌驱逐舰。

迈克尔·阿伯拉肖夫用什么魔法使得"本福尔德"号发生了这样翻天覆地的变化呢？概括起来就是一句话："这是你的船！"

迈克尔·阿伯拉肖夫对士兵说：这是你的船，所以你要对它负责，你要与这艘船共命运，你要与这艘船上的官兵共命运。所有属于你的事，你都要自己来决定，你必须对自己的行为负责。

只要你是公司的员工，你就是公司这条船的主人。你必须以主人的心态来管理照料这条船，而不是以一个"乘客"的心态来渡过人生的浩瀚大海。

当然，选择做主人还是做乘客，这两种不同心态对于你的工作带来的影响是相当大的。

彼得高中毕业之后和朋友一齐到海南打工。

彼得和朋友在码头的一个仓库给人家缝补篷布。彼得很能干，做的活儿也精细，当他看到丢弃的线头碎布也会随手拾起来，留做备用，好像这个公司是他自己开的一样。

一天夜里，暴风雨骤起，彼得从床上爬起来，拿起手电筒就冲到大雨中。朋友劝不住他，骂他是个憨蛋。

在露天仓库里，彼得察看了一个又一个货堆，加固被掀起的篷布。这时候老板正好开车过来，只见彼得已经成了一个水人儿。

当老板看到货物完好无损时，当场表示给彼得加薪。彼得说："不用了，我只是看看我缝补的篷布结不结实，再说，我就住在仓库旁，顺便看看货物只不过是举手之劳。"

老板见他如此诚实，如此有责任心，就让他到自己的另一个公司当经理。

公司刚开张，需要招聘几个文化程度高的大学毕业生当业务员。彼得的朋友跑来，说："给我弄个好差干干。"彼得深知朋友的个性，就说："你不行。"朋友说："看大门也不行吗？"彼得说："不行，因为你不会把活当成自己家的事干。"朋友说他："真憨，这又不是你自己的公司！"临走时，朋友说彼得没良心，不料彼得却说："只有把公司当成是自己开的公司，才能把事情干好，才算有良心。"

几年后，彼得成了一家公司的总裁，他朋友却还在码头上替人缝补篷布。这就是以老板的心态做事与以打工者的心态做事的区别。

只有以老板的心态对待公司，你才会有主人翁的责任意识，时时处处为公司着想，对工作就会全身心投入，尽职尽责。

尼斯是主管过磅称重的小职员，到这家钢铁公司工作还不到一个月，他就发现很多矿石并没有完全充分地冶炼，一些矿石中甚至还残留有未被冶炼好的铁。他想：如果继续这样下去的话，公司岂不是会有很大的损失？

于是，他找到了负责该项工作的工人，跟他说明了这个问题。这位工人说："如果技术有了问题，工程师一定会跟我说，现在还没有哪一位工程师跟我说明这个问题，说明现在还没有出现你说的情况。"

尼斯又找到了负责技术的工程师，对工程师说明了他看到的问题。工程师很自信地说："我们的技术是世界一流的，怎么可能会有这样的问题？"工程师并没有重视乔治所说的问题，还暗自认为：一个刚刚毕业的大学生，能明白多少，不会是因为想博得别人的好感而表现自己吧？

但是尼斯一直认为这是个很大的问题，于是他拿着没有冶炼好的矿石找到了公司负责技术的总工程师，他说："先生，我认为这是一块没有冶炼好的矿石，您认为呢?"

总工程师看了一眼，说："没错，年轻人！你说得对，哪里来的矿石?"

尼斯说："我们公司的。"

"怎么会，我们公司的技术是一流的，怎么可能会有这样的问题?"总工程师很诧异。

"工程师也这么说，但事实确实如此。"尼斯坚持道。

"看来是出问题了。怎么没有人向我反映?"总工程师有些发火了。

总工程师立即召集负责技术的工程师来到车间，果然发现了一些冶炼并不充分的矿石。经过检查发现，原来是监测机器的某个零部件出现了问题，才导致了冶炼的不充分。

公司的总经理知道了这件事后，不但奖励了尼斯，而且还晋升尼斯为负责技术监督的工程师。总经理不无感慨地说："我们公司并不缺少工程师，但缺少的是负责任的工程师。工程师没有发现问题事小，别人提出问题还不以为然事大。对于一个企业来讲，人才是重要的，但是更重要的是真正有责任感的人才。"

乔治能获得工作之后的第一步成功，完全源于一种老板般的责任感。也就是说，他具有老板的心态，处处为公司的利益着想。

钢铁大王卡内基曾经这样说过："无论在什么地方，都不应该把自己只看成公司的一名员工，而应该把自己视为公司的主人。"

也只有以老板的心态来对待公司，才能像老板一样热爱公司，热爱你的工作。但是，如何像老板那样去热爱公司呢? 有两点是相当重要的，一是以老板的心态对待工作，对工作质量精益求精；二是把自己视为公司的老板，像呵护自己的孩子那样去呵护企业。

从表面上看，企业的确是老板的，因为你没有企业的股份。事实上，企业是你和老板共有的，你总是拥有企业的"一部分"，这一部分给了你工作的机会，给你带来收入，给你一个展示才华的舞台。如果没有这一部分，你的这一切都不存在。如果你爱这一部分，你就不再感觉工作是一种苦役了，而是一件快乐的事情。

以老板的心态对待公司，像老板一样热爱你的工作，热爱你的公司，你就会成为一个快乐的人，负责的人，一个值得信赖的人，一个老板乐于雇用的人，一个可能成为老板得力助手的人。

亲爱的朋友，当你读到这里时，不妨问一下自己：如果你是老板，你对自己今天所做的工作完全满意吗？别人对你的看法也许并不重要，真正重要的是你对自己的看法。回顾一天的工作，扪心自问一下："我是否付出了全部精力和智慧？"

责任感就体现在细微的小事中

有人说，一滴水可以折射出整个太阳的光辉，一件小事就可以看出一个人的内心世界。所以，一个人有没有责任感，并不仅仅是体现在大是大非面前，也体现在细微的小事中。事实上，一个连小事都不愿负责的人，又怎能在大事面前敢于担当呢？

一位人力资源部经理说："看一个人是否有责任，不用从什么大的方面来看，就从那些细微的小事，下意识能做的事情就可以得到答案。"他的话不无道理。

一家公司正在招聘新员工。来了不少应聘的人，看起来一个个精明干练。面试的人一个个进去又一个个出来，大家看起来都是胸有成竹。面试只有一道题，就是谈谈你对责任的理解。对于这样的一个问题，很多都认为简单得不能再简单。

然而结果却出人意料——一个人都没有被录取。难道这家企业成心不想招人？

"其实，我们也很遗憾，我们很欣赏各位的才华，你们对问题的分析也是层层深入，语言简洁畅达，非常令各位考官满意。但是，我们这次考试不是一道题，而是两道，遗憾的是，另外一道你们都没有回答。"经理说。

大家哗然："还有一道题？"

"对，还有一道，你们看到了躺在门边的那个笤帚了吗？有人从上面跨过去，有的甚至往旁边踢了一下，但却没有一个人把它扶起来。"

"对责任的深刻理解远不如做一件负责的小事，后者更能显现出你的责任感。"经理最后说。

看来这位经理的挑剔确实很必要，因为没有哪一位领导者会对如此没有责任意识的员工给予深深的信任，没有多少人可以面临大是大非的抉择，也没有多少人的责任感会有大是大非的考验，那么就从小事来看看你的员工吧，看看他是否真的对企业有责任感？这也是考核员工的一个重要方面。

工作就意味着责任。在这个世界上，没有不需承担责任的工作，相反，你的职位越高、权力越大，你肩负的责任就越重。不要害怕承担责任，要立下决心，你一定可以承担任何正常职业生涯中的责任，也一定可以比前人完成得更出色。

千万不要自以为是而忘记了自己的责任。对于这种人，巴顿将军的名言是："自以为了不起的人一文不值。遇到这种军官，我会马上调换他的职务。每个人都必须心甘情愿为完成任务而献身。"

世界上最愚蠢的事情就是推卸眼前的责任，认为等到以后准备好了、条件成熟了再去承担才好。在需要你承担重大责任的时候，马上就去承担它，这就是最好的准备。如果不习惯这样去做，即使等到条件成熟了以后，你也不可能承担起重大的责任，你也不可能做好任何重要的事情。

每个人都肩负着责任，对工作、对家庭、对亲人、对朋友，我们都有一定的责任，正因为存在这样或那样的责任，才能对自己的行为有所约束。

寻找借口就是将应该承担的责任转嫁给社会或他人。而一旦我们有了寻找借口的习惯，那么我们的责任心也将随着借口烟消云散。没有什么不可能的事情，只要我们不把借口放在我们的面前，就能够做好一切，就能完全地尽职尽责。

小田千惠是日本索尼公司销售部的一名普通接待员，工作职责就是为往来的客户订购飞机、火车票。有一段时间，由于业务的需要，她时常会为美国一家大型企业的总裁订购往返于东京和大阪的车票。

后来，这位总裁发现了一个非常有趣的现象：他每次去大阪时，座位总是紧邻右边的窗口，返回东京时，又总是坐在靠左边窗口的位置上。这样每次在旅途中他总能在抬头间就能看到美丽的富士山。

"不会总是这么好运气吧？"这位总裁对此百思不得其解，随后便饶有兴趣地去问小田千惠。

"哦，是这样的，"小田千惠笑着解释说，"您乘车去大阪时，日本最著名的富士山在车的右边。据我的观察，外国人都很喜欢富士山的壮丽景色，而回来时富士山却在车的左侧，所以，每次我都特意为您预订了可以一览富士山的位置。"

听完小田千惠的这番话，那位美国总裁打内心深处产生了强烈的震撼，由衷地赞美道："谢谢，真是太谢谢你了，你真是一个很出色的雇员！"

小田千惠笑着回答说："谢谢您的夸奖，这完全是我职责范围内的工作。

在我们公司，其他同事比我还要更加尽职尽责呢！"

美国客人在感动之余，对索尼的领导层不无感慨地说："就这样一件小事，贵公司的职员都想得如此周到细心，那么，毫无疑问，你们会对我们即将合作的庞大计划尽心竭力的。所以与你们合作我一百个放心！"

令小田千惠没有想到的是，因为她的尽职尽责，这位美国总裁将贸易额从原来的 500 万美元一下子提高至 2000 万美元。

更令小田千惠惊喜的是，不久她就由一名普通的接待员提升至接待部的主管。

像小田千惠这样的人在企业里无疑就是一名榜样员工。

因为她将责任根植于内心，让它成为了其脑海中的一种自觉意识。这样一来在日常的行为和工作中，这种责任意识才会让她表现得更加卓越。

因为她清楚，作为一名合格称职的好员工，就必须尽职尽责，对她的岗位和公司感到自豪，对于她的同事和上级有高度的责任义务感，对于自己表现出的能力有充分的自信。

如果你曾经为自己担当责任而感到沉重和压力重重，那么我告诉你，你还没有正确地理解责任的含义。责任意味着勇气、坚强、爱和无私。当你有勇气承担责任时，你正在给予别人爱和无私。难道你不为自己所做的一切感到骄傲吗？如果你有勇气，就把曾经放弃的责任重新捡拾起来，你不会被人嘲笑而会得到他人尊敬的。如果你有勇气，就别放弃正压在你身上的责任，如果你能再坚持一下，你就可能获得成功。

可能对于很多人来说，如果不给予一定职务或待遇上的承诺，很少有人愿意主动去承担一些工作，因为做的工作越多，意味着担负的责任越重，做得好一切都会好，做不好就招致麻烦。所以，只要做好自己的事情就可以了，其他的事情能不管就不管、能推则推。孰不知，这样长期下去，最终损失最大的还是自己。

汤姆在一次与朋友的聚会中神情激愤地对朋友抱怨老板长期以来不肯给自己机会。他说："我已经在公司的底层挣扎了 15 年了，仍时刻面临着失业的危险。15 年，我从一个朝气蓬勃的青年人熬成了中年人，难道我对公司还不够忠诚吗？为什么他就是不肯给我机会呢？"

"那你为什么不自己去争取呢？"朋友疑惑不解地问。

"我当然争取过，但是争取来的却不是我想要的机会，那只会使我的生活和工作变得更加糟糕。"他依旧愤愤不平。

"能对我讲一下那是什么吗？"

"当然可以！前些日子，公司派我去海外营业部，但是像我这样的年纪，这种体质，怎能经受如此的折腾呢。"

"这难道不是你梦寐以求的机会吗，怎么你会认为这是一种折腾呢？"

"难道你没看出来？"汤姆大叫起来，"公司本部有那么多的职位，为什么要派我去那么遥远的地方，远离故乡、亲人、朋友？那可是我生活的重心呀！再说我的身体也不允许呀！我有心脏病，这一点公司所有的人都知道。怎么可以派一个有心脏病的人去做那种"开荒牛"的工作呢，又脏又累，任务繁重而没有前途……"他仍旧絮絮叨叨地罗列着他根本不能去海外营业部的种种理由！

这次他的朋友沉默了，因为他终于明白为什么15年来汤姆仍没有获得他想要的机会。并且也由此断定，在以后的工作中，汤姆仍然无法获得他想要的机会，也许终其一生，他也只能等待。

借口的根源在于缺乏责任心，找借口只会使你与成功失之交臂。

负责任、尽义务是成熟的标志。几乎每个人做错了事都会寻找借口。负责任的人是成熟的人，他们对自己的言行负责，他们把握自己的行为，做自我的主宰。

其实，只有具备高度责任感的人，从不把该负的责任推诿给别人，才会被你周围的人包括你的老板所赏识。

以感恩的心态来对待工作

一次，古罗马众神决定举行一次欢迎会，邀请全体美德神参加。真、善、美、诚以及各大小美德神都应邀出席，他们和睦相处，友好地谈论着，玩得很痛快。

但是主神朱庇特注意到：有两位客人互相回避，不肯接近。主神向信使神密库瑞述说了这一情况，要他去看看这是什么问题。信使神立即将这两位客人带到一起，并给他们介绍起来。

"你们两位以前从未见过面吗？"信使神说。

"没有，从来没有，"一位客人说，"我叫慷慨。"

"久仰，久仰！"另一位客人说，"我叫感恩。"

正如这个故事揭示的：生活中慷慨的行为总是难以得到真诚的感恩。事实上，我们每个人每天的生活都在仰赖着他人的奉献，只是很少有人会想到这一点。

感恩是爱的根源，也是快乐的源泉。如果我们对生命中所拥有的一切能心存感激，便能体会到人生的快乐、人间的温暖以及人生的价值。班尼·迪克特说："受人恩惠，不是美德，报恩才是。当他积极投入感恩时，美德就产生了。"

感恩之心会给我们带来无尽的快乐。为生活中的每一份拥有而感恩，能让我们知足常乐。感恩不是炫耀，不是停滞不前，而是把所有的拥有看作是一种荣幸、一种鼓励，在深深感激之中进行回报的积极行动，与他人分享自己的拥有。感恩之心使人警醒并积极行动，更加热爱生活，创造力更加活跃；感恩之心使人向世界敞开胸怀，投身到仁爱行动之中。没有感恩之心的人，永远不会懂得爱，也永远不会得到别人的爱。

拥有感恩之心的人，即使仰望夜空，也会有一种感动，正如康德所说："在晴朗之夜，仰望天空，就会获得一种快乐，这种快乐只有高尚的心灵才能体会出来。"生活中确实需要感恩，不懂得感恩，生活便会黯然失色，人生便没有滋味。

人们可以为一个陌路人的点滴帮助而感激不尽，却无视朝夕相处的老板的种种恩惠，将一切视之为理所当然。

许多成功人士在谈到自己成功经历时，往往过分强调个人努力因素。事实上，每个有所作为的人都获得过别人的许多帮助。一旦你订出成功目标并且付诸行动之后，你就会发现自己获得许多意料之外的支持。你应该时刻感谢这些帮助你的人，感谢上天的眷顾。

生而为人，要感谢父母的恩惠，感谢国家的恩惠，感谢师长的恩惠，感谢大众的恩惠。没有父母养育，没有师长教诲，没有国家爱护，没有大众助益，我们何能存于天地之间？所以，感恩不但是美德，感恩是一个人之所以为人的基本条件。

诚然雇佣和被雇佣是一种契约关系，但同时也是合作的关系。可以说，没有老板也就不会有你的工作机会，从某种意义上说，老板是有恩于你的。

虽说通过个人的勤奋和吃苦耐劳能出色地完成工作，但同时应该承认，在一个人的人生历程中，接受来自别人的帮助也是很重要的。受助和施助看起来是矛盾的，但高尚的依赖和自立自强又是统一的，一个优秀而谦虚的人往往乐于承认和接受别人的帮助。

哈佛大学毕业的华裔女士张小姐就业于美国邮政服务公司，与她相处过的同事都对她的微笑、善良和勤劳留有深刻的印象。几乎每一个和她相处过的人都成为了她的朋友。

有人不解，就问张小姐有什么和人相处的秘诀。

张小姐微笑着说："一切应该归功于我的父亲，在我很小的时候他就教导我，对周围任何人的赋予，都应该抱有感恩的心情，而且要永远铭记，要使自己尽快忘记那些不快。"

"我幸运地获得了这份工作，有很多友善的同事，虽然上司对我的要求很严格，但是私人生活方面对我却很照顾。所有的这一切，我都铭记在心，对他们心存感激。"

"一直带着这种感激的态度去工作，很快我就发现，一切都美好起来，一些微不足道的不快也很快过去。我总是工作得很顺利，大家都很乐意帮助我。"

每家企业都是一样，所有同事都更愿意帮助那些知恩图报的人，主管也更愿意提携那些一直对公司抱有感恩心情的员工。因为这些员工更容易相处，对工作更富有热情，对公司更显忠诚！

现在越来越多年轻的职员，常常满腹牢骚，抱怨这个不对，那个不好。在他们眼里只有自我，恩义如杂草，他们贫乏的内心不知道什么是回报。工作上的不如意，似乎是教育制度的弊端造成的；把老板和上司的种种言行视之为压榨。正是那种纯粹的商业交换的思想造成了许多公司老板和员工之间的矛盾和紧张关系。

但是，没有老板也就不会有你的工作机会，从这个意义上来说，老板是有恩于你的。那么，为什么不告诉老板，感谢他给你机会呢？感谢他的提拔，感谢他的努力。为什么不感激你的同事呢？感激他们对你的理解和支持，还有平时你从他们身上学到的知识。

如果是这样，你的老板也会受这样一种高尚纯洁的礼节和品质的感染，他会以具体的方式来表达他的感激，也许是更多的工资，更多的信任和更多的服务。你的同事也会更加乐于和你友好相处。

可见，感恩并不仅仅有利于公司和老板，对于个人来说，感恩的人生是富裕的人生。感恩是一种深刻的感受，能够增强个人的魅力，开启神奇的力量之门，发掘出无穷的智能。感恩也像其他受人欢迎的特质一样，是一种习惯和态度。

感恩和慈悲是近亲。时常怀有感恩的心情，你会变得更谦和、可敬且高尚。

每天都该用几分钟的时间，为你的幸运而感恩。所有的事情都是相对的，不论你遇到何种磨难，都不是最糟的，所以你要感到庆幸。

"谢谢你""我很感谢"，这些话应该经常挂在嘴边。以特别的方式表达你的谢意，付出你的时间和心力，比物质的礼物更可贵。

把你的创意发挥在感谢别人上。例如，你是否曾经想过，写一张字条给上司，告诉他你多么热爱你的工作，多么感谢工作中获得的机会？这种深具创意的感谢方式，一定会让他注意到你，甚至可能提拔你。感恩是会传染的，上司也同样会以具体的方式，表达他的谢意，感谢你所提供的服务。

不要忘了感谢你周围的人：你的丈夫或妻子、亲人及工作的伙伴。因为他们了解你，支持你。大声说出你的感谢。家人知道你很感激他们的信任，但是你要说出来。经常如此，可以增强亲情与家庭的凝聚力。

记住，永远有事情需要感谢。推销员遭到拒绝时，应该感谢顾客耐心听完他的解说。这样他下一次有可能再惠顾！

无论你走到哪一家公司，如果你能够对为你服务的女职员说一声"谢谢"，她一定会从心里感激你的。反过来说，如果她的这种工作被人所漠视，或者被认为是理所当然的话，她一定感觉不舒畅。关于这一点，你只要改变一下自己的立场就不难明白了。

事实上懂得感恩应该成为一种普遍的社会道德。得到了晋升，你要感谢老板的独具慧眼，感谢他的赏识；失败的时候，你不妨对上帝给了你一次锻炼的机会而心存感激。

对于忘恩负义的人来说，对别人的帮助往往是感觉不到的。但是，你若要在工作中得到更多，就应该时刻记住：你拿的薪水就像你喝的水！即使挖井人不图你的回报，你也应该有个感恩的态度，至少在适当的时候表示你的感谢。最终你会发现，这种知恩图报美德的回报大大超出了你的想像。

不为失败找借口

生活中你也许碰到过这样的问题，原本计划要做的事情，往往到了最后都没有兑现。你们不是没有足够的时间，也不是没有足够的实力，更不是没有足够的发挥空间，而是有着种种成熟的条件与环境，但最后还是失败了，而且你还怨天尤人，骂爹骂娘，说如果我当时怎样怎样就会怎样怎样，如果当时运气好一点的话；如果时间再把握好一点的话；等等等等的"如果"……这无非是在为自己的失败找一个借口而已……

面对失败，我们没有"如果……"！

请不要总是说"不"、"不是"、"没有"、"与我无关"、"因为"，这一类的话无非就是想告诉别人，事情的失败与自己无关，是外界的一些不利因素导致了这次失败。本应该自己担的责任却推给别人和外界环境。

成功的人是从不会给自己找任何推托失败的借口，他们会努力地完成任务，会在事先做好计划，会在工作中坚定不移地朝着目标前进，全力以赴地排除困难，不言放弃。美国成功学家格兰特说过这样一句话：如果你有自己系鞋带的能力，你就有上天摘星的机会。不要为自己的错误辩护，再美妙的借口也于事无补。

学会承担责任，学会寻找成功的方法，是我们通向成功的捷径。

大多数人在做一件事情不成功或者被批评的时候总是会找种种借口告诉别人，因为他害怕承担错误，害怕被别人笑，或者只是想得到暂时的轻松自我解脱。生活中我们可以为自己找很多借口，上班迟到，可以说是因为堵车；工作做砸了，可以说是领导决策错误；客户不满意，可以说对方太过苛刻；升不了职，可以说是领导偏心。但我们却忘了，参与实施者是你自己，你完全可以找出好的方法来做的，为何不去想呢？换位思考一下，成功我们只需要找一个方法，而失败我们却要找很多理由来搪塞。得不偿失的事我们为何却总是乐此不疲呢？

懦弱的人寻找借口，想通过借口心安理得地为自己开脱；失败的人寻找借口，想通过借口原谅自己，也求得别人的原谅；平庸的人寻找借口，想通过借口欺骗自己，也使别人受骗。

成功的人是不找借口的！因为他们懂得：找借口只会让自己与成功无缘！

乔治·华盛顿·卡佛说："99％的人之所以做事失败，是因为他们有找借口的恶习。"

就长远看来，找借口的代价非常大，因为你昧于事实，不去寻求失败的真正原因。一个令我们心安理得的借口，往往使我们失去改正错误的机会，更使我们错失进步的动力。

这让人想起"一只猫"的故事。

曾经有一只猫，总爱寻找借口来掩饰自己的过失。

老鼠逃掉了，它说："我看它太瘦，等以后养肥了再吃不迟。"

到河边捉鱼，被鲤鱼的尾巴打了一下，它说："我不是想捉它——捉它还不容易？我就是要利用它的尾巴来洗洗脸。"

后来，它掉进河里，同伴们打算救它，它说："你们以为我遇到危险了吗？不，我在游泳……"

话没说完，它就沉没了。

"走吧，"同伴们说，"它又在表演潜水了。"

这是一只可怜又可悲的猫，其实世界上有许多人也和它相似。他们自欺欺人，善于为自己的错误寻找借口，结果搬起石头砸了自己的脚，受伤害的总是自己。

但是，现实生活中总有些人就像那只猫一样几乎成了制造借口的专家，总能以种种借口来开脱自己，只要能找借口，就毫不犹豫地去找。这种借口带来的唯一"好处"，就是让你不断地为自己去寻找借口，长此以往，你可能就会形成一种寻找借口的习惯，任由借口牵着你的鼻子走。这种习惯具有很大的破坏性，它使人丧失进取心，让自己松懈、退缩甚至放弃，在这种习惯的作用下，即使是做出了不好的事，你也会认为是理所当然。

一旦养成找借口的习惯，你的工作就会拖拖拉拉，没有效率，做起事来就往往不诚实，这样的人不可能是好员工，他们也不可能有完美的成功人生。在公司里这样的人迟早会被炒鱿鱼。

卡西尔曾是一位深得上司器重的老员工。他业务精通、能言善辩又极懂周旋，为公司的发展壮大立下过汗马功劳。

一次，因为他的疏忽大意，公司的一笔至关重要的业务被对手捷足先登抢走了，给公司造成了极其惨重的损失。事后，他很合情合理地解释了失去这笔业务的原因：因为那天他的腿伤突然发作，以至于比竞争对手迟到了半个钟头。虽然失去的业务令公司的损失巨大，但念在卡西尔以往的工作业绩，上司原谅了他。另外一个原因是卡西尔的腿伤是因为一次出差途中出了车祸引起的。那次车祸令卡西尔的一只脚轻微有点跛。但是公司的人都知道，这根本没有影响到卡西尔的形象，也不影响他的工作，如果不仔细看，是根本看不出来的。

获得了上司的原谅和理解，卡西尔窃喜不已，他知道失去的业务是一宗比较难办的案子。他庆幸自己的机智，不然万一没办好，不仅丢了面子，还要被领导批评，降职减薪也大有可能。

从那以后，在工作上就易避难，趋近避远成了他的作风。把大部分的时间和精力花在寻找更合理的借口成了他工作的主要内容。总之，他现在已习惯因脚的问题在公司里经常迟到、早退，甚至在工作餐时，他还经常喝酒，他的理由是：喝酒可以让他右脚舒服些。以往那个敬业的卡西尔从人们的视线中消失了。最后，上司终于无法忍耐卡西尔那些冠冕堂皇、源源不绝的借口，让他离开了那原本前途光明的岗位而另寻高就了。

哈伯德说过："为什么大家花那么多时间处心积虑捏造借口、掩盖自己的弱点、欺骗自己？如果时间用到不同的地方，同样的时间足以矫治弱点，然后借口就派不上用场了。"

对于很多善于找借口的人来说，从一件事情上入手，尝试着丢掉借口，抓紧时间，集中精力去做好手边的事，也许结果会大不相同。

一次，美国著名教育家，已故杰出的人际关系专家戴尔·卡耐基先生的夫人桃乐西·卡耐基女士在她的训练学生记人名的一节课后，一位女学生跑来找她。这位女学生说：

"卡耐基太太，我希望你不要指望你能改进我对人名的记忆力。这是绝对办不到的事。"

"为什么办不到？"卡耐基夫人吃惊地问。

"这是祖传的，"女学生回答她，"我们一家人的记忆力全都不好，我爸爸、我妈妈将它遗传给我。因此，你要知道，我这方面不可能有什么更出色的表现。"

卡耐基夫人说："小姐，你的问题不是遗传，是懒惰。你觉得责怪你的家人比用心改进自己的记忆力容易。请坐下来，我证明给你看。"

随后的一段时间里，卡耐基夫人专门耐心地训练这位小姐做简单的记忆练习，由于她专心练习，学习的效果很好。卡耐基夫人打破了那位小姐认为自己无法将脑筋训练得优于父母的想法，那位小姐就此学会了从自己本身找原因，学会了自己改造自己而不是找借口。

在西点军校盛行着"没有任何借口"的理念，它让每一位学员懂得，工作是没有任何借口的，失败也是没有任何借口的，人生更是没有任何借口的。这个理念，对职场中人同样适用。在现代公司里，缺少的正是那种想尽办法完成任务，而不是时时刻刻地寻找借口的员工。

约瑟夫每天早晨 6 点钟要到达弗兰克林街的办公室，在 7 点钟办事员们到来之前把全部办公室打扫好。白天一整天，还得为一位患病的董事，来回不断地送热水。

周薪升到 5 美元的时候，约瑟夫断然地申请到外面去推销毛纺织品。他既年轻，身体又弱小，然而却得到准许，做起了推销员。不久，他便能取得订货了。

有名的 1888 年大风雪袭击了全纽约。就在这次大灾难之后不久，一般推销员都在将近中午时分就赶到弗兰克林街的办公室，争先恐后地集拢到火炉旁，尽兴地聊天。

那天下午相当晚了，大门开处，一股寒冷刺骨的北风直冲进来。同时，几乎冻僵了的约瑟夫像醉汉似的摇晃着蹒跚地走了进来。

"是不是董事先生来上班了。"老资格的推销员讽刺地说。

"不过，我把今天应做的工作做完了，"约瑟夫回答道，"像这样的大雪，我更加奋发。而且在这样的天气里，不会有竞争的对手，所以给客人们看了更多的样品。我今天得到了 43 件订货。"

约瑟夫立刻被晋升为正式的推销员，薪水也加倍了。他后来成了世界最大的不动产商人。他知道，"今天不成"和"永远不成"两者意思相同。

像约瑟夫这样优秀的员工从不在工作中寻找任何借口，他们总是把每一项工作尽力做到超出客户的预期，最大限度地满足客户提出的要求，也就是"满意加惊喜"，而不是寻找任何借口推诿；他们总是出色地完成上级安排的任务；他们总是尽力配合同事的工作，对同事提出的帮助要求，从不找任何借口推托或延迟。"没有任何借口"做事情的人，他们身上所体现出来的是一种服从、诚实的态度，一种负责敬业的精神，一种完美的执行力。

不要让借口成为你成功路上的绊脚石，搬开那块绊脚石吧！把寻找借口的时间和精力用到努力工作中来，因为工作中没有借口，人生中没有借口，失败没有借口，成功也不属于那些寻找借口的人！

不把生活中的烦恼带到工作中

李云每天都乘地铁到公司上班。这天早晨地铁很挤，出了地铁后，她发现自己精致漂亮的小坤包被小偷用刀片划破了。而且钱包和手机等贵重物品都被偷走了，并且她的小坤包本身就价值不菲，那是男友上个月从香港带回来的。由于自己心爱的坤包被划破，加之丢失了财物她心情很糟。她沉着脸进了办公室，刚坐下，一位同事就过来问她要份资料。见同事站在自己身边唠唠叨叨，于是，她没好气地说："催什么催？等几分钟天就会塌下来?！"她的同事只好悻悻地走开，走开之前白了她一眼："神经病!"

李云的心情可以理解，但是，别忘记了，你现在是在办公室里！一般来说，办公室的同事对于你的不幸遭遇，会保持一种无动于衷的态度，没有什么人愿意花时间来听你诉说不幸。即便是办公室里的铁哥儿们或铁姐儿们，也不知道如何恰到好处地关心你，他们也会顾及尊重别人的隐私，怕自己问得太多反而让你觉得反感。一般的人在遭受挫折或打击之后，都需要独自呆一会，有自我恢复的时间和空间。如果这时有人在一边唠唠叨叨，会让人感到更加烦躁。也许，你在遭到挫折或打击之后，对身边的同事会更依赖，比如，你觉得同事应该比以往任何时候都关心你，你的上司应该更加照顾你。当你周围的同事无动于衷时，你会很失望，在这种状况下，你当然很难全心全意地做好自己的工作。

其实，办公室就是工作的地方，无论是你的上司还是你的同事，他们都承受着工作的压力，或许正被那些琐碎的工作搞得头昏脑涨，在这种情况下，你把个人情绪带到办公室，只能让你的上司和同事更加烦躁，他们会想：这个人怎么连自己这么点小事都处理不好，还能办什么大事？公私不分，没有一点敬业精神，这人不可靠！有时，若将负面情绪带到工作中，甚至会导致很严重的后果。

密歇根大学的一项调查表明，坐办公室的人们有 3/10 的时间会脾气古怪，爱发牢骚、易怒。在办公室里工作过的人大概都碰到过这样的情景：早晨，同事们陆续来上班了，脸上挂着微笑，"你好!""你好!"的问候声此起彼伏。愉快的一天眼看就要开始，却见最后进来的那位不知怎么搞的一副"借他米还他糠"的模样，冷冷地挂着个脸，往自己位子上一坐，就再不理人。办公室刚刚酝酿起来的一团和气，似乎一下子碰上了冷空气，瞬间凝成了乌云。刚才还神采飞扬的人们，情绪一点点地灰下来，不再说笑，各自坐下埋头做自己的工作。

很清楚，破坏同事们好情绪的就是那位最后进来的人，或者说是他的坏情绪。问一句，他应该如此吗？不应该！不管他是因何原因生气，即使有一千个理由，他也不应该把他的坏情绪带到办公室。办公室是集体场所，不是你自己的家——即使在家还要考虑到家里人的情绪呢。同事同事，是和你共同做事的人，不是来看你的脸色的。更主要的是，坏情绪有很强的传染性，一个人不高兴，一屋子人都不开心，正所谓"一人向隅，满座不欢"。坏情绪使个人食欲不振、精神萎靡、思维迟钝……总之于己有百害而无一利。但你要随心所欲，别人也奈何不得你。可是作为一个现代文明人，在公众场合，不替自己考虑也得替别人考虑，情绪问题就不是个人的私事了，我们应该试着学会控制自己的情绪。那么如何让这些办公室坏情绪远离自己呢？在此向大家推荐几个小窍门：

1. 过滤自己的不良情绪。曾有一位很优秀的员工，她的脸上总是带着真诚的笑容，充满活力地工作。一次与同事聊天，同事对她说："你的脸上总是挂满笑容，总看不到你愁眉苦脸的样子，难道你就没有不顺心的事吗？"这位员工却说，"世上谁没有烦恼？关键是不要，也不应该被烦恼所支配，到了单位上班，我就将烦恼留在家里；回到家里，我就把烦恼留在单位。这样，我就能够有一个轻松愉快的心情。"

若是我们都善于做这种情绪过滤，就不会在工作中唉声叹气，怨天尤人了。所以大家必须学会分解和淡化烦恼与不快，时时刻刻保持一种轻松的情绪，让欢乐永远伴随自己。

2. 保持自信乐观的积极心态。一个人在任何时候都要对自己充满信心：我们无论干什么工作，担任什么职务，都要相信自己能够胜任。始终保持争创一流，追求完美和卓越的信念，只有对自己充满信心，才能够在平凡之中干出不平凡的业绩。

3. 培养良好的生活习惯。我们首先要养成一个良好的生活习惯，不仅能让你保持健美的身体和美丽的容颜，而且也能让你精力充沛，富有朝气。第一，每天要早睡早起，不要养成熬夜的习惯，今天你熬了夜，第二天肯定会没有精神，长时间下去就会影响到身体以及精神状态。而且由此引起的消极情绪也会影响到你身边的同事的工作热情。第二，要积极参加集体业余文化娱乐活动。平时多看一些健康的光盘、画报、电视节目来调节自己的情绪，化解因工作带来的思想压力。第三，要积极参加体育锻炼，使自己有一个健康的体魄，要戒掉赌博、酗酒的劣习，使自己有一个文明、健康的生活环境。

做到以上几点，你就能感受到精神上和物质上的幸福、快乐，始终朝气蓬勃，以良好的精神状态投入到工作中去，从而拥有美好的人生。

第三篇

细节中的细节

　　细节因其"小"，往往被人所忽视，甚至被轻视；细节因其"细"，也常常使人感到繁琐，无暇顾及。然而，在很多时候，细节可能决定成败。一枚螺丝可以使飞机从空中掉落，一个小洞可以让巨轮沉入海底，一个蚁穴可以导致大坝垮塌，一丝火星可以引发森林大火。细节虽细小，却是我们做任何事情的基础，少不得，离不了。一个个经验教训告诉我们，细节疏忽不得，细节马虎不得。

第一章　说服的细节

说服前认真听取对方的意见

在与别人交流时，每个人都不喜欢只做听众，都有"说"的欲望。这时，如果你适时地为对方提供一个说的机会，对方会很高兴，你的说服工作也会进行得很顺利。

对此，某自然食品公司王先生有切身体会。

虽然自然食品已风行好长一段时间，但一般家庭对此产品仍认识不足，都不敢贸然购买这种产品，使得王先生的业绩始终不见好转。

一天，王先生还是一如往常，把芦荟精的功能、效用告诉顾客，对方同样表示没有多大兴趣。王先生自己嘀咕："今天又无功而返了。"准备向对方告辞，突然看到阳台上摆着一盆美丽的盆栽——一种紫色的植物。王先生于是请教对方说："好漂亮的盆栽啊！平常似乎很少见到。"

"确实很罕见。这种植物叫嘉德里亚，属于兰花的一种。它的美，在于那种优雅的风情。""的确如此。会不会很贵呢？"

"很昂贵。这一盆就要800元呢！"

"什么？800元……"

王先生心里想："芦荟精也是800元，大概有希望成交。"于是慢慢把话题转入重点："每天都要浇水吗？"

"是的，每天都很细心养育。"

"那么，这盆花也算是家中一分子喽？"

这位家庭主妇觉得王先生真是有心人，于是开始倾囊传授所有关于兰花的学问，而王先生也聚精会神地听着。

一刻钟以后，王先生很自然地把刚才心里所想的事情提了出来：

"太太，您这么喜欢兰花，您一定对植物很有研究，同时您肯定也知道，植物带给人类的种种好处。带给您温馨、健康和喜悦。那么我们的自然食品正是从植物里提取的精华，是纯粹的绿色食品。太太，您为什么不试一试我们的自然食品呢？您就当自己又买了一盆心爱的兰花吧！"

结果太太竟爽快地答应下来。她一边打开钱包，一边还说道："即使我丈夫，也不愿听我嘀嘀咕咕讲这么多；而你却愿意听我说，甚至能够理解我这番话。希望改天再来听我谈兰花，好吗？"

这一天，王先生可谓受益匪浅。

古希腊有句民谚："聪明的人，借助经验说话；而更聪明的人，根据经验不说话。"西方也有句著名的话："雄辩是银，倾听是金。"中国人则流传着"言多必失"和"讷于言而敏于行"这样的济世名言。说服，有时功夫并不在说上，相反，却是在听。给对方一个说的机会，自己多听一听，有时会带来意想不到的好效果。因为：

第一，倾听别人说话，会增进你对对方的理解。即使对方刻意隐瞒，也难免在不自觉中透露出些许有用的信息，如此你就可以知道对方心中的欲望了。

第二，认真聆听对方的倾诉，会让对方觉得你很尊重他。

第三，明白对方的心态，让说服的目标明朗化，借此使你的说服力在无形之中跟着加强。

第四，你认真的态度会令对方感到欣慰，进而增加对你的信任感。当然，对方也会很愿意向你敞开心扉。

第五，你能够认真倾听对方的诉说，对方就会对你产生信任和依赖的感觉，其直接结果就是增强你的说服成功率。

第六，对方一旦敞开心扉，就会把自己的心事向你诉说，这样你就能得到更多有价值的情报。

第七，取得对方的信任显然是成功说服的关键，先取得对方的信任再切入说服的主要内容，才是正确的步骤。

因此倾听别人说话，远比自己滔滔不绝地说话来得更重要。

劝说，不妨给别人"戴高帽"

从孩子身上，我们可以发现一点：当我们称赞、夸奖他们时，他们是何等高兴、满足。其实，他们并不一定具有我们所称赞的优点，而只是我们期望他们做到这点而已。这就是一种典型的"戴高帽"之例。在我们与他人交往时，何不也效仿这一做法呢？因为不管是大人还是小孩子，他们都喜欢别人给自己一个美名，如果他们没有做到这一点，内心里也会朝此目标努力，因为他们知道这样就可以得到一个美名，站在一个受人赞赏的高度。

一位老师，她弟弟因为一场纠纷，被人告上了法庭，而接案的法官恰恰是她昔日的得意门生。一天晚上，这位老师前往学生家，希望他能念在师生的情面上，帮帮她弟弟。法官显然有些为难，既不能枉法裁判，又不能得罪恩师。于是，他说："老师，我从小学到大学毕业，您一直是我最钦佩的语文老师。"

老师谦虚地说："哪里哪里，每个老师都有他的长处。"法官接着说："您上课抑扬顿挫，声情并茂，尤其是上《葫芦僧判断葫芦案》那一堂课，至今想起来记忆犹新。"

语文老师很快就进入角色了："我不仅用嘴在讲，也是用心在讲啊。薛蟠犯了人命案却逍遥法外，反映了封建社会官官相护、狼狈为奸的黑暗现实。"

法官接着感叹："记得当年老师您讲授完这一课，告诫学生们，以后谁做了法官，不要做'糊涂官'，判'糊涂案'，学生一直以此为座右铭呢。"

本来这位语文老师已设计好了一大套说辞，但听到学生的一番话，再也不好意思开口了，自动放弃了不合理的请求。这位法官用的就是赞美的技巧，先用恭维的话，满足了老师的荣誉心，终拒人于无形之中。

如果你懂得赞美对方，那再难的事情也会变得顺利起来。在信用受到普遍怀疑的年代，贷款变得越来越不容易，可是就有人靠一张会说话的嘴换来了巨额款项。

约翰是美国的大企业家。1960年，他决定在芝加哥为他的公司总部兴建一座办公大楼。为此，他出入了无数家银行，但始终没贷到一笔款。于是，他决定先上马后加鞭，他用自己设法筹集的200万美元，聘请了一位承包商，要他放手进行建造，好让他去筹措所需要的其余500万美元。假如钱用完了，而他仍然拿不到抵押贷款，承包商就得停工待料。建造开始，到所剩的钱仅够再花一个星期的时候，约翰恰好和大都会人寿保险公司的一个主管在纽约市一起吃饭。他拿出经常带在身边的一张蓝图，想激起这个主管对兴建大厦的投资兴趣。他正准备将蓝图推在餐桌上时，主管对约翰说："在这儿我们不便谈，明天到我办公室来。"

第二天，当主管断定大都会公司很有希望提供抵押贷款时，约翰说："好极了，唯一的问题是今天我就需要得到贷款的承诺。"

"你一定在开玩笑，我们从来没有在一天之内为这样的贷款进行承诺的先例。"主管回答。约翰把椅子拉近主管，并说："你是这个部门的负责人。也许你应该试试看你有无足够的权力，能把这件事在一天之内办妥。"

主管满意地笑着说："让我试一试吧。"

事情进行得很顺利，约翰在自己的钱花光之前的几小时拿着到手的贷款回到了芝加哥。

这就是赞美对方的妙处。谁也拒绝不了那种突然拔高的感觉，当遇到某些顽固而又爱美的女性，不妨直接在这个方面夸赞一番，这样她会更加飘飘然，说服她也就不难了。而要想说服男性，比如你的领导、你的客户，或者你的朋友，先赞美也能提高说服的"效率"。

婉转指出他人犯的错误

在说服别人的时候，你永远不要这样开场："好！我要如此证明给你看！你这话大错特错！"这无异于向他人表明："我比你聪明，我要让你改变想法。"这种做法无疑会引起反感并有可能爆发一场冲突。在这种情况下，要想改变对方的观点根本不大可能。所以，为什么要弄巧成拙？为什么要自找麻烦呢？如果你想证明什么，别让任何人知道，而且应不着痕迹，很技巧地去做。正如著名诗人波普所说："你在教人的时候，要好像若无其事一样。事情要不知不觉地提出来，好像被人遗忘一样。"

克洛里是纽约泰勒木材公司的推销员。他承认：多年来，他总尖刻地指责那些大发脾气的木材检验人员的错误，他也赢得了辩论，可这一点好处也没有。因为那些检验人员"和棒球裁判一样，一旦判决下去，他们绝不肯更改"。

在克洛里看来，他虽然在口舌上获胜，却使公司损失了成千上万的金钱。因此，在卡耐基讲习班上课的时候，他决定改变这种习惯，不再抬杠了。下面是他在讲习班上的报告：

一天，一位愤怒的主顾打电话，抱怨我们运去的一车木材完全不符合他们的要求。他的公司已经下令停止卸货，请我们立刻把木材运回去。

放下电话，我立刻去对方的工厂。在途中，我一直在思考着一个解决问题的最佳办法。通常，在那种情形下，我会以我的工作经验和知识来说服检验员。然而，我又想，还是把在课堂上学到的为人处世原则运用一番看看。

到了工厂，我走到卸货的卡车前面，要他们继续卸货。我请检验员继续把不合格的木料挑出来，把合格的放到另一堆。

看了一会，我才知道他们把检验规格搞错了。那批木材是白松。虽然我知道那位检验员对硬木的知识很丰富，但检验白松却不够格，经验也不够，而白松碰巧是我最内行的。但我能以此来指责对方检验员评定白松等级的方式吗？不行，绝对不能！我继续观看着，慢慢地开始问他某些木料不合格的理由是什么，我一点也没有暗示他检查错了。我强调，我请教他只希望以后送货时，能确实满足他们公司的要求。

以一种非常友好而合作的语气请教，并且坚持把他们不满意的部分挑出来，使他们感到高兴。偶尔，我小心地提问几句，让他自己觉得有些不能接受的木料可能是合格的，但是，我非常小心不让他认为我是有意为难他。

最后，他向我承认他对白松木的经验不多，而且问我有关白松木板的问题，我就对他解释为什么那些白松木板都是合格的，但是我仍然坚持：如果他们认为不合格，我们不要他收下。检验员终于到了每挑出一块不合格的木材就有一种罪过感的地步。最后他终于明白，错误在于他们自己没有指明他们所需要的是什么等级的木材。

结果，在我走之后，他把卸下的木料又重新检验一遍，全部接受了，于是我们收到了一张全额支票。

就这件事来说，讲究一点技巧，尽量控制自己对别人的指责，尊重别人的意见，就可以使我们的公司少损失 150 美元，而我们所获得的良好的关系，绝非金钱所能衡量。

明人陆绍珩说："人心都是好胜的，我也以好胜之心应对对方，事情非失败不可。人都是喜欢对方谦和的，我以谦和的态度对待别人，就能把事情处理好。"所以，如果你要说服别人，千万别说：你错了。

说服的首要原则：对别人的意见表示尊重。如果你认为有些人的话不对——不错，就算你确信他说错了——你最好还是这样讲："啊，慢着，我有另一个想法，不知对不对。假如我错了的话，希望你们帮我纠正。让我们共同来看看这件事。"

拟好说服过程的大纲

有过"要怎样做才能说服那个人？"的困扰吗？这大概是因为没有事先在脑子里整理出具体说服的大纲，准备不够的原因。

如果你站在被说服者的立场，就能深切体会到，比起任意随便说说，有条有理地说服，较容易理解得多。

在你的周围，不也有那种不知他究竟在说什么，让人非常纳闷的人吗？

造成这种情况的最大原因，就是没有事先在脑海里描绘出要说话的大纲。因此，无法完全将自己要表达的意见，明确传达给对方。

可是凭空想象的说明，反而会造成对方的混乱，这样也失去了使其理解的意义了。

为了了解对方，应事先将要说服的内容逐条列出。当然，由于说服对象的不同，所描绘出的内容也不尽相同，但是基本的一些大原则还是没有什么大变动。如果能领会这个技巧，做好适应对方的准备，就能成功。

1. 列出大纲的三个重点

（1）时间的设定。太冗长的言谈，不容易抓住真正的重点。所以，开头的部分要占多少时间？重点的部分占多少时间？结论需花多少时间？这些时间上的安排需恰当，不宜过长或过短。

（2）决定说明事项的排列顺序。一般从对方已知的部分说到未知的部分，重点说明那些关键点。

（3）说明内容的因果关系。为了让对方深切了解内容，简单扼要地说明其因果关系是必要的。总之，可以按"原因←→结果←→根据"的顺序做重点说明。

2. 随着对象的不同，大纲也有所不同

说服，关键取决于对方是否能理解，是否能接受，真正的决定权还是在于对方。

由于个人的价值观、思考模式、见解、能力以及所处环境的不同，即使是相同的说服方法，对象换了一个人，其结果也会不一样。

（1）对方的能力如何？有你所期望的行动力吗？有如你所想的才能吗？经济力如何？拥有决定权吗？

（2）对方的环境如何？有其他的权限、决定权吗？对于被说服的内容，有不了解的吗？对方对于说服的内容感兴趣吗？信誉如何？

（3）对方的个性特质如何？男性，还是女性？是悠闲自在？还是性情急躁？较理性？还是较感情用事？

从这些观点中，找出对方的特征，试着列出要说服的大纲。

或许一开始有些困难，但是为了要锻炼说服力，只要是有关对方的资料，都要全部收集起来。列出大纲，不但有助于了解对方，也是一种额外的收获。

选择适合对方性格的场所

试着想象利用双方一起吃饭的机会进行说服的场面。

和对方一起吃饭，是提高双方亲近度最恰当的方法。能否活用这个方法，会影响说服的成功或失败。

1. 较有格局布置的场所

选择饭店里的附设餐厅、火锅城、西餐馆等，对处理任何事都讲求效率的人是最恰当的。选择较有格局布置的场所会提高成功的几率，保持适度的紧张气氛可以提高其说服力。

2. 不受拘束的场所

选择较没有格局限制的桑拿浴室，对于较坦率、干脆型的人是最适当的。一些企业家在这里促膝交谈，大概是因为在这里可以互相刺探对方的消息，能够开诚布公、坦率干脆地说话。

另外，像是离对方公司较近的咖啡厅、餐厅这些场所也可以，看机会提出"离您公司不远的距离""我们换一个地点"等的话，也可以让气氛改变一下。

3. 有气氛的场所

对于与对方还未相处得很融洽的说服者，到酒吧、卡拉 OK 等地方边喝边谈较有效果。在照明昏暗的店里，双方会更亲近些。但是这里指的并不是那些声色场所，去那里的话只会造成反效果的。总之，要制造能让双方更融洽的交谈气氛才是最正确的。

4. 开放式的场所

对下属、女职员想要开诚布公地交谈，听听对方的真心话时，或是想要拜托对方帮忙时，在屋顶的平台、公园、露天式茶馆，这些开放式的空间里较适合。因为蔚蓝的天、柔和的风，会让人与人之间的隔阂淡化。

除此之外，若是想要说些对自己有利的话时，可以选择自己常去且较适合自己的店。因为熟悉周围的环境，所以不用小心翼翼地注意着四周，能够更安心地进行说服。

相反的，若是对方是个很难被说服，且有高度警戒心的人，选择去对方较熟悉的地点，反而能让他放松心情、解除戒备，较利于说服的进行。

根据对方性格的不同，而选择最有利的场所，更能够提高自我的说服力。可是，有时候自认为选择了一个很适当的地点，但就是不知道为了什么总说服不了对方的情况也有。

这时候，换个场所看看，或许因场所的改变而有不同的效果。比如从狭窄的地方换到宽敞的地方，从宽敞的空间换到狭小的空间，从明亮的地方换到昏暗的地方等，可以改变说服的氛围。

总是与对方面对面而坐的人，下次应试着与对方并肩而坐，像这样近距离的沟通、说服，成功的几率就大大提高了。

在说服的过程中注重声音效果

你对自己的声音有信心吗？

事实上，声音大大地影响说服的效果。

这世界上有的人拥有迷人的声音，特别是广播员，靠声音来工作，那声音相当有魅力。当然，也有只靠声音就充满说服力的人。

其实我们自己并不清楚自己真正的声音。现在你耳边所听到的声音和对方所听到的声音并不尽相同。比方说，当你把自己的声音录下来，用录放音机放出来听时，大多数的人都会有"这是我的声音吗"的疑问，虽然，这录音带里的声音和你的声音很相近。

虽然自己感觉录制录音带时发音很清楚，但是放出来的声音还是很难辨别清楚，就像有时候自己虽然是满怀诚心地说了一番话，对方却感到冷漠无情。

也许有人会说："声音是与生俱来的，再怎么努力也无法改变。"尽管如此，请参照以下原则，即使只有一点点改变，也能将你的声音变得更好。

（1）保持不勉强、轻松的姿势。放松全身，让身体感觉轻松，上身向前弯，两手托腮，勒紧喉咙发声。

（2）靠腹部呼吸。从腹部发声较好，往往光靠喉咙发出的声音很难让人听得懂，这样当然无法进入对方的心。

（3）嘴巴要完全张开。确实地念出每个字，发音就会很清楚。

（4）提高声音的说服力。在知道自己声音的特征之前，先要想想易于让对方接受的是怎样的声音，以此来调整自己声音的大小、高低、节奏、速度、语调等。

（5）声音的大小、高低。如果自己所说的话无法确实地传达给对方，就很难说服对方。有些人认为大声说话是必要的，但是这只会带给对方不快感，音量适度、适当才是最重要的。

另外，不介意声音高低的话，可以靠腹部来发声。

（6）说话的速度。话说得太快是一个禁忌。一进入话题，说话速度就容易变快的人，要总是提醒自己"再说慢一点，再说慢一点"。不过也不能因为纠正过头，反而让对方因说话速度太慢而急躁不安。要在说服对方的同时，从对方的表情来判断自己的说话速度是否被对方所接受。

（7）声音的节奏感。若是说服的语调从头到尾都只是平平而无起伏，那么是无法引起对方注意的。在特别重点的地方，要尽可能地提高音调，用稍微大声的音量慢慢说。总之，要有抑扬顿挫的区别。

以上这些要点，只要平时多加注意的话，自然就能培养有说服力的声音。

讲道理时最好打个比方

譬喻，可谓说辩艺术之精华。譬喻是用具体的、浅显的、熟知的事物去说明或描写抽象的、深奥的、生疏的事物的一种手法。说理中，如果取喻得当，可以把精辟的论述与摹形状物的描绘糅合为一体，既能给人以哲理上的启迪，又能给人以艺术上的美感。

古希腊哲学家亚里士多德说过："比喻是天才的标志。"的确，善于譬喻，是驾驭语言能力强的表现。说理时运用贴切、巧妙的譬喻，可以生动地表情达意，增强说理的魅力。

公元前598年（周定王九年），南国霸主楚庄王兴兵讨伐杀死陈灵公的夏征舒。楚师风驰云卷，直逼陈都，不日即擒杀了夏征舒，随即将陈国纳入楚国版图，改为楚县。楚国的属国闻楚王灭陈而归，俱来朝贺，独有刚出使齐国归来的大夫申叔时对此不表态。楚王派人去批评他说："夏征舒杀其君，我讨其罪而戮之，难道伐陈错了吗？"申叔时要求见楚王当面陈述自己的意见。申叔时问楚王："您听说过'蹊田夺牛'的故事吗？有一个人牵着一头牛抄近路经过别人的田地，践踏了一些禾苗，这家田主十分气愤，就把这个人的牛给夺走了。这件事如果让大王来断，您怎么处理？"庄王说："牵牛践田，固然是不对，然而所伤禾稼并不多，因这点事夺人家的牛太过分了。若我来断，就批评那个牵牛的，然后把牛还给他。"申叔时接过楚王的话茬儿说："大王能明断此案，而对陈国的处理却欠推敲。夏征舒弑君固然有罪，但已立了新君，讨伐其罪就行了，今却取其国，这与夺牛的性质是一样的。"楚王顿时醒悟，于是恢复了陈国。

毛泽东同志说话好用比喻，他的比喻往往闪耀着思想、智慧的光芒。他的许多妙喻，看似顺手拈来，实则深思熟虑。在与党外人士的谈话中，他经常是妙"喻"如珠，一语胜千言。1941年11月，开明绅士李鼎铭先生向共产党提出了"精兵简政"的建议。党内有些同志很不理解这一建议，甚至还怀疑李先生提出这个建议的动机。毛泽东慧眼识良策，果断地采纳了这一建议，还写了一篇名为《一个极其重要的政策》的专文，阐述与推广这一政策。文中写道："目前根据地的情况迫切要求我们脱掉冬衣，穿起夏服，以便轻轻快快地同敌人作斗争，我们却还是一身臃肿，头重脚轻，很不适应于作战，若说，何以对付敌人的庞大机构呢？那就有孙行者对付铁扇公主为例。铁扇公主虽然是一个厉害的妖精，孙行者却化为一个小虫钻进铁扇公主的肠胃里去把她战败了。柳宗元曾经描写过的'黔驴之技'，也是一个很好的教训……大驴子还是被小老虎吃掉了。我们八路军新四军是孙行者和小老虎，是很有办法对付这个日本妖精或日本驴子的……"全文虽然只有短短两百多字，却妙"喻"连珠，非常行动形象地说明了"精兵简政"的必要性与可行性，并对李鼎铭先生的建议给予了有力的支持和高度的赞赏。

毛泽东的比喻既有深刻而鲜明的政治性、政策性，又极富情感性，是打开别人心扉的一把好钥匙。

讲道理以打比方为辅助，有很多好处，一是比较含蓄委婉；二是比喻晓理，道明理通；三是如此说话，较有美感。因此，说服他人时不妨采用适当的比喻，既对说服有很大效用，又能体现一个人说话的艺术感。

第二章 拒绝的细节

准许自己多点时间考虑问题

在交际中你必须知道：当亲友或上司委托你做某事时，请你一定不要不假思索地满口应承。倘若为了一时的情面即刻接受自己根本无法做到或不愿做的事情，一旦失败了，同事、亲友、上司就不会考虑到你当初的热忱，只会以这次失败的结果来评价你。

某教师分配到某中学工作，市教委向该校抽人，对全市的中学实地考察，并写出调查报告。因这位教师还没有安排授课，就抽了他一个。起初，他感觉为难，认为自己刚刚走出校门，不仅对本市教学情况不熟悉，就是对教育工作本身，也知之甚少。他本不想参加，无奈校长已经开口，想要推掉实在不好拒绝，只好勉强服从。

一个半月过去了，别人都按分工交了调查报告，唯有他一个，由于不谙世故，又缺乏经验，对自己分工调查的三个中学连情况都没摸准，更不用说分析了。市教委主任为此很恼火，责备校长，怎么排荐这么一个人。这位教师面子受不了，又是气又是羞愧，一下子病倒了，在床上躺了两个星期。

这位教师由于当初不好意思拒绝，或者害怕因拒绝会引起上司不高兴而接受下来，由此，他的处境我们可以想象。所以，无论做什么，都要量体裁衣，遇到自己感到难以做到的事，要鼓起勇气，说声："对不起，我实在无能为力，您是否可以另找别人。"或者"实在抱歉，我水平有限，只能让您失望了。我想，如果我硬撑着答应，将来误了事，那才对不起您呢。"

也许你会质疑："拒绝别人说来容易，实际要做的时候却很难。"拒绝别人的要求是件不容易的事。特别是当别人央求你，你又不得不拒绝的话，更是叫人头痛的，因为每个人都有自尊心，都希望得到别人的重视，同时也不希望别人不愉快，因而，也就难以说出拒绝的话了。不过，当你经过深思熟虑，知道答应对方的要求将会给你或他带来伤害时，那么，就应该拒绝，千万不要为了面子问题，做出违心的事来，结果对双方都无好处。

对于别人的恳求，你可以用一种肯定的表达方式："我需要考虑一番，但很快就会给你答复。"这时，你就需要考虑这件事自己能不能办得到、办得好。把自己的能力与事情的难易程度以及客观条件结合起来统筹考虑，然后再做决定。

三思而后行，让自己有充分的时间去做出正确的决策。在你未准备妥当之前，不要立即答复"不"或"好"。

拒绝前表明你对他的同情

日常中，我们经常会遇到这样的情况，对方提出的要求并不是不合理，但因条件的限制无法予以满足。在这种情况下，拒绝的言辞可采用"以情动人"的形式，使其精神上得到一些宽慰，以减少因遭拒绝而产生的不愉快。

李刚和王静是大学同学，李刚这几年做生意虽说挣了些钱，但也有不少的外债。两人毕业后一直没有来往，一天，王静突然向李刚提出借钱的请求，李刚很犯难，借吧，怕担风险；不借吧，同学一场，又不好拒绝。思忖再三，最后李刚说："你在困难时找到我，是信任我、瞧得起我，但不巧的是我刚刚买了房子，手头一时没有积蓄，你先等几天，等我过几天账结回来，一定借给你。"

有的时候对方可能因为有急事而相求，但是你确实又没有时间、没有办法帮助他的时候，一定要考虑到对方的实际情况和他当时的心情，要避免造成误会，使对方恼羞成怒。

拒绝还可以从感情上先表示同情，然后再表明无能为力。

黄女士在民航售票处担任售票工作，由于经济的发展，乘坐飞机的旅客与日俱增，黄女士时常要拒绝很多旅客的订票要求，黄女士每每总是带着非常同情的心情对旅客说："我知道你们非常需要坐飞机，从感情上说我也十分愿意为你们效劳，使你们如愿以偿，但票已订完了，实在无能为力。欢迎你们下次再来乘坐我们的飞机。"黄女士的一番话，叫旅客再也提不出意见来。

以情动人这种方法也可以说成是一种"以柔克刚"的方法，这也是一种力求避免正面冲突，而采用间接拒绝他人的方法。先用肯定的口气去赞赏别人的一些想法和要求，然后再来表达你必须拒绝的原因，这样你就不会直接地去伤害对方的感情和积极性了，而且还能够使对方更容易接受你，同时也为自己留下一条退路。

一般情况来说，你还可以采用下面一些话来表达你的意见，"这真的是一个好主意，只可惜由于……我们不能马上采用它，等情况好了再说吧！""这个主意太好了，但是如果只从眼下的这些条件来看，我们必须要放弃它，我想我们以后肯定能够用到它。""我知道你是一个体谅朋友的人，你如果对我不十分信任，认为我没有能力做好这件事，那么你是不会找我的，但是我实在忙不过来了，下次如果有什么事情我一定会尽我的全力来支持你。"等等。

说"不"时保持温和的态度

在社会交际活动中，有些人觉得说"不"会伤害对方的面子，就随便找些不值一驳的理由来暂时搪塞对方，以求得一时的解脱，然而这个方法并不好，因为对方可以找理由跟你纠缠下去，直到你答应为止。

比如，你不想答应帮他洗衣服，便推说：

"今天没有时间。"

他就会说：

"没有关系，你明天再帮我洗好了。"

又如你不想要对方转让给你的一台旧电脑，你推说：

"现在没有钱。"

那么对方会说：

"钱以后再说好了，什么时候有了再给，我也不急用。"

或者你不愿意跟对方约会，推说：

"我有男朋友了。"

那么他一定会说：

"没关系，多我一个不是更好吗？你可以有更多的选择余地啊！"

就因为你的理由不强硬、不充分，所以一经对方反驳，你就招架不住，"不"的意志便很难贯彻了，所以对付这种情况，你倒不如直截了当地用较单纯的理由明确地告诉对方：

"我没有时间帮你洗衣服，请原谅。"

"我刚买了一台电脑，很抱歉。"

"我已经有了未婚夫，不能再接受你的感情，对不起。"等等。

这样拒绝虽说显得生硬些，但理由单纯明快，不给对方有机可乘，就可以彻底免除后患。

不过，当你拒绝对方的请求时，切记不要咬牙切齿、绷着一张脸，而应该带着友善的表情来说"不"，才不会伤了彼此的和气。

30岁出头就当上了20世纪福斯电影公司董事长的雪莉·茜，是好莱坞第一位主持一家大制片公司的女士。为什么她有如此能耐呢？主要原因是，她言出必践，办事果断，经常是在握手言谈之间就拍板定案了。

好莱坞经理人欧文·保罗·拉札谈到雪莉时，认为与她一起工作过的人，都非常地敬佩她。欧文表示，每当她请雪莉看一个电影脚本时，她总是马上就看，很快就给答复。不过好莱坞有很多人，给他看个脚本就不这样了，若是他不喜欢的话，根本就不回话，而让你傻等。

通常一般人十之八九都是以沉默来回答，但是雪莉看了给她送去的脚本，都会有一个明确的回答，即使是她说"不"的时候，也还是把你当成朋友来对待。这么多年以来，好莱坞作家最喜欢的人就是她。

可见，以温和的态度拒绝别人，既能表达自己的想法、意见，又不伤害对方的自尊心。所以，日常生活中，我们果断拒绝别人的请求时，也应保持温和的态度和友善的表情。

用幽默的话拒绝别人

拒绝的话一向不好说，说不好就很容易得罪人。因此拒绝他人时，要讲究策略，最重要的一点就是含蓄委婉。而幽默地拒绝正是能巧妙地体现这一点。用幽默的方式拒绝别人，有时可以故作神秘、深沉，然后突然点破，让对方在毫无准备的大笑中失望。

有一位"妻管严"，被老婆命令周末大扫除。正好几个同事约他去钓鱼，他只好回答："其实我是个钓鱼迷，很想去的。可成家以后，周末就经常被没收了啊！"同事们哈哈大笑，也就不再勉强他了。

有时候拒绝的话像是含糊其辞，但因为它是用幽默的方式表达出来的，所以也就在起到拒绝目的的同时，让别人很愉快地接受了。

现代文学大师钱钟书先生，是个自甘寂寞的人。居家耕读，闭门谢客，最怕被人宣传，尤其不愿在报刊、电视中扬名露面。他的《围城》再版以后，又拍成了电视，在国内外引起轰动。不少新闻机构的记者，都想约见采访他，均被钱老执意谢绝了。一天，一位英国女士，看了小说之后，非常想见钱老，好不容易打通了他家的电话，恳请让她登门拜见钱老。钱老一再婉言谢绝没有效果，他就妙语惊人地对英国女士说："你看了《围城》，就好比吃了一只鸡蛋，虽然觉得不错，但何必要认识那个下蛋的母鸡呢？"洋女士终被说服了。

钱先生的问话，首句语义明确，后续两句："吃了一只鸡蛋觉得不错"和"何必要认识那个下蛋的母鸡呢"虽是借喻，但从语义效果上看，却是达到了一举多得的奇效：其一，这句话是语义宽泛、富有弹性的模糊语言，给听话人以仔细思考的伸缩余地；其二，与外宾女士交际中，不宜直接明拒，采用宽泛含蓄的语言，尤显得有礼有节；其三，更反映了钱先生超脱盛名之累、自比"母鸡"的这种谦逊淳朴的人格之美。一言既出，不仅无懈可击，且又引人领悟话语中的深意，格外令人敬仰钱老的大家风范。

此外，还可以用假设的方法，虚拟出一个可能的结果，从而产生一个幽默的后果，而这个后果正好是你拒绝的理由。这样，不仅不会引起不快，反而可能给对方一定的启发。

一位演技很好、姿色出众但学历不高的女演员，对萧伯纳的才华早就敬而仰之。她平时生活在众星捧月的环境中，多少有一些高傲，总以为自己应该嫁给天下最优秀的男人。某次宴会中，她和萧伯纳相遇了，她自信十足，以最迷人的音调向萧伯纳说："如果以我的美貌，加上你的天才，生下一个孩子，一定是人类最最优秀的了！"

这位大文豪立刻微微一笑，不疾不徐地回答："对极了。但是如果这孩子遗传了我的貌和你的才，那将是怎样的呢？"

这位美女演员愣了一下，终于明白了萧伯纳的拒绝之意。她失望地离开了，但她一点也不恨萧伯纳，反而成了他最忠实的读者和好朋友。

不管对于中国人还是外国人，拒绝别人的话总是不好说出口，但拒绝的话又经常不得不说出口。这时不妨用幽默的方式说出拒绝的话，抹去对方遭到拒绝时的不愉快感。

变换话题，转移对方注意力

梁晓声是知青出身的著名作家。他创作的《这是一片神奇的土地》《今夜有暴风雪》《京华见闻录》等作品，深受广大读者的喜爱。

一次，英国一家电视台采访梁晓声，现场拍摄电视采访节目。采访记者四十多岁，是个老练机智的英国人。采访进行了一段时间后，记者将摄像机停了下来，走到梁晓声面前说："下一个问题，希望您做到毫不迟疑地用最简短的一两个字，如'是'与'否'来回答。"梁晓声点头认可。遮镜板"啪"的一声响，记者的录音话筒立刻就伸到梁晓声嘴边问："没有文化大革命，可能也不会产生你们这一代青年作家，那么文化大革命从你看来究竟是好是坏？"

梁晓声一怔，未料到对方的提问竟如此之"刁"，分明有"诓"人上当之意。他灵机一动，

立即反问："没有第二次世界大战，就没有以反映第二次世界大战而著名的作家，那么你认为第二次世界大战是好还是坏？"回答如此巧妙！英国记者不由一怔，摄像机立即停止了拍摄。

在社交场合中，有时会遇到自己不想公开，而别人又偏偏要打听的事；或是自己偶然触及对方的伤痛、忌讳及隐私，出现了尴尬的局面。这时，以周围的环境为媒介，迅速转移话题便是一种普遍有效的应急措施。

1981年，白宫突然得到里根遇刺的消息后，总统办公厅一片慌乱，不知所措。富有经验的国务卿黑格出来维持局面。黑格曾任美国驻欧洲部队司令，脱下军装后又当上国务卿，一向以果断、稳重而知名。但他听到里根被刺的消息，也慌了手脚。

一个记者问黑格："国务卿先生，总统是否已经中弹？"

黑格回答："无可奉告。"

记者又问："目前谁主持白宫的工作？"

黑格答道："根据宪法规定，总统之后是副总统和国务卿，现在副总统不在华盛顿，由我来主持工作。"

这一回答引起了轩然大波，记者们议论纷纷。另一个记者马上又问："国务卿先生，美国宪法是不是修改了？我记得美国宪法上写明总统、副总统之后，是众议院院长和参议院院长，而不是国务卿。"

黑格听后明白是自己失言，急中生智反问道："请问在两院院长后又是谁呢？他们都不在白宫现场，当然由我来主持。刚才为了节约时间，少说了一句话而已。"

几句话便自圆其说为自己解了围，拒绝直接回答记者的提问。

这种"顾左右而言他"的办法就是转移话题法。当然，这个新的话题必

须和原来的话题有一定联系，还必须能引起提问人的兴趣。否则，会引起对方的疑虑或反感。话题一转移，对方自然不好再问同样的问题。

所以，如不愿回答别人向你打听的事情时，可用巧妙变换话题的方法，让对方处于被动地位，从而改变意图。

拒绝求爱者最好委婉些

面对不喜欢的人甚至是讨厌的人向自己求爱，很多人不知该如何拒绝，结果由于处理失当，造成了一些不良后果。

一个姑娘，长得很漂亮，又热情活泼，好些男青年向她求爱，犹如众星捧月，让她顿时觉得身价倍增，面对那些求爱者，她傲慢无礼，不是当面讽刺挖苦这个，就是公开那个的求爱信。小伙子们被激怒了，有的人甚至痛恨她。从此，她身边很少有小伙子围着转，也没人给她写求爱信了。她孤影自怜，没办法，只好调换工作。造成这种局面，只因为她不讲究拒绝求爱的方式，不尊重人，伤害对方，才给自己带来痛苦，让自己失去别人应有的尊重。

对待别人的求爱，有人激动得手足无措，有人为难得一筹莫展，有人甚至会气得大发雷霆。尽管心情及其表现千差万别，但究其态度不外乎两种：一种是允诺，一种是拒绝。允诺也好，拒绝也好，都应当持正确的态度和方法。

拒绝求爱的方法有多种，从形式上，可以用书信，可以口头交谈，也可以委托别人。但不管用什么方法，一定要做到恰到好处。那么如何才能恰到好处地拒绝别人的求爱呢？以下有几种方法可供大家参考：

1. 讲明情况，好言相劝

倘若你认为自己年龄尚小，不想考虑个人恋爱问题，那就讲明情况，好言劝解对方。

2. 直言相告，以免误会

你若已有意中人，又遇到求爱者，那么就直接明确地告诉对方，你已有爱人，请他另选别人，而且一定要表明你很爱自己的恋人。同时，切忌向求爱者炫耀自己恋人的优点、长处，以免伤害对方自尊心。

3. 婉言谢绝

对自尊心较强的男性和羞涩心理较重的女性，适合委婉、间接地拒绝。因为有这类心理的人，往往是克服了极大的心理障碍，鼓足勇气才说出自己的感情，一旦遭到拒绝，很容易感觉受伤害，甚至痛不欲生，或者采取极端的手段，以平衡自己的感情受创伤。因此拒绝他们的爱，态度一定要真诚，言语也要十分小心。你可以告诉他（她）你的感觉，让他（她）明白你只是把他（她）当朋友，当同事或者当兄妹看待，你希望你们的关系能保持在这一层面上，你不愿意伤害他（她），也不会对别人说出你们的秘密。

你不妨说："我觉得我们的性格差异太大，恐怕不合适。"

"你是个可爱的女孩，许多人喜欢你，你一定会找到合适的人。"

"你是个很好的男人，我很尊重你，我们能永远做朋友吗？"

如果这些自尊和羞涩感都挺重的人没有直接示爱，只是用言行含蓄地暗示他们的感情，那么，你也可以采取同样的办法，用暗含拒绝的语言，用适当的冷淡或疏远让他（她）明白你的心思。

别人爱你，向你求爱，他（她）并没有错；你不能接受而拒绝他（她）的爱，你也没有错。但关键要看你是怎样拒绝的。如果你能拒绝得恰到好处，对双方都是一种解脱。如果你不妥善对待，那么你就有可能会犯错误，不仅伤害他人，也会危害自己。所以，当你遇到这种情况时，千万不要鲁莽行事。万事三思而行，总归是好的。

第三章　倾听的细节

对他人说"请告诉我这一切"

卡耐基说："你要使人喜欢你，那就做一个善于静听的人，鼓励别人多谈他自己。"

约翰是尼可见到的最受欢迎的人士之一。他总能受到邀请，经常有人请他参加聚会、共进午餐、担任客座发言人、打高尔夫球或网球。

一天晚上，尼可碰巧到一个朋友家参加一次小型社交活动。他发现约翰和一个漂亮女士坐在一个角落里。出于好奇，尼可远远地注意了一段时间。尼可发现那位年轻女士一直在说，而约翰好像一句话也没说。他只是有时笑一笑，点一点头，仅此而已。几个小时后，他们起身，谢过男女主人，走了。

第二天，尼可见到约翰时禁不住问道：

"昨天晚上我在威廉家看见你和最迷人的女孩在一起。她好像完全被你吸引住了。你怎么抓住她的注意力的？"

"很简单，"约翰说，"威廉太太把玛丽介绍给我，我只对她说：'你的皮肤晒得真漂亮，在冬季也这么漂亮，是怎么做的？你去哪呢？阿卡普尔科还是夏威夷？'

"'夏威夷，'她说，'夏威夷永远都风景如画。'

"'你能把一切都告诉我吗？'我说。

"'当然。'她回答。我们就找了个安静的角落，接下去的两个小时她一直在谈夏威夷。

"今天早晨玛丽打电话给我，说她很喜欢我陪她。她说很想再见到我，因为我是最有意思的谈伴。但说实话，我整个晚上没说几句话。"

看出约翰受欢迎的秘诀了吗？很简单，约翰只是让玛丽谈自己。他对每个人都这样——对他人说："请告诉我这一切。"这足以让一般人激动好几个小时，人们喜欢约翰就因为他注意他们。

懂得聆听是一种美德。

人人都希望有一个倾诉对象，也希望别人了解自己。但是如果两个人都希望倾诉和被了解，却没有一个人愿意去听对方的话，这样，两个人就很难达成共识。因此，如果你想被别人了解，你先得学会听别人倾诉。只有愿意了解别人的人，别人才愿意了解你。

约翰·洛克菲勒特别注重倾听。他所实行的政策都是经过倾听大家的意见，进行开诚布公的论证才下结论的。只有懂得倾听的人，才有可能在感情、事业、家庭等各方面取得成功，并且把握住别人错过的机会。

不要小瞧了倾听，就是这倾听可以创造出令人难以预料的结果。如果你听了长者的劝告，人生道路上就会少走许多弯路；如果你注意倾听顾客真正的需求，就可以避免把金钱、时间浪费在别人根本就不需要的东西上。

让他人谈自己，一心一意地倾听，要有耐心，要抱有一种开阔的心胸，还要表现出你的真诚，那么无论走到哪里，你都会大受欢迎。

倾听中及时、准确地反馈

有人做过这样一个实验，来证明听者的态度对说者有着极大的影响。

让学生表现出一副心不在焉的样子，结果上课的教授照本宣科，不看学生，无强调，无手势；让学生积极投入——倾听，并且开始使用一些身体语言，比如适当的身体动作和眼睛的接触。结果教授的声调开始出现变化，并加入了必要的手势，课堂气氛生动起来。

由此看出，当学生表现出一副心不在焉的样子，教授因得不到必要的反应而变得满不在乎起来。当学生改变态度，用心去倾听时，其实是从一个侧面告诉教授：你的课讲得好，我们愿意听。这就是无声的赞美，并且起到了积极的效果。

从上面的例子也可以看出，倾听时加入必要的身体语言，是非常有必要的。

行动胜于语言。身体的每一部分都可以显示出激情、赞美的信息，可增强、减弱或躲避、拒绝信息的传递。精于倾听的人，是不会做一部没有生气的录音机的，他会以一种积极投入的状态，向说话者传递"你的话我很喜欢听"的信息。

录音机是没有眼睛的，俗语说，"眼睛是心灵的窗口"。适当的眼神交流可以增强听的效果。这种眼神是专注的，而不是游移不定的；是真诚的，而不是虚伪的。发自灵魂深处的眼神是动人心魄的。

录音机做不了"小动作"，而倾听者则必须做一些"小动作"。身体向对方稍微前倾，表示你对说者的尊敬；正向对方而坐，表明"我们是平等的"，这可使职位低者感到亲切，使职位高者感到轻松。自然坐立，手脚不要交叉，否则让对方认为你傲慢无礼。倾听时和说话人保持一定的距离，恰当的距离给人以安全感，使说话者觉得自然。动作跟进要合适，太多或太少的动作都会让说者分心，让他认为你厌烦了。正确的动作应该跟说话者保持同步，这样，说话者一定觉得你对他的谈话很感兴趣。

倾听并不意味着默默不语，除了做一些必要的"小动作"外，还得动一动自己的嘴。恰当的附和不但表示了你对说者观点的赞赏，而且还对他暗含鼓励之意。

当你对他的话表示赞同时，你可以说：

"你说得太好了！"

"非常正确！"

"这确实让人生气！"

这些简洁的附和使说话者想释放的情感找到了载体，表明了你对他的理解和支持。

入神的倾听并在适当时间附和有利于对方更好地表达自己的思想和情感。在对方明白我们的倾听是对他的尊重以后，他同样会认真地听我们说话，这样我们的赞美才能产生良好的效果。

例如对于领导来说，倾听职员的谈话，不仅有助于充分了解下情，还说明了你对下属的体贴和关心。这种没有架子的平民领导到哪儿都会受员工欢迎的。

对于员工来说，倾听领导的谈话，是对领导威严的有效维护，说明了你对他的尊重。这样的员工，说出来的话——即使不是赞美之辞，领导也会很喜欢听的。

人与人之间，倾听则能促进情感，加深相互间的理解，引发精神上的共鸣。

认真倾听各种批评和指责的声音

哈莉·贝瑞是美国好莱坞当前最红的女明星之一，曾获得第74届奥斯卡最佳女主角奖，是奥斯卡史上第一位荣获影后的黑人女星。这位"黑珍珠美人"得到了大量的赞扬和恭维，但这并没有让她迷失自我，她特别认真地倾听各种批评和指责的声音。

一个人敢不敢或者愿不愿意接受批评和指责，是对他自己的一种严峻考验。别人的批评和指责往往能够直接指出我们的错误和不足，而那些地方正是我们急需改进的。如果一个人拒绝接受别人的批评，那么他怎么能得到提高，又怎么取得成功呢?! 哈利·贝瑞取得成功，和她虚心接受批评指责密切相关。

2005 年 2 月 26 日晚，贝瑞参加了第 25 届金酸莓电影奖颁奖仪式，成为第一位亲手接过金酸莓"最差女主角"奖杯的好莱坞女明星。

金酸莓电影奖设立于 1981 年，跟奥斯卡奖评选最佳相反，是专门评选"最差"影片、"最差"导演和"最差"演员等奖项的。对于这个带有恶作剧意味的颁奖，好莱坞的明星大腕们从不正眼相看，过去不仅没有一个当红女明星参加过金酸莓颁奖仪式，更没有一个女明星有勇气亲手接过授予自己的"最差女主角"奖杯。

哈莉·贝瑞主演的《猫女》获得了第 25 届金酸莓"最差影片""最差女主角"等 7 项大奖的提名。得知这个消息后，她表示要参加金酸莓奖的颁奖仪式，她说:"我认为，作为一个演员，不能只听他人的溢美之词，而拒绝接受别人对你的批评和指责。既然我能参加奥斯卡颁奖典礼并接过小金人，那么我就该有勇气去拿金酸莓的奖杯。"

面对有可能引起的尴尬局面，哈莉·贝瑞没有退缩，而是勇敢地出席了颁奖晚会。她希望能够以此为戒，让批评与指责为自己加油，成为自己不断向上的动力。

颁奖当晚，哈莉·贝瑞走上领奖台，接过了金酸莓"最差女主角"奖杯。她发表获奖感言时说:"我这辈子从来没有想过我会来到这里，赢得'最差'奖，这不是我曾经立志要实现的理想。但我仍然要感谢你们，我会把你们给我的批评当作一笔最珍贵的财富。"

听到这话，人们给了她一阵又一阵热烈的掌声。

颁奖过后，记者围住了哈莉·贝瑞，问她为什么不怕丢丑而前来领奖。她说这不是丢脸，接受批评不丢脸，不接受批评反而会出更大的丑。她举了举手中的"最差女主角"奖杯说:"我要将它放在我的厨房里，我每天都会面对它。就是全世界的赞扬像飓风一样袭来的时候，只要看它一眼，我就不会被吹到云彩上面去。在许多人都赞扬和恭维你的时候，批评的声音是最珍贵的，因为它使你清醒，让你不会头脑发热自己找不到自己。"

面对责备和批评，哈莉·贝瑞没有退缩逃避。当面对他人的批评时，你是否能够像哈莉·贝瑞那样虚心接受呢？其实，对于自己身上的一些不足和缺点，很多时候我们并不一定都能意识到，而我们身边的人对此会更加了解。只要能够对这些不足和缺点加以改进，我们同样也会赢得他人的尊重与赞美。

哈莉·贝瑞是聪明的，她没有因为被批评而沮丧泄气，也没有因为被批评而激愤拒绝，而是诚恳地、高兴地接受，并将其当成珍贵的财富，当成激励自己的动力。有这样宽广的胸怀和博大的人生智慧的人，将来无论获得怎样的成就，人们都不会觉得意外。

倾听各种批评与指责时，我们需注意如下几点：

（1）听取别人意见的时候，不是一味地盲从，不是别人说什么你就要做什么，而是要有自己的判断，从中选择正确的意见。

（2）当别人给你提意见的时候，应该用眼睛望着对方认真倾听，不时地点头微笑，必要时最好用纸笔记下来。

（3）如果你觉得别人的意见不对，也要听对方把话说完，明白对方的意思，然后再把自己的想法表达出来。

（4）听取别人的意见，不一定是你最崇拜的人，可以是你的父母、亲友、同事等。

通过说话方式探索对方心理

在人际交往中，人们通常会把自己的真实情感深深地隐藏起来，但无论怎样，他的言谈中总会流露出"蛛丝马迹"。这时，有志了解别人的人，需要用心去体察，注意他的话语中蕴含的意思，推测他同意或赞赏的观点，这样，就可以对他有另外的认识。

说话方式便是一个透露对方内心所想的"窗口"。一个人的说话方式不同，所反映出的真实想法也不同。注意对方的说话方式，你便能猜透对方的真实心理，听出对方在想什么。

如果对于某人心怀不满，或者持有敌意时，许多人的说话速度都变得迟缓，而且稍有木讷的感觉。如果有愧于心或者说谎时，说话的速度自然就会快起来。

例如，有一个男人每天下班都按时回家，而这一天他下班后却留在办公室与同事打扑克，回到家时，他就马上跟老婆说他加班了。那位"加班"的男人，当他向老婆解释时，说话的语调不仅快，而且慷慨激昂，好像今天"加班"的确让他很反感——他是很不愿意"加班"的。这样，他可以解除内心潜在的不安。

当两个人意见相左时，一个人提高说话的音调，即表示他想压倒对方。

对于那种怀有企图的人，他说话时就一定会有意地抑扬顿挫，制造一种与众不同的感觉。这样的人有一种吸引别人注意力的欲望，自我显示欲在言谈之中隐隐约约地就透露出来了。说话暧昧的人大多数喜欢迎合他人，他们说同一句话既可这样解释，又可那样解释，含糊其辞。这种人处世圆滑，从不肯吃亏，懂得如何保护自己和利用别人。

经常对他人品头论足，说长道短，这样的人嫉妒心重，心胸狭窄，人缘不好，心中孤独。如果他对诸如别人不跟他打招呼之类的小问题耿耿于怀，说明他在自尊心上受挫，渴望得到别人的尊重。有些人常以领导的过失和无能为话题，则表明他自己有出人头地、取而代之的愿望。

有人在说话时极力避开某个话题，这说明他在这方面有隐衷，或者在这方面有强烈的欲望。比如当一个人的心中对金钱、权力或某异性怀有强烈的欲望时，很怕被别人识破，于是就故意避开这个话题以掩饰自己的真实用意。

交谈时，对方先是与你谈一些家常话，这表示他想试探你的态度，了解你的实力，探明你的本意，然后好转入正题。

总之，说话方式在一定程度上也能透露对方的内心真意。在与人交谈时，注意观察对方的说话方式，是了解对方说话本意的一个有效的方法，会给你了解对方带来意外的收获，也能使你先一步掌控对方。

由话题听出对方的想法

要透过表面的东西去了解一个人的性格特征和情趣，可以从他们的话题入手，注意他们谈论自身感兴趣的事情，这样就会发现他们所表现出来的某些性格特征。也就是说，人们的一些平日不为人所知的情绪会从某个话题中呈现出来。

通过一个话题探索到对方的深层心理，其方式有两种：一是根据话题内容来推测对方的心理秘密；二是根据谈话的展开方式洞察对方的深层心理，以了解对方的个性特征。如果要想了解对方的性格和内心动态，最容易的办法，就是观察话题和说话者本身的相关情况。所以说，言谈话语，是了解人的重要途径。

明洪武初年，浙江嘉定安亭有一个名为万二的人，他是元朝的遗民，在安亭郡堪称首富。一次，有人自京城办事归来，万二问他在京城的见闻。这人说："皇帝最近做了一首诗。诗是这样的：'百僚未起朕先起，百僚已睡朕未睡。不如江南富足翁，日高丈五犹披被。'"万二一听叹口气道："唉，迹象已经有了！"他马上将家产托付给仆人掌管，自己买了一艘船，载着妻子，向江湖泛游而去。两年不到，江南大族富户都分别被收缴了财产，门庭破落，唯有万二逃之于外。

通过谈话，万二了解到江南富足翁是皇帝的心中隐忧，遂携带妻子离开江南，从而躲过一劫。一个优秀的谈话者正是如此，交谈时很少谈及自己的东西，而是将对方引出来的话题分析、整理，不断地从对方身上吸取知识和情报。

一位哲人说过：上帝之所以赐给我们两只耳朵与一张嘴巴，恐怕就是希望我们多听少说。不管上帝是否真有这种用意，"多听少说"确实是倾听者在人际沟通时所应具备的一种基本修养。因为"多听少说"不但可以发掘事实的真相，而且还可以探索对方的动机、态度。

苏东坡是宋代文学家，他极具语言的天赋，雄辩无碍的他，却非常注重别人的谈话。有时和朋友聚会，他总是会静下心来，听他们高谈阔论。一次聚会中，米芾问苏东坡："别人都说我癫狂，你是怎么看的？"苏东坡诙谐地一笑："我随大流"。众友为之大笑。即使是朋友间的不同观点，他也以"姑妄言之，且姑妄听之"的态度对待。

因此，从一个人所谈论的话题可以反映出他的思想活动，我们可以由此听出对方的想法。

（1）有些人非常想探听对方的真实情况，这是有意找到对方的缺点所在，期待能进一步控制对方的意思。

（2）有些人对于别人的消息传闻特别感兴趣，这种人很难获得真正的友谊，所以，他内心非常孤独。

（3）有些女性虽然早已过了少女期，但也常常喜爱谈论有着"恋情"或"爱情"的事情，这表示在她内心也隐藏着性欲得不到满足的事实。

（4）有些人会愤愤不平地埋怨待遇低微，其实，有很多人因为对工作不热心，才会将这种内心的动机转化在待遇低微的借口上。

（5）有些人不断谴责上司的过错和无能，事实上是表示他自己想要出人头地的意思。

（6）有人借着开玩笑，常常破口大骂，或者指桑骂槐，这是有意将积压在内心的欲求或不满爆发出来。

（7）有人一直谈论会场的话题，而不喜欢别人来插话，这表示他讨厌自己屈居在别人的控制之下。

（8）有人把话题扯得很离谱，或者不断改变话题，这是表示他的思考不够集中，以及不懂得逻辑性的思维方式。

听懂别人的场面话

语言是人类沟通的工具，从一个人的言谈，足以知悉他的心意与情绪，但是，若对方口是心非，就令人猜疑了。这种人往往将意识里的冲动与欲望，以及所处环境的刺激修饰伪装后，以反向语表现出来，令人摸不清实情。

例如，偶遇个性不投的朋友，往往抛出社交辞令客套邀约："哎呀，哪天到舍下坐坐嘛！"其实心里的本意可能是："糟糕，又遇上了，赶紧开溜为妙！"这种与本意相反的场面话，往往是因为内心的不安与恐惧，为求自我安慰，于是一而再，再而三，因循成习。

说场面话也是一种生存智慧，在人性丛林里进出过一段时日的人都懂得说，也习惯说。这不是罪恶，也不是欺骗，而是一种必要。

有一个人十几年没有升迁，于是去拜访一位主管调动的单位负责人，希望能调到别的单位，因为他知道那个单位有一个空缺，而且他也符合条件。

那位主管表现得非常热情，并且当面应允，拍胸脯说："没问题！"

他高高兴兴地回去等消息，谁知几个月过去，一点消息也没有。打电话去，不是不在就是正在开会，问其他人，别人告诉他，那个位子已经有人捷足先登了。他很气愤地说："那他又为什么对我拍胸脯说没有问题？"

这件事的真相是：那位主管说了场面话，而他相信了主管的场面话！

场面话有的是实情，有的则与事实有相当的差距。听起来、说起来虽然不实在，但只要不太离谱，听的人十之八九都会感到高兴。

诸如"我全力帮忙"、"有什么问题尽管来找我"等，这种话有时是不说不行，因为对方拥有人情压力，若当面拒绝，场面会很难堪，而且会得罪这个人；若对方缠着不肯走，那更是麻烦，所以用场面话先打发，能帮忙就帮忙，帮不上或不愿意帮忙就再找理由。总之，场面话有缓兵计的作用。

所以，千万别过度相信场面话。

对于拍胸脯答应的场面话，你只能持保留态度，以免希望越大，失望也越大。你只能姑且信之，因为人情的变化无法预测，你既测不出他的真心，只好先做最坏的打算。要知道对方说的是不是场面话也不难，事后求证几次，如果对方言辞闪烁，虚与委蛇，或避而不见，避谈主题，那么对方说的就真的是场面话了！

对场面话，也要有清醒的头脑，否则可能会坏了大事。对于称赞、同意或恭维的场面话，要保持冷静和客观，千万别因别人两句话就乐过了头，因为那会影响你的自我评价。冷静下来，反而可看出对方的用心如何。

避免"话外音"的误会

人们常常借形象的帮助来思考，而语言本身，已经缺少正确传达说话人的心中形象给对方的能力，所以，我们总是无法将自己的意思或想法完全正确地传达给别人。

比如说，有一个人向别人说："对小孩子来说，养狗是一个很好的嗜好。"这时候，说这句话的人，在他脑里可能出现的形象是一只全身长满了浓毛的大牧羊狗；可是，对方脑里的形象却可能是一只毛短而矮小的英国狮狗。

在我们日常生活中，由于对话双方脑里的形象不同而引起误解的情况，的确不少。

现在来看一看下面这段有趣的对话吧：

"我现在正在看一本新出版的书，很有趣啊！"

"嗯，我也喜欢看幽默小说。"

"可是，我看的不是幽默小说。不过，却充满了紧张与刺激。"

"紧张刺激？哦！对了，我也喜欢紧张和刺激。这么说，你看的是关于描述运动比赛的书了？"

"也不是。是以非洲为背景的小说。"

"非洲为背景？哦！我晓得了。那一定是描述非洲大狩猎的小说了。说真的，我很久没有看过这一类的书了。"

"不是。我是指那个，它是一部以政治为主题的小说。"

"不错，政治本身就是充满着刺激与紧张。现在的国际形势的确很紧张。

那一定是一本很有趣的小说。"

　　"可是，我看的这一本书，和你所说的那些完全扯不上关系！它是描述在一个国家发生的政治事件。为了掌握政权，这个国家的几个领袖们在钩心斗角，甚至演出了暗杀事件。"由于在双方脑里所显现的形象各不相同，竟然导致了这样的笑话。所以我们说话要力求准确，避免让别人因猜度你的"弦外之音"而发生误会。

　　那如何避免"弦外之音"的误会呢？

　　（1）你所说的话必须要"精"。有什么说什么，紧紧围绕目的说话。如果你没话找话，难保不会给自己找出一大堆麻烦。

　　（2）用词要尽量准确。不要用有歧义的词或者句子，即使有些时候多费点口舌，稍微啰嗦一点，也要用别的话语代替他们。

　　（3）外出工作或与外人打交道，尽量说普通话。方言土语别人不容易听懂，也容易让人产生误解。当然，这并不要求你的普通话水平一定要很高，只要你能够清楚地表达自己，别人能够清楚地领会你的意思，就足够了。

　　（4）不要对别人的口误斤斤计较。金无足赤，人无完人，不管是谁，在说话办事的时候都不可能做到百分之百准确，如果你计较别人，别人也必定会跟你过不去。反过来，如果你总是宽宏大量，别人也会给你方便。

　　（5）要有良好的人际关系。周围的人如果信赖你，尊重你，即使有些时候你说了一些容易产生"弦外之音"的话，也没什么关系，大家都不会往坏处想。

　　（6）不在背后批评人，说别人的不好。你对 A 说 B 如何如何，B 很可能认为你在 A 的面前也会说他如何如何。况且，好话不出门，坏话传千里，还是谨慎一点的好。

第四章 宴请的细节

请客吃饭宜有一个好理由

宴请是求人最常用的一种手段，恰当的宴请可以为求人顺利和成功提供条件、奠定基础。

刘强是刚毕业的大学生，初入职场的他和办公室里元老级的同事总有些不合拍，连科长都说他有些木讷。办公室里的同事总能找到理由请客，科长也时不时欣然前往。而刘强更加被孤立，虽然他也在寻找请客的理由，以期拉近和大家的关系。

刘强没有女朋友，生日也还有半年多的时间，他实在找不到可以宴请大家的理由，又怕落个马屁精的雅号。这天，刘强在路边的饭厅吃午餐，看到对面有个福利彩票销售点，很多人排着队在买彩票。马上灵光一闪，顿时想到一个好办法。

从那天，刘强开始买彩票，还有意无意将买来的彩票遗忘在办公桌上。刘强买彩票的消息，在同事间不胫而走。还没等大家把这个消息炒成办公室最热门话题，刘强一天早上郑重地宣布自己获得20000元的一个奖。下班了，同事和科长被请进了饭店，酒足饭饱后，刘强从大家的眼神里看到了认可和友好的神情。

从此以后，他也渐渐融入了办公室这个大集体，上司和同事对他伸出帮助之手。就连他以后结婚分房的事，也是科长和同事鼎力相助的结果。而这一切要谢就得谢那次虚拟的"中奖"啦。

所以，宴请别人一定要找个好理由，理由找好了，才能让对方欣然赴宴，你的事情也就有希望了。

根据办事的性质、对象而采取不同的方式发出邀请。如大多数学者、专家、领导等，工作忙、时间紧，对他们最好提前相约，以便他们做好工作调整、时间安排；如对某团体的要人，公开邀请，甚至借助传播媒介，既能体现公正无私、光明磊落，又利于引起关注、促进宣传、扩大影响。

向别人发出邀请，可以采用开门见山式，例如，当你想邀请上级领导吃饭时，就可以直接说："请问徐经理吗？我们现在在某某酒楼吃饭，过来认识几个朋友吧，我们等你来啊。"这种方式既显示出了关系的亲近，活跃气氛，又能使求人办事变得很自然。

或者采用借花献佛式，例如："陈工！今天获奖名单公布了，我中奖了！走吧，我们去庆祝庆祝！"然后在酒宴上再提自己求他所办之事，那个时候的他酒都喝了，哪好意思不帮你？

也可以采用喧宾夺主式，例如："哦！你中午没有时间啊？没有关系，这样吧，下午我去订个位置，然后晚上你带上你的家人，我们一起去吃怎样啊？晚上我给你电话哦！"这样发出去的邀请，别人就很难再有借口推辞了。你也就有了接近对方，求其办事的机会。

如今，请客吃饭在很大程度上已失去了原来意义，变成了一种排场、一种面子，一种投资，一种手段。因此，有人戏言："做事情离不开请客吃饭。"也许人们正是发现了请客吃饭是一种十分体面而又毫无风险的"创收手段"，所以请客的理由越来越多，五花八门。比如生日、乔迁、工作调动、开业典礼等都要请客，单是在孩子身上就有满月、百天、抓周、生日、上大学等多次请客的机会。甚至在求人办事时，也会找出好多理由宴请别人。

所以，要想把事办成，就要找一个好理由宴请所求之人。

精心挑选宴请地点

宴请客人时，用餐地点的选择是非常重要的。例如饭店的远近、服务态度、食物的质量等等。各种因素都会对宴请活动产生不同的影响。

选择地点时，可遵循以下 3 个原则：

1. 宴请别人时，要考虑被宴请的对象和事由，选择宴请地点

根据主人意愿、邀请的对象、活动性质、规模大小及形式、商谈的内容等因素，选择宴请的地点。一场宴会，你所宴请的对象可能不止一两个，要想让一种宴会环境满足所有与宴者的心理要求是很难的，这就要求我们在尽量满足大多数与宴者的客观要求的同时，侧重迎合其中少数特殊人物的心理要求。很显然，这些特殊人物对你办事情有非常大的帮助。当主宾的地位、身份、影响高于主人时，以主宾为主。当主宾的身份、地位低于主人时，则

要以主人为主。

2. 确定宴请地点时，要考虑周边环境、卫生、设施和交通状况等问题。这样，于人于己都很方便

（1）选择交通方便的地方。选择用餐地点，对于交通方便与否，也要高度关注。要充分考虑聚餐者来去交通是否方便，有无停车场所，有无交通线路通过此处，是否有必要为聚餐者预备交通工具等一系列的具体问题。

（2）选择卫生良好的饭店。外出用餐时，人们最担心的就是"病从口入"。所以确定宴请的地点时，一定要看其卫生状况如何。倘若用餐地点过脏、过乱，会破坏用餐者的食欲。

（3）选择环境幽雅的地方。对现代人来讲，宴请不仅仅是为了"吃东西"，而且也讲究环境。如果用餐地点档次过低，环境不佳，即便菜肴再有特色，也会令宴请大打折扣。

这里的环境既包括宴会举办场地的自然环境（如湖边、闹市、船上等），宴会所在的建筑环境（如酒店建筑风格、餐厅装修特点等），也包括宴会举办场地——餐厅的大小、空气状况和环境布置等。

3. 在选择餐厅时，要特别留意餐厅的用餐环境

而挑环境时，必须考虑以下三方面因素：

（1）包间要足够大。在一个相对宽松的空间里，气氛才能轻松；环境好，心情也会跟着变好，饭桌上气氛也会比较融洽。

（2）包间要有独立的沙发区和卫生间。吃饭时客人一般不会同时到达，沙发区可以给先到的人有一个休息之处。另外，沙发最好为 U 字形或 L 字形，因为除了非常熟悉的人，人们并不习惯在沙发上并排而坐，尤其是初次见面的朋友，保持一个礼貌的距离很重要。

（3）如果宴请政府领导或很重要的客户，要留好地面停车空间，最好不用地下车库。地下车库一般没有装修，看上去比较脏乱，客人一进入，心情就会受影响。而且，从地下车库上地面的通道，没有人给开门。这样会让客人感到不太受尊重。选地上停车处，车门、楼门、房门都要有人给开，这才显出对客户的尊重。

除此之外，确定宴请地点时还应注意以下问题：

（1）询问你的客人是否有某些饮食方面的偏好，比如是否属于素食主义者或者是否爱吃鱼等等，事前确保你选择的饭店符合客人的口味。

（2）选择一处大家都喜欢的地点就餐，让聚会中的每个人都有宾至如归的感觉也是很重要的。比方说，要事先问清楚有没有适合素食者的选择、小孩子用的高凳，还有那些对某些食物过敏的人能吃的东西。如果聚会上的人有需要的话，甚至还要看看有没有足够的车位。

（3）请熟悉的人去不熟悉的饭店，请不熟悉的人去熟悉的饭店。对熟人（包括家人、朋友等），可以去以前没去过的饭店尝尝鲜、探探路，熟人在一起就不必拘束，可以随心而为，可畅心问价、调换，等等。而请不熟悉的和重要的客人则要求对整个点菜服务质量等了然于胸，这样就需要去一个熟悉的饭店。

根据就餐性质安排客人的座次

当客人抵达主人的请客地点时，作为主人，应该怎样为客人安排座次呢？

虽然现在桌具的演进使座位的排法发生了变化，但总体来说，座次是"尚左尊东"、"面朝大门为尊"。如果是家宴，则首席为辈分最高的长者，末席为最低者。

如果是圆桌，则正对大门的为主客，左手边依次为2、4、6等，以此类推，右手边依次为3、5、7等，直至汇合。巡酒时自首席按顺序一路敬下。

如果是八仙桌，若有正对大门的座位，则正对大门一侧的右位为主客。如果不正对大门，则面东的一侧右席为首席。然后首席的左手边坐开去为2、4、6，右手边为3、5、7。

如果是大宴，桌与桌间的排列讲究首席居前居中，左边依次2、4、6席，右边为3、5、7席，根据主客身份、地位、亲疏分坐。

西餐的坐席安排比较讲究，如果用西餐请客，则有如下礼仪，千万不可坐错了位子。

（1）桌次：在正式宴会上，桌次的高低尊卑以距离主桌位置的远近而定，越靠右的桌次越尊贵，桌次较多时一般摆放桌次牌；在同一桌上，越靠近主人的座位越尊贵。

（2）位次：英国式的座位顺序为，主人坐在桌子两端，原则上是男女交叉坐；法国式的座位顺序为，主人相对坐在桌子中央。以女主人的座位为准，主宾应当坐在女主人的右上方，主宾夫人坐在男主人的右上方。

（3）在非正式宴会上，座位遵循女士优先的原则。如果是男女二人进餐，男士应请女士坐在自己的右边，还要注意不可让她坐在人来人往的过道边。若只有一个靠墙的位置，应请女士就座，男士坐在她的对面。如果是一对夫妻就餐，夫人应坐在靠墙的位置上，先生则坐在夫人的对面。如果两位男士陪同一位女士进餐，女士应坐在两位男士的中间。如果两位同性进餐，那么靠墙的位置应让给其中的年长者。男士应当主动为女士移动椅子让女士先坐。在宴请外宾时，首先明确一点，宴请不是为吃而吃，更重要的是要表达出对外宾的尊重，创造出一种有利于宾主双方进行进一步交流的气氛。所以，座次的安排就显得非常重要，考虑不周全、座次安排不妥当，轻则会惹得外宾不高兴，重则可能引起国际纠纷。所谓"外交无小事"，即使在就餐座次上，也要多花些心思。

在国际惯例中，在就餐时排列桌次，通常讲究采用圆桌，并且各桌的就餐者宜为双数。在正式的宴会厅内安排桌次时，应遵循以下五大原则，即"面门为上"，"居中为上"，"以右为上"，"以远为上"，"临台为上"。其实，为了避免届时因外宾坐错了座位而产生不快，隆重的大型宴会可以在各餐台座位前预先摆放座位卡，所发请柬上则标明与宴者的台号，或由司仪导入，或持柬按图索骥、对号入座，这样就不容易出差错了。

点餐时先征求客人意见

根据中国人的饮食习惯，请客吃饭其实是"请客吃菜"，菜单在一次宴席中的地位可见一斑。

如果你是请客者，若时间允许，应等客人到齐之后，将菜单供客人传阅，并请他们来点菜。当然，如果是公务宴请，要控制预算，你最重要的是要多做饭前功课，选择合适档次的请客地点非常重要。一般来说，如果由你来埋单，客人也不太好意思点菜，都会让你来做主。

如果你的上司也在宴席上，千万不要因为尊重他，或是认为他应酬经验丰富，酒席吃得多，而让他来点菜，除非是他主动要求，否则，他会觉得不够体面。

如果你是作为赴宴者出现在宴席上，在点菜时，不应该太过主动，而要让主人来点菜。如果对方盛情要求，你可以点一个不太贵、又不是大家忌口的菜，最好征询一下同桌人的意见，特别是问一下"有没有哪些是不吃的"

或是"比较喜欢吃什么"，要让大家有被照顾到的感觉。点菜后，可以请示"我点了菜，不知道是否合几位的口味"，"要不要再来点其他什么"，等等。

点菜并非一件简单的差事，其中的学问其实很多。点菜的基本原则是要做到能让所有人都吃得满意，而且花费不是太多。同时点菜既不能点得剩太多，也不能不够吃。具体来讲，以下几项点菜技巧必须注意：

（1）一定要看人员组成，一般来说，人均一菜是比较通用的原则。如果是男士较多的餐会可适当加量。同时，要看菜肴组合。一般来说，一桌菜最好是有荤有素，有冷有热，尽量做到全面。如果桌上男士多，可多点些荤食，如果女士较多，则可多点几道清淡的蔬菜。

（2）若是普通的商务宴请，可以节俭些。如果这次宴请的对象是比较关键的人物，则要点上几个够分量、拿得出手的菜。一般说来，优先考虑的菜肴有四类：

①有中餐特色的菜肴。在宴请外宾的时候，这一条更要高度重视。

②有本地特色的菜肴。宴请外地客人时，上些特色菜要比千篇一律的生猛海鲜更受好评。

③本餐馆的特色菜。很多餐馆，都有自己的特色菜。上一份本餐馆的特色菜，能说明主人的细心和对被邀请者的尊重。

④主人的拿手菜。在举办家宴时，主人一定要当众露一手，多做几个自己的拿手菜。只要主人动手为来客烧菜，就会让对方感觉到你的尊重和友好。

（3）在安排菜单时，一定要先问问桌上同餐者有没有什么人有特殊忌讳。比方说有素食者、不食牛羊肉者、不吃辣椒者、不吃海鲜者等等，做到胸中有数。

（4）点菜前要对价格了解清楚，点菜时不应该再问服务员菜肴的价格，或是讨价还价，这样会让你在对方面前显得有点小家子气，而且被请者也会觉得不自在。

宴请中经常点选的烟酒茶品

中国人搞宴请活动讲究排场，也重视品位，因此在商务宴请中，烟酒茶品的选择和消费就显得非常重要。下面介绍一些宴请中经常点选的烟酒茶品，以供参考。

宴请中常喝的中国十大名酒

（1）台酒。茅台酒在历次国家名酒评选中，都荣获名酒称号，被誉为

"国酒""外交酒"。

(2) 五粮液。五粮液酒是浓香型大曲酒的典型代表，共获国际金奖32枚。

(3) 西凤酒。西凤酒属其他香型（凤型），曾4次被评为国家名酒。

(4) 双沟大曲。产于江苏省泗洪县双沟镇，曾连续两次被评为国家名酒。

(5) 洋河大曲。洋河大曲曾被列为中国的八大名酒之一，至今已有三百多年的历史。

(6) 古井贡酒。据当地史志记载，明代万历年间，当地的美酒曾贡献皇帝，因而就有了"古井贡酒"一美称。

(7) 剑南春。其前身当推唐代名酒剑南烧春。唐朝就列入当时天下的13种名酒之中。

(8) 泸州老窖特曲酒。泸州老窖窖池于1996年被国务院确定为我国白酒行业唯一的全国重点保护文物，誉为"国宝窖池"。

(9) 汾酒。1915年荣获巴拿马万国博览会甲等金质大奖章，连续5届被评为国家名酒。

(10) 董酒。董酒1963年首次被评为国家名酒，1979年后都被评为国家名酒。

宴请中常喝的中国十大名茶

(1) 西湖龙井。"茶中之美数龙井"。龙井茶素有"色翠、香郁、味醇、形美"四绝之称。

(2) 洞庭碧螺春。"洞庭碧螺春，茶香百里醉"。碧螺春产于江苏吴县太湖洞庭山，兼有茶香果味之美。

(3) 黄山毛峰。黄山毛峰成茶外形细嫩扁曲，多毫有峰，冲泡杯中雾气轻绕顶，滋味醇甜，鲜香持久。

(4) 君山银针。君山银针色泽鲜绿，香气高爽，滋味醇甜，汤色橙黄，是中国黄茶珍品。

(5) 祁门红茶。祁门红茶曾于1915年在巴拿马万国博览会上获得金质奖。

(6) 六安瓜片。一种外形似瓜子，色泽翠绿，香气清高，味鲜甘美的片形茶。

(7) 信阳毛尖。是我国著名的内销绿茶，以原料细嫩、制工精巧、形美、香高、味长而闻名。

（8）都匀毛尖。明代时就已为"贡茶"。冲泡时茶叶沉于杯底，绒毛浮游水中，清香持久，醇和回甜。

（9）武夷岩茶。武夷岩茶具有绿茶之清香，红茶之甘醇，是中国乌龙茶中之极品。

（10）安溪铁观音。成品茶外形头似蜻蜓，尾似蝌蚪。泡于杯中"绿叶红镶边"，是乌龙茶之上品。

宴请中常抽的中国十大名烟

（1）中华（中国名牌，中国驰名商标）上海烟草（集团）公司。

（2）熊猫（名牌卷烟）上海烟草（集团）公司。

（3）玉溪（中国名牌，中国驰名商标）玉溪红塔烟草（集团）。

（4）娇子（中国名牌，中国驰名商标）成都卷烟厂。

（5）红塔山（中国名牌，中国驰名商标）玉溪卷烟厂。

（6）云烟（中国名牌，中国驰名商标）昆明卷烟厂。

（7）芙蓉王（中国名牌，中国驰名商标）常德卷烟厂。

（8）红河（中国名牌，中国驰名商标）红河卷烟总厂。

（9）利群（中国名牌，中国驰名商标）杭州卷烟厂。

（10）白沙（中国名牌，中国驰名商标）白沙集团。

不过分亲近或疏远任何人

人性的细节，一旦发挥过分，就会讨人嫌恶，就无法圆润为人。圆润为人就是不要过分地亲近或疏远任何人。既不要过于亲近比您高的尊贵的人，也不要过于疏远那些地位比较低的人，尽管人们的社会角色和社会地位不同，但每个人都渴望得到他人的尊重。如果您忘记这一事实，与他们交际时，对"重要人物"谦卑有加，而对其他人却毫不在意，则会刺伤后者的自尊，失去一大批人，这样的人际代价是不值得的。

有这样一场家宴：宴席上坐着男主人、男主人单位的领导以及几位同事，圆桌上的酒菜已经摆得让人感觉十分满意了，可是，围着花布裙的主妇还是一个劲地上菜，嘴上直对领导说："没有什么好吃的，请领导对付着用点！"

男主人则站起来，把领导面前吃得半空的菜盘撤掉，接过热菜又放在他面前，热情有余地给领导夹菜、添酒，而对其他同事只是敷衍地说声"请"。

面对这样"尊卑有别"的款待，试想男主人的几位同事将作何感想？即便不觉得难堪，也会觉得主人对他们款待不同。也许未等宴席告终，有些同事就"有事"告辞了。

像这样的宴席，男主人眼里只有领导，而慢待他人，使同事们的自尊心和面子受到损伤，非但不能增进主客间的友谊，反而会造成心理隔阂，稍作权衡就会发现如此尊卑有别的待客之道实属不智之举。

圆润处世时，不能过分亲近权势，如果亲权势大的、疏远权势小的，等于从中挑拨，必导致两势相争。两者取其中，"公事公办"，不搞拉拉扯扯那一套，也不要把精力和心思花费在研究某某"背景"之上。以权势视其关系亲疏，实则亲一时，疏一世。凡是这样"套"来的亲，没有长久的。因为权势本身就不是永恒的，而是无常的，那么以此为筹码的亲疏一定不会长远，这是必然的。

尽管人们在社交中需要分清主次，有轻有重，不可能平均用力，等齐划一。但圆润为人的人，在保证"重点"的时候，绝不忽略"一般"。比如，去某单位办事，恰巧遇见了三个都认识的人，都好久未见了，其中一位正是自己急于寻找求助办事的，你怎么对待呢？是抓住一人，不计其余，还是逐个关照，热情寒暄一番，然后和其他人说明情况，保证重点？这就是一个技巧。

赴宴时应注意体现修养与内涵

赴宴礼仪是现代人交际过程中需要经常面对的问题。参加一个宴会，最重要的不是吃，而是体现你修养与内涵。

1. 及时回复

在接到宴会邀请时，不管是否能出席，都要尽早答复对方，以便主人安排，一般可用电话或便函答复。

2. 忌随意改动

接受邀请后不要随意改动。万一遇到特殊情况不能去赴宴，尤其自己是主宾的情况下，应立即向主人说明、道歉，甚至亲自登门表示歉意。

3. 核对地点、时间

应邀出席之前，要与宴请的主人进行核实：活动举办的时间地点，是否邀请了配偶，以及主人对服装的要求。

4. 适度修饰

外出赴宴或聚餐时，应适度地进行个人修饰。总的要求是：整洁、优雅、个性化。一般而言，男士可穿套装，并剃须。女士则应穿时装或旗袍，并化淡妆。倘若不加任何修饰，甚至仪容不洁、着装不雅，则会被视为不尊重主人，不重视此次聚餐或宴请。

5. 准时到场

应邀赴宴或参加聚餐时，一定要准点抵达现场。抵达过早或过晚，均为失礼。早到的话，主人往往还未做好准备，因而措手不及。晚到的话，则会令他人望眼欲穿，甚至打乱整个原定的计划。

6. 携带礼物

抵达宴会地点后，应先到衣帽间脱下帽子和大衣，然后向主人问好或表示祝贺。参加他国庆祝活动时，可按当地习惯以及两国关系，赠送花束或花篮。家庭宴会中，可酌情给女主人赠送鲜花。

7. 各就各位

在一些正式的用餐活动中，一定要按照指定的桌次、位次就座。倘无明确排定，亦应遵从主人安排，或与其他人彼此谦让。如邻座是年长者或女士，应主动协助他们先坐下。

8. 认真交际

大凡宴请或聚餐，其主要目的是交际，而不仅仅是为了大饱口福。所以在用餐前后，尤其是用餐前稍事等候时，不要忘记尽可能地进行适当的交际活动。假若一言不发，就会显得与其他人完全格格不入。

9. 开始宴会前，主人与主宾大都要先后进行致词

当他们进行致辞时，务必要洗耳恭听，专心致志。如果此刻开吃，闭目养神，与人交谈，或是打打闹闹，都是不对的。

10. 礼貌地离席

早退、逗留时间过短都被视为失礼或有意冷落。一般说来，主宾退席后再陆续告辞。确实有事需提前退席，应向主人说明后悄悄离去；也可事前打招呼，届时离席。

进餐细节集锦

作为客人，有些细节在进餐时要特别注意。主人招呼进餐后，取菜时，不要盛得过多。盘中食物吃完后，如不够，可以再取。如由招待员分菜，需增添时，待招待员送上时再取。对不合口味的菜，勿显露出难堪的表情。当招待员上菜或主人夹菜时，不要拒绝，可取少量放在盘内。

吃东西时不要发出声音。应闭嘴咀嚼食物，喝汤不要啜。太热的汤和菜，可稍待凉后再吃，不要用嘴吹。吐鱼刺、骨头时要用餐巾掩嘴，用手或筷子取出，放在菜盘内。嘴里有食物的时候不要说话。要剔牙时应用手或餐巾遮口。吃剩的菜以及用过的餐具牙签，都不要放在桌上，应放在盘内。

作为陪客或宾客，在交谈时不要只同几个熟人或一两个人说话，如果邻座不相识，可先自我介绍。在社交场合，无论天气如何炎热，不能当众解开纽扣脱下衣服。小型便宴会，如主人请客人宽衣，男宾可脱下外衣搭在椅背上。

中餐的餐具主要是碗、筷，西餐则是刀、叉、盘子。吃西餐时右手持刀，左手持叉，将食物切成小块，然后用叉送入嘴内。就餐时按刀叉顺序由外往里取用。每道菜吃完后，将刀叉并拢排放盘内，以示吃完。如未吃完，则摆成八字或交叉摆，刀口应向内。

吃鸡、龙虾时，经主人示意，可以用手撕着吃，也可用刀叉把肉割下，切成小块吃。不管切什么菜，都要注意不要用力过猛撞击盘子而发出声音。不容易叉的食品，可用刀把它轻轻推上叉。汤用深盘或小碗盛放，喝时用汤匙由内往外舀起送入嘴，即将喝尽，可将盘向外略托起。除喝汤外，不用匙进食。吃带有腥味的食品均会配有柠檬，可用手将汁挤出滴在食品上去腥味。

有时宴会中难免遇到意外情况，如刀叉撞击盘子而发出声响、餐具摔落地上、酒水被打翻等，此时，不应手忙脚乱。餐具碰出声音，可轻轻向邻座或主人说一声"对不起"。餐具掉落可由招待员再送一套。酒水打翻溅到邻座身上，应表示歉意并协助擦干；如对方是女士，则应递上干净纸巾。

在宴请中，喝酒前要做好准备，比如作为主宾参加国外举行的宴请时，应了解对方的祝酒习惯。碰杯时，主人和主宾先碰，人多可同时举杯示意。祝酒时注意不要交叉碰杯。在主人和主宾致辞、祝酒时，应暂停进餐，注意倾听，也不要借此机会抽烟。宴会上相互敬酒表示友好，但切忌喝酒过量。

喝茶或咖啡时，牛奶和糖可自取加入杯中，用小茶匙搅拌后，茶匙仍放回小碟内。喝时右手拿杯把，左手端小碟。

吃水果时，不要整个拿着咬，应先用刀切成四或六瓣，再用刀去皮、核，方可用手拿着吃，削皮时刀口朝内，从外往里削。香蕉先剥皮，用刀切成小块吃。橙子用刀切成块吃，橘子、荔枝等则可剥了皮吃。西瓜、菠萝通常都去皮切成块，吃时可用水果刀切成小块用叉取食。

在宴席上，如果送上一小水盂，水上漂有玫瑰花瓣或柠檬片，注意，这是供洗手用的（有人曾误以为是饮料，因此闹笑话）。洗时两手轮流沾湿指头，轻轻刷洗，并用餐巾或小毛巾擦干。

做好宴会收尾工作

有很多人认为，既然宴会已经结束，那么就可以完全放松下来，不必再顾虑什么，其实不然。宴会结束时，我们更应该做好细节性的工作。如果一时疏忽，就会使得自己之前费尽心思在宴请对象心里留下的好形象瞬间崩溃，求人办事也变得一波三折。

那么，宴会结束时应该注意哪些细节呢？

第一，宴会结束的时间。

一般说来，当宴会主人把餐巾放在桌子上或者从餐桌旁站起身来，即表明宴会结束。只有看到这种信号以后，宾客才可以把自己的餐巾放下，站起身来。

正餐之后的酒会的告辞时间按常识而定，如果酒会不是在周末举行，那就意味着告辞时间应在晚间十一时至午夜之间。若是周末，则可更晚一些。除非客人是主人的亲密朋友，一般都不应在酒会的最后阶段还心安理得地坐在那里。

第二，离席的先后顺序。

当宴会结束，离开餐桌时，不应把坐椅拉开就走，而应把椅子再挪回原处。男士应该帮助身边的女士移开坐椅，然后再把坐椅放回餐桌边。要注意，有些餐厅比较拥挤，贸然起身，或使手提包、衣服等掉得满地，或是碰到人，打翻茶水、菜肴，失礼又尴尬！离席时让身份高者、年长者和女士先走，贵宾一般是第一位告辞的人。

第三，热情话别。

当宾客离去时，宴会主人应像迎接宾客一样地站在门口与他们一一握别。当宾客成群离去时，也应送至门口，挥手互道晚安，并应致意说：非常感谢各位的光临，真谢谢你们把宴会的气氛维持得这样好。不要以时间过早挽留客人，如果是星期天晚上，你尤其不宜说：现在还早得很嘛，你绝不能这么早走，太不给我面子了！要知道多数人次晨都要起个大早的。对于迟迟还不离去的客人，他们明显地热爱这气氛，这时你可能停止斟酒或停止供糖果瓜子等等，以此暗示客人该是离去的时候了。

此外，有的主人为每位出席者备有一份小纪念品。宴会结束时，主人招呼客人带上。除主人特别示意作为纪念品的东西外，各种招待品，包括糖果、水果、香烟等都不能拿走。

总之，宴会结束时与开始时一样重要，你丝毫不能大意，必须注意到每个细节，力求尽善尽美。

第五章　拜访的细节

拜访前，先和主人打好招呼

当我们经过关系很好的同事家附近时，有时会想顺便去拜访一下。而此时不事先联系就直接上门访问，是很失礼的。必须先打电话，询问对方自己能不能去拜访，对方是否方便。

连电话也不打就直接前去拜访，要是遇到对方正好在接待客人，恐怕对方和这位客人都会感到不自在吧？因此，突然前去拜访，会为对方带来麻烦。

此时，绝不能因为"我只待几分钟就回去"或"只在门口稍作寒暄"，而由自己随意作出决定。对方或许请你进去，或许会为你张罗饭菜。但对方越是对你极尽地主之谊，越是会使你增加精神负担。

最好的解决方法是，无论在何种情形下，前去拜访都必须事先约好。

步入中学后，小威并没有忘记小学时的班主任马老师。小威还清楚地记得以前自己成绩下降时，马老师特别着急，经常给他补课。小威生病了，她也嘘寒问暖，关怀备至。小威考入重点中学，其中也包含着老师的心血啊！

教师节快要来了，小威决定去母校拜访一下马老师，祝她节日快乐。

妈妈知道了，忙提醒小威："你想去拜访老师，老师肯定很高兴，但是不能冒冒失失地去，要是赶上老师有事情，你去了肯定会让老师为难，所以，去之前先打个电话跟老师约一下。"

"妈妈说得很有道理！不能给老师添麻烦啊！"于是，小威拨通了老师的电话："喂，马老师，您好！我是您的学生小威。"

听到小威的声音，马老师显然很高兴，她关心地问小威是否习惯新学校，学习成绩怎么样，和同学相处得好不好。

老师的声音还像以前那样热情和温和，小威见老师还那么关心自己，更加想念老师了。

"马老师，教师节就快到了，我很想去看看您呢！"小威感觉老师亲切得像妈妈一样，他的话音里满是喜悦。

马老师高兴地说："当然好啊！"

"那马老师，我9月8日下午没课，两点半钟来看您，您看好吗？"小威征求马老师的意见。

"可以啊，只是两点半我还在上课。三点半钟怎么样？"

"嗯，好的。"小威说。

无论是公事，还是私事，没有预约就突然访问，不但容易让自己扑个空，还很容易给对方造成麻烦。所以应尽量预约，而不要做"不速之客"。

在有关做客的诸项礼仪中，给所要拜访之家的主人打个电话、通个气儿就是首要的要求。一般说来，应做到以下几点：

（1）尽管对方说："请有空来玩。"但是不事先联系就登门拜访也是违反礼仪的。

（2）提前预约，能让主人事先打扫房间，准备接待客人。

（3）拜访的时候，一般要提前2~3天打电话预约。即便是顺便来访，想临时见面，也要用电话联系，确认对方是否方便。

（4）去别人家里拜访时，必须注意时间，特别是留意吃饭时间。早上的访问应在11点之前结束。如果太早，就会和早餐发生冲突；如果太晚，又会涉及到吃午饭的问题。如果临近中午，最好应选在10点半至11点之间。超过11点半的访问，是绝对应当避免的。在此时访问，好像摆明了要对方为自己准备午饭似的。

与傍晚时一样，过了5点，一般家庭都会开始准备晚饭。最迟应在下午4点左右访问，并在5点之前离去。

（5）万一中途发生意想不到的事情时，预料将会延迟抵达或必须取消会面，应尽早与对方取得联系，以便重新约定见面时间，并且对于这一变故让对方尽早作出调整。

预约的拜访要严守时间

现代人对于时间的安排，已经到了分秒必争的地步。区区5分钟、10分钟，对你来说也许不算什么，却可能造成对方的严重困扰。例如，工作中断，或在那之后的行程无法连贯。因此，在拜访他人时，应严格遵守和对方约好的时间、地点。

德国哲学家康德是一个十分守时的人，他认为无论是对老朋友还是对陌生人，守时都是一种美德，代表着礼貌和信誉。

1779 年，他想去一个名叫珀芬的小镇拜访他的一位老朋友威廉先生。于是，他写了信给威廉，说自己将会在 3 月 5 日上午 11 点钟之前到达那里。威廉回信表示热烈欢迎。

康德 3 月 4 日就到达了珀芬小镇，为了能够在约定的时间到达威廉先生那里，他第二天一早就租了一辆马车赶往威廉先生的家。威廉先生住在一个离小镇十几英里远的农场里，而小镇和农场之间，隔着一条河，康德需要从桥上穿过去。但马车来到河边时，车夫停了下来，对车上的康德说："先生，对不起，我们过不了河了，桥坏了，再往前走很危险。"

康德只好从马车上下来，看看从中间断裂的桥，他知道确实不能走了。此时正是初春时节，河虽然不宽，但河水很深。康德看看时间，已经 10 点多了，他焦急地问："附近还有没有别的桥？"车夫回答："有，先生。在上游还有一座桥，离这里大概有 6 英里。"康德问："如果我们从那座桥上过去，以平常的速度多长时间能够到达农场？""最快也得 40 分钟。"车夫回答。这样康德先生就赶不上约好的时间了。

面对这种情况，康德知道他的老朋友一定还在等待着他，他必须信守自己的承诺。于是，他急忙跑到附近一座破旧的农舍旁边，对主人说："请问您这间房子肯不肯出售？"主人听了他的话，很吃惊地说："我的房子又破又旧，而且地段也不好，你买这座房子干什么？""您不用管我有什么用，您只要告诉我您愿不愿意卖？""当然愿意，200 法郎就可以。"

康德先生毫不犹豫地付了钱，对主人说："如果您能够从房子上拆一些木头，在 20 分钟内修好这座桥，我就把房子还给您。"主人再次感到吃惊，但还是把自己的儿子叫来，及时修好了那座桥。

马车终于平安地过了桥。10 点 50 分的时候，康德准时来到了老朋友威廉的房门前。一直等候在门口的老朋友看到康德，大笑着说："亲爱的朋友，你还像原来一样准时啊。"

康德和老朋友度过了一段快乐的时光，他对自己为了履行诺言，准时赶到，而买下房子、拆下木头修桥的过程却丝毫没有提及。后来，威廉先生还是从那座房子的主人那里知道了这件事，他专门写信给康德说：老朋友之间的约会大可不必如此煞费苦心，即使晚一些也是可以原谅的，更何况是遇到了意外呢？但是康德却坚持认为守时是应该的，不管是对老朋友还是对陌生人。

一个人守时，是言而有信、尊重他人的表现。

有的人因工作忙，接待客人的时间都受到限制，最多谈话不超过3分钟，对于这样的人来说时间是生命。你如果在应约的时间没到，你就失去了这次交往的机会，并且可能永远失去了和这个人交往的机会，你没到，别人却在等你，这种等待是不公平的，是浪费别人的生命。假如你因急事或意外事故不能按预约的时间到达目的地，你应该打电话告诉别人，或在呼机上留言。为了不影响别人的工作或其他安排，在约定时间时也可采用弹性时间，比如说下午3点半到4点之间，这样被约者也可安排一些放松性的活动。总之在交往中守时是一个人品格和作风的一种体现。一个不守时的人给人留下的印象是不可靠，仅此一点，你也就失去了与人建立深入交往的基础。一个人守时是言而有信、尊重他人的表现。

守时，也就是守住信誉。一个遵守约定时间，准时到达的人，必定是个言而有信的人。由此，也会赢得更多的信任与尊重。

做客时记得敲门

做客拜访是日常生活中最常见的交际形式，但大多数人在拜访时都忽略一个细节：敲门礼。

这是个美丽的星期天，阳光明媚，鲜花开满了山坡，阵阵芬芳迎面扑来。小鸭、小狗和小猪手拉着手，蹦蹦跳跳地来到了小鸡家的门前。原来今天是小鸡的生日，三个小伙伴一起给小鸡过生日来了。

"小鸡家真漂亮，连门都那么好看！"小鸭最先跑到门前，对着小鸡家的门一阵猛踢，一边踢还一边用粗粗的大嗓门喊着："小鸡！小鸡！我们来啦！快给我们开门啊！"

可是，半天了，门纹丝不动。

小鸭心想：难道是小鸡不在家？它挠了挠头，后退着走开了。

"去！看我的，你的动作太粗鲁、太野蛮了。"小猪摇着短短的小尾巴走上前去，小鸭正想着，小猪会用什么"好办法"呢，原来，小猪的"好办法"就是用它的大鼻子在门上拱来拱去，大耳朵还不停地扇啊扇的。

"哈哈哈，笑死了！就你这样小鸡就愿意开门了？"小鸭在一边跳着脚直乐！

果然不出它所料，小鸡还是没有开门。

小猪懊恼地退了回来，还不忘瞪了一眼正在大笑的小鸭。

再一看，漂亮的门上满是小猪拱门时留下的口水，虽然拱门的声音比起踢门小了很多，但同样没有让主人愿意打开门。

轮到小狗了，只见，小狗不慌不忙地走到门前，轻轻地敲了三声，然后响亮地问："你好，有人在家吗？"

里面传来了小鸡的声音："谁呀！"

"我是你的好朋友小狗啊，我给你过生日来了！"小狗说。

"快请进！快请进！"小鸡打开门让小狗进去了。

小鸭和小猪都明白了，于是，它们都学着小狗的样子，轻轻地敲响了门。

就这样，小鸭和小猪也得到了小鸡的欢迎，被请进了屋。

拜访别人，一定要掌握敲门的礼仪，这是一个人学识、修养和风度的集中表现。一个把门拍得震天响，或者不经允许就直接进屋的人不但非常不礼貌，还会因此受到别人的排斥，所以，千万不要忽略了"敲门"。

那么，敲门有何讲究呢？

（1）最有绅士派头的做法是敲三下，隔一小会儿，再敲几下。

（2）敲门的响度要适中，太轻了别人听不见，太响了别人会反感。

（3）敲门时不能用拳捶、不能用脚踢，不要乱敲一气，若房间里面是老年人，会吓到他们。

（4）若是拜访住单元楼房的人家，在敲门的同时，喊一下被访者的名字更好。

（5）如果主人家的门虚掩着，也应当先敲门，得到主人的允许才能进入。

（6）现代家庭大都安装了门铃，按门铃时也要有礼貌，慢慢地按一下，隔一会儿再按一下。千万别乱按一气，弄不好把人家的门铃按坏了。

（7）当敲过几次门而没人来开时，应想到被访者家中可能无人，所以就不要再敲了。

（8）假如敲错门，应马上礼貌地向对方道歉，讲声"对不起"，切忌一声不吭，毫无表示地扭头就走。

轻轻地开门、关门

拜访他人，尤其拜访商务客户，一定要注意开门、关门动作，莫让这些细枝末节损害你的个人形象。

　　一个推销员自认为公司与对方关系非常好，也自认为与对方公司的职员关系不一般，因而不拘小节，忽略了开门和关门这类看似简单却十分重要的礼仪。结果给人一种不讲礼貌、粗暴的印象。

　　有个推销员叫小李，他与中关村一家电脑公司业务上往来比较多。他为人诚恳，业务能力强，可就是有一个开关门不太礼貌的毛病。一天，小李由于工作原因，多次进出某公司，终于引起了对方忍无可忍的批评。

　　"你小子，怎么办事呀？有意见好好提嘛！你怎么开关门那么用力，我怎么说你才能记住呢？难道非骂你一次才行吗？小李，以后一定要注意！"

　　这样多尴尬呀！

　　礼貌待人，这个道理许多人都很清楚，也很明白，也时常这样来要求别人。可自己做起来却不一定就完美、轻松。这是一个教养和习惯问题。所以我们必须从平时的一点一滴做起，加强修养，同时更重要的是小心谨慎地来培养好的习惯。

　　有的人时常或不小心地"嘭"地一声把门推开或关上，发出大的响声，给人的印象不是开门或关门而是在撞门，这都是极不礼貌的。所以开关门用力要轻些，用力过猛，便会使房门碰撞墙壁发出大的声响。但也不能用力过小，半天开不开，从而给人一种畏畏缩缩、鬼鬼祟祟的不良印象。

　　因此，对开门关门动作的轻重，可以看出一个人的修养、内涵和水平来，也反映了一个人的精神面貌，更重要的是，直接影响到对方对自己的印象好坏，所以要格外注意。

　　现在，我们来设想一个人大声而粗暴地开门的情景，当然他不可能是有意的，而大多数人也是无意的，这都是不良习惯不加留心的结果。

　　对方的接待人员或秘书将他带领到会客室中，他也不在意，正在等待着对方，心里也想如何在见到对方时给对方一个好印象，可是秘书可能已经将这个信息传达给老板。下面可能是秘书与老板之间的对话过程。

　　"老板，客人来了。"

　　"哦，他还挺准时的，我马上去，我准备准备，他是什么样的人呢？刘小姐，谈谈你的第一印象。"

　　"老板，不好说。看他衣冠楚楚，时间也准时。可他开门的声音太大了，显得粗暴、不太礼貌。"

　　"哦……"

　　老板这样"哦"的一声，可能便决定了会谈的失败。其实，大家也明白，行为礼貌是非常重要的，所以在平时一定要注意。

即使对方是自己的老主顾或比较熟悉的公司，也要多加注意。因为自己与对方比较熟悉，一般人往往不再约束自己，放松了对自己的要求，从而易造成与上述例子类似的情况。

我们在进门与对方交谈、访问之前，就应想好自己开门、关门的方式与动作，尽可能礼貌些。同时也不必太紧张，而表现得太过拘谨，最好是形成好的习惯。古语说得好："习惯成自然。"原则上应不管是以何种方式开门，在打开时，以自己能自由进入的程度为宜，不要太小，也不可太大。

以上是一个开门与关门的方式问题，一定要从平时做起，形成良好的习惯，不可因小失大。

不打扰左邻右舍

在别人的正常休息时间打扰别人是不尊重别人和不礼貌的行为。做客时，除了选择恰当时机，也应约束自己的行为举止，做到不影响拜访对象、也不打扰左邻右舍。否则，就失去做客的意义了，更重要的是，你的行为会在别人心中留下不好的印象。

杨柯的生日到了，恰好是周末，同学们都来给他庆祝生日。

杨柯的爸爸妈妈看见杨柯的同学全都来了，非常高兴。

生日宴会的节目也特别精彩，杨柯的家里到处充满了欢笑声。生日快到一半的时候，为了让他们玩得更开心，家长们都出去了。

杨柯和同学们更放松了，他们唱啊、跳啊，把剩下的蛋糕互相往对方的身上抹，有很多同学都成了大花脸，为了表演节目，他们从沙发上跳到地上，又从地上跳回到沙发上。

就在他们玩得忘乎所以的时候，响起了敲门声，杨柯听到有人来敲门，开门一看，原来是楼下的王爷爷。

杨柯非常礼貌地问王爷爷："您好！王爷爷，有事吗？"

"哦，杨柯，是这样的，你们这么吵，还在地板上跳来跳去，我都没办法专心画画了。""对不起，王爷爷。我们会注意的。"杨柯赶忙道歉说。王爷爷非常满意地走了。

杨柯回来跟同学们一说，现在不能跳了，更不能跳到地上，于是他们只能唱歌，他们把音响开到最大。

可是一首歌还没唱完呢，门铃又响起来了。

这回敲门的是邻居张阿姨。"杨柯，小妹妹正在睡觉，你们能不能把音响开得小一点啊？"张阿姨笑着说。

"哦，对不起，张阿姨，我们马上就把音量调小。"

停止了跳舞、唱歌，这下子大家都没了兴趣，蛋糕还没有吃，就有人离席了……

无论是拜访他人，还是在家待客，我们都要做到：

（1）在生活中打扰别人正常休息是不应该的。如果不小心打扰了，要立即道歉。

（2）在公众场合需要保持安静的地方，一定要注意自己的言行，千万不要大声叫喊。

（3）养成良好的作息时间，在家中举行的各种庆祝活动，一定要在不影响邻居的前提下进行。

（4）即使在自己的家中，也不要轻易打扰到爸爸妈妈的工作和休息。

（5）如果你无故受到别人的干扰，有权利提醒、劝说对方。如果对方不能马上停止，就可能受到法律的惩罚。

与人分别时要亲切地告别

与人分别时，如果扭头就走，或者漠然地道别都会让对方觉得很不舒服，因为这表示不尊重，而亲切的告别能给别人留下美好的印象以及久远的回味，所以，千万不要忽视告别，要知道，它也是人际交往时很重要的一环。

道别时，应注意以下内容：

（1）道别时，可以以微笑感谢对方的热情款待，必要时，也可以握手道别。

（2）道别时，应感谢主人的热情款待，并且邀请对方下次到自己家做客。

（3）注意不能给人不辞而别的感觉，那是很失礼的。

（4）主动谢绝主人出来送别，如果主人执意送行，一段路程后，你应主动说"请回"。

（5）告别时，常常有语言表达，如"再见""珍重""保重"等。也有动作表达，如握手、拥抱、亲吻等。

（6）熟人间谈话结束时，一般说一声"再见"，握手告别。

（7）主人送到门外，就不要和他说个不停，这是不礼貌的。

在分别时常用告别语以示礼貌。最常用的告别语有以下几种类型：

（1）主客之间的告别语。客人向主人告别时，常伴以"请回""请留步"等语言，主人则以"慢走""恕不相送"等语回应。如果客人是远行，可说"祝你一路顺风""一路平安""代问××好"等告别语。

（2）熟人之间的告别语。如果两家是很熟的朋友，客人可说"回去吧，别送了"，主人可说"有空再来""有时间来坐坐""有空来喝茶"，也可说"代问家人好"以示礼貌。

（3）通用语"再见"。这是当今比较时兴的告别语，适用于大部分场合的告别。类似的还有"Byebye""晚安"等。

商务拜访让客户多说话

商业社会离不开销售。做销售有五大步骤：事前准备、接近、需求探寻、产品介绍与展示、缔结业务关系。所有这一切无不是建立在拜访的基础上。因此，作为一名职业营销人，建立自己职业化的拜访之道，并成功地运用，是突破客户关系、提升销售业绩的重要砝码！商务拜访中，营销人应把自己定位为一名学生或听众，让客户出任导师或讲演者的角色。

拜访的前期准备工作：有关本公司及业界的知识，本公司及其他公司的产品知识、有关本次客户的相关信息、本公司的销售方针、广泛的知识、丰富的话题、名片、电话号码簿。

拜访流程：

1. 打招呼

在客户未开口之前，以亲切的音调向客户打招呼问候，如："王经理，早上好！"

2. 自我介绍

说明公司名称及自己姓名并将名片双手递上，在与客户交换名片后，对客户抽时间见自己表达谢意，如："这是我的名片，谢谢您能抽出时间让我见到您！"

3. 营造气氛

营造一个好的气氛，以拉近彼此之间的距离，缓和客户对陌生人来访的紧张情绪，如："王经理，我是您部门的张工介绍来的，听他说，您是一个很随和的领导。"

4. 开场白的结构

提出议程、陈述议程对客户的价值、时间约定、询问是否接受。如："王经理，今天我是专门来向您了解你们公司对××产品的一些需求情况，知道你们明确的计划和需求后，我可以为你们提供更方便的服务。我们谈的时间大约只需要 5 分钟，您看可以吗？"

5. 巧妙运用询问术，让客户说话

（1）设计好问题漏斗。通过询问客户来达到探寻客户需求的真正目的，这是营销人员最基本的销售技巧。在询问客户时，问题面要采用由宽到窄的方式逐渐进行深度探寻。如："王经理，您能不能介绍一下贵公司今年总体的商品销售趋势和情况？""贵公司在哪些方面有重点需求？""贵公司对××产品的需求情况，您能介绍一下吗？"

（2）运用扩大询问法和限定询问法。采用扩大询问法，可以让客户自由地发挥，让他多说，让我们知道更多的东西；而采用限定询问法，则让客户始终不远离会谈的主题，限定客户回答问题的方向。如："王经理，贵公司的产品需求计划是如何报审的呢？"这就是一个扩大式的询问法。而"王经理，像我们提交的一些供货计划，是需要通过您的审批后才能在下面的部门去落实吗？"这是一个典型的限定询问法。营销人员千万不要采用封闭话题式的询问法，来代替客户作答，以造成对话的中止，如："王经理，你们每个月的产品销售额大概是 6 万元，对吧？"

（3）对客户谈到的要点进行总结并确认。根据会谈过程中记下的重点，对客户所谈到的内容进行简单总结，确保清楚、完整，并得到客户一致同意。如："王经理，今天我跟您约定的时间已经到了，很高兴从您这里听到了这么多宝贵的信息，真的很感谢您！您今天所谈到的内容一是关于……二是关于……是这些，对吗？"

（4）结束拜访。在结束初次拜访时，营销人员应该再次确认一下本次来访的主要目的是否达到，然后向客户叙述下次拜访的目的，约定下次拜访的时间。如："王经理，今天很感谢您用这么长的时间给我提供了这么多宝贵的信息，根据您今天所谈到的内容，我将回去好好地做一个供货计划方案，然后再来向您汇报。我下周二上午将方案带过来让您审阅，您看可以吗？"

探望病人应谈些轻松话题

探视病人是我们每个人在日常生活中都会遇到的情况，如果探视时说话不当，则会带来不好的影响。例如，有一位青年去探望久病的舅母时，关切地询问她："您饭量可好？"谁知一句问候话，却引来病人满面愁容。她忧心忡忡地说："唉！不要谈它了！"弄得这位青年十分尴尬，只讷讷地说几句安慰话后，不欢而别。原来，他舅母病势沉重，而最苦恼的就是吃不下饭。他问到的正是病人日夜忧虑的问题，顿时勾起病人的烦恼，以致谈话气氛极不愉快。可见，探视病人时还要注意谈话内容和技巧。那么，该如何做呢？

探望身患重病的不幸者，不必过多谈论病情，谈话不要触到病人最难受的病处，以免病人心烦。如果对方本来就背着沉重的精神包袱，你就不能大吃一惊地问："您的脸色怎么这样难看？"而要说："这儿医疗条件好，您的病一定会很快好转的。"

探望时较好的谈话方式是：先简要问问病情，然后多谈一谈社会上生动有趣的新闻，以转移对方的注意力，减轻精神负担。久居病室，这种新消息正是他渴望知道的。如能尽量多谈点与对方有关的喜事、好消息，使他精神愉快、心情舒畅，则更有利于他早日康复。

尽量多谈一些使病人感到愉快、宽慰的事情。安慰病人，目的是为了让他精神放松，早日恢复健康，所以，绝不能把有可能增加其忧虑和不安的消息带去，还要避免谈论可能刺激对方或对方忌讳的话题。然而一般来说，病人总要对探病者讲讲自己的病情和感觉，这时应该认真聆听，并从中发现一些对病人有利的因素，以便接过话题，对病人进行安慰。例如病人说过"胃口不错"的话，探望者就可以借题"发挥"，多讲些胃口好对战胜疾病的重要意义，使病人认同这是个有利条件，从而增强战胜疾病的信心。

人生病了，从哪个角度去讲都没有积极意义。但是，为了让病人宽心，我们完全可以换个相反的角度，从人生的过程着眼，赋予生病一些价值与意义，使病人觉得自己尽管耗损了身体，耽误了工作，却一样能够收获一些特殊的体验或能力，从而在精神上有一种补偿感。当然，在此之前最好先强调一下病人病情好转，使其具备一个深入思考的心理基础。

例如，某人去看望朋友，他一反惯例，既不问病情也不讲调治方法，而这样安慰道："看来，你的危险期已经过去，这就好了。今后，你就多了一种免疫功能，比起我们，也就增加了一重屏障，这种病，也许就再也不会打扰你了！"探病者对生病意义的看法颇为独到。他先指出病人的危险期已经过去，让病人稍感安慰，然后再强调生病虽然不是好事，但却使病人具备了别人没有的优势：对此病产生了免疫能力，今后不会再得此病了。病人听他这样一说，心理自然得到了某种补偿，心情也就好多了。

对于身患严重疾病的病人，探望时，不仅应该尊重医嘱，尊重病人家属的意愿，做到守口如瓶，而且在病人面前还要做到若无其事，甚至与之谈笑风生，显得轻松愉快。病人对周围亲友的一举一动一般是十分注意的。所以，要规劝探病者善于控制自己的感情，尤其是在危重病人面前，绝不能流露出自己的悲伤情绪，一定要表现得镇静自若。在向病人告别时，要转达其他亲友对病人的问候和祝愿，并表示自己下一次一定会再来看望，使病人满怀希望和信心。

第六章　待客的细节

热情迎接，不能冷落了来访者

无论在家里还是公司，抑或餐厅旅馆，如有客人来访，热情礼貌地招待是一种必要的礼节，这样不但能使客人觉得大受尊重，也会因此而增进主客之间的友谊。客人对你留下了美好的印象，以后才会更愿意去你家或者公司，抑或餐厅旅馆做客。

有一个家属院，南北长约二三里路，家属院的东边是一条公路，公路与家属院中间隔着一片沿街商业楼，对面有学校、医院、市场。人们从家属院到公路对面，必须绕一个大弯，每天都要多走不少冤枉路。后来，家属院东边的沿街楼来了一家开海鲜酒店的，很多人都说这老板肯定得赔本，因为这个地方虽然靠公路，却并不留人，做买卖的在这个地段几乎都不挣钱。但这个老板却有自己的想法，他不仅在这儿开酒店，还把这个店面也买了下来，并开始装饰房子。令人奇怪的是，他把其中一间房子的墙给砸开了，改成一个家属院通往公路的过道。住在家属院的人上班下班接孩子都开始走这条过道。老板很和气，慢慢地和大家都成了朋友。在他那儿放些东西、留个话儿，有时孩子放学家里没人便在那儿等着做作业，老板一概热情接待，并且规定凡是家属院里的人来吃饭一律九五折。谁也不曾想到这家酒店的生意会那么好，每天到吃饭的时候，门前的车停不下，就停到别的地方去；有时桌子没了，可还是在那儿等。这样的店，这样的生意，在这个城市里也是少有的，有人说是菜好吃，有人说是服务好，反正大家都爱到那儿去，有时在别的地方办完事，大老远的还得到这儿来吃饭。

工作、生活中，若一个人对你满面冰霜、横眉冷对，另一个人则对你面带笑容、温暖如春，他们同时迎接你的到来，你更喜欢哪一个？显然是后者。和他在一起你感到温馨、舒适，有宾至如归的感觉，而对前者，恐怕就恰恰相反了。

每个人都喜欢别人表现出一种非常喜欢自己的样子，所以，当家里或公司有客人到来时，要面带笑容、热情接待、服务周到。一个人若是发自内心地向别人表示自己的友善，那么对方也会同样地注意到你的友善并回报你。

1. 家庭接待礼仪

（1）迎客。迎接客人进屋的时候，主动帮助客人放衣物，请客人在合适的位置落座；主动送上客人想喝的饮料、茶水；递接物品要用双手。

（2）交谈。主动、大方地与客人交谈，不要拘谨、腼腆，让客人感到像在自己家里一样。

（3）送客。客人要走时应礼貌挽留，说"您再坐一会儿""在这里吃晚饭吧""再喝杯茶吧"；送客人一段距离后说"再见""有空常来"。

2. 商务接待礼仪

（1）微笑。任何一个人都希望自己能给别人留下好感，这种好感可以创造出一种轻松愉快的气氛，可以使彼此结成友善的关系。一个人在社会上要靠这种关系才可立足，而微笑正是打开愉快之门的金钥匙。

（2）接待人员要品貌端正，举止大方，口齿清楚，具有一定的文化素养，受过专门的礼仪、形体、语言、服饰等方面的训练。

（3）接待人员服饰要整洁、端庄、得体、高雅；女性应避免佩戴过于夸张或有碍工作的饰物，化妆应尽量淡雅。

（4）如果来访者是预先约定好的重要客人，则应根据来访者的地位、身份等确定相应的接待规格和程序。在办公室接待一般的来访者，谈话时应注意少说多听，最好不要隔着办公桌与来人说话。对来访者反映的问题，应做简短的记录。

为客人奉上水果

关于如何接待客人，《小马姐姐开店》给了我们很好的建议：

小马姐姐新开了一家水果店，准备了好多水果请小动物们去做客。

第一名到的客人是大象，小马说："大象，请你吃香蕉。"大象说："谢谢你小马，我喜欢吃香蕉。"

不一会儿刺猬、小猴都来了，小马说："小刺猬，请你吃苹果。"刺猬说："谢谢你小马，我喜欢吃苹果。"小马又说："小猴，请你吃桃子。"小猴说："谢谢你小马，我喜欢吃桃子。"

最后到的小客人是狐狸。小马说："小狐狸，请你吃葡萄。"小狐狸说："谢谢你小马，我喜欢吃葡萄"。

小马和小猴、大象、小狐狸、小刺猬一起吃水果，玩得真快乐。

在家中或宴会上，一般都要请客人们吃水果。在非正式场合，怎样吃水果并不重要，然而在正式场合中，吃水果就要同礼节联系在一起了。

请客人们吃水果，通常应预备一种以上，这样使客人们有一个选择的余地。水果应先洗净后装入水果盘内端到桌子上。不要主动为客人削、剥水果的皮，这样并不卫生。拿着削好、剥好的水果硬逼着人吃，也不太礼貌。

在正式场合，端上水果的同时，应备好水果刀或成套的水果餐具。不论是水果刀还是成套的水果餐具，都要求绝对清洁，不黏不锈。

在社交场合吃水果之前，要先洗净手。不论见到多么稀罕、多么好吃的水果，也不能悄悄地装入口袋拿走。吃水果时不宜一下把嘴塞满，而应当一小口一小口地吃，不要边吃边谈，更不允许把果皮、果核乱吐、乱扔。

请人吃西瓜、哈密瓜、香瓜、菠萝等水果时，先应去皮，切块，装盘，吃时可用叉取食。有时在家吃瓜，直接切块递上未尝不可，不过至少要准备一只水果盘，使客人把切块后的瓜果放在盘中端着食用。擦手的毛巾应提前准备好。吃葡萄不可整串拿着吃，而应一颗一颗揪下来吃。吃带核的水果要用手遮着嘴吃，以便把果核吐在手中或匙中，然后放到果皮盘内。吃李子，可先用手将其掰开，去核后再吃。杏、桃之类的水果以水果刀去皮去核后，应分成适当的小块食用。橘子、荔枝去皮即可吃。

看着孩子，别让他乱提问题

家中有客人来访，父母要注意约束孩子的言行，以防出现令人尴尬的局面。

从小，杨欣就喜欢问问题，只是杨欣的问题总是让人觉得尴尬，问多了会让人禁不住抓耳挠腮。

大家都说，爱提问是喜欢思考的表现，提问不但能使人的大脑变得更灵活，还更容易发现问题，思考得比一般人深入。可并不是所有的提问都受欢迎，有些问题就让人很不喜欢，比如，杨欣就经常向别人提出这样的问题。

一天，杨欣爸爸公司的李叔叔来到了家里，他找爸爸有事情。不巧的是，爸爸刚出门。看着李叔叔一脸憔悴，杨欣肚子里的问号又出来了。

"李叔叔，您先坐一会，爸爸刚好出去了，一会就回来!"杨欣有礼貌地说。

"嗯，好的，谢谢你，真有礼貌!"李叔叔说。

见到李叔叔夸自己，杨欣一屁股坐到了李叔叔的跟前，开始了她的提问。

"叔叔，你每次来我们家都是骑自行车，你为什么不买像我爸爸开的那种车呢?"杨欣问。

"哦，叔叔家现在还没计划买车。"

"那为什么不计划呢?"

"因为叔叔刚买了房子，钱都花光了。"

"你为什么不去银行取呢? 我们家的钱快用完时，我爸爸就是去银行取的。"

"叔叔没有在银行存款，就不能去取款。"

"那你为什么不存钱呢?"

"叔叔没钱呀!"

"那你为什么没钱呀?"

"这……"李叔叔有点不好回答了，正在这时，杨欣的爸爸回来了。

提问题也要把握分寸，不能问让人家为难的问题，也不能问别人不感兴趣的问题，更不能没完没了地提问，因为，这样对方会认为我们不礼貌或因回答不出我们的问题而觉得尴尬。

如何让孩子学会礼貌待客，父母可以从以下方面入手:

(1) 为了让孩子学会礼貌待客，最好从刚懂事就开始教。客人一进门，父母带着孩子迎接客人，把孩子介绍给客人:"这是我的孩子，叫××。"然后告诉孩子:"这是×叔叔(阿姨)，问叔叔(阿姨)好。"如果客人带了礼物，要让孩子说"谢谢"，然后就可以让他自己去玩了，不必参加大人的谈话。

(2) 特别活泼的孩子，往往很招人喜欢，客人愿意和他玩。孩子是不懂分寸的，父母要特别留意，要让孩子适可而止。对于已经有"人来疯"毛病的孩子，可以事先准备一些他喜爱的玩具、食物、书、动画片录像带等东西，等客人来之后再拿出来，转移他的注意力，并示意客人不要逗他。

(3) 可以让孩子当着客人的面拆开礼物，并征求客人的意见:"我可以现在就玩(吃)吗?"这些礼物，不论是食品还是玩具，都可以让他安静许久。当客人告辞时，父母应带着孩子送别客人。

（4）孩子可以与客人交谈，但不要没完没了地向客人提问，这是很不礼貌的行为。争取了解客人的爱好，与客人谈一些相互感兴趣的话题。并且，与客人交流时，不能抢客人的话、不能打断客人的话。

待客时不宜对丈夫大呼小叫

俗话说"床头吵架床尾和"，夫妻之间的争吵是一件正常的事情——生活中怎能没有马勺碰锅沿的事？但是吵架要分场合，如果在众人面前，特别是在亲朋好友面前指责丈夫的种种不是，例如说他：窝囊废（真没用）；跟你结婚真是倒了八辈子霉；人家好，你就跟人家过去吧；当初我真是瞎了眼，竟然嫁给你；要不是看在孩子的分上，告诉你，我早和你离婚了，我一分钟都不想在你们家多待；你给我滚蛋！滚得远远的，我再也不想看见你；我对你已经绝望了，你爱怎么着就怎么着吧，我不管了，还不行么？……他们的自尊心会受到极大伤害。

男人把自己的面子看得比什么都重要，不管在私下他有多么宠爱你，多么怕你，在人前你一定要给足他面子，让他做天不怕地不怕老婆更不怕的他口中的顶天立地的男子汉。男人不喜欢朋友们取笑他怕老婆，除非他有足够的强大后盾和高高在上的身份。可是，大部分人都是普通人，给足他面子，他就会更加宠爱你。

有一位先生在北京开了一家餐馆，生意兴隆。一日餐厅打烊又遇妻子河东狮吼。该先生情急之中逃至桌下，恰好客人返回来寻找丢失的东西，正好撞上，进退两难甚感尴尬。这时八面玲珑的妻子急中生智拍了拍桌子："我说抬，你要扛，正好来帮手了，下次再用你的神力吧！"该先生顺坡下驴直夸夫人想得周到，一场面子危机轻松得到化解。

不管你在家里把老公当作电饭煲还是当作吸尘器，一旦涉及他的面子时，一定要小心谨慎，给他足够的面子，才能获得"高额回报"。

聪明的女人要懂得在什么场合、什么时候给丈夫一点面子，把握这种分寸可以说是一种艺术。具体说来，主要有三点要注意：

（1）在家里待客时，妻子要注意约束自己的言行，避免使用命令的口吻对丈夫说话，或有损于丈夫威信的事情。也就是说，要坚持内外有别的原则，不能把夫妻两个人关系的特殊现象拿到他人的面前来，以避免损害丈夫的自尊心。

（2）在社交场合，妻子更要注意自己的身份，不宜喧宾夺主，还要把握自己的言行，甘当绿叶；要让丈夫更体面、更洒脱一些，避免把在家里习惯性的做法拿到场面上来使丈夫出丑。

（3）与别人说话时，妻子不要"臭"自己的丈夫，揭他的短，把他搞得狼狈不堪。妻子给丈夫一点面子，不论对于丈夫的交际形象和他的工作，还是对于家庭的和睦，都是有益的。

如果你希望自己的爱情能够天长地久，夫妻能够白头偕老，不管你当时怎样生气与动怒，也不能说出伤害对方的话。

再厚的寒冰，太阳出来时都会融化；再冷的饭菜，柴火点燃时都会煮熟。夫妻，有缘生活在一起，要做太阳，照亮别人；做柴火，温暖别人。夫妻之间要互相敬爱。

下逐客令要讲究策略

有朋友来访，促膝长谈，交流思想，增进友情是生活中的一大乐事，也是人生道路上的一大益事。宋朝著名词人张孝祥在跟友人夜谈后，忍不住发出了"谁知对床语，胜读十年书"的感叹。然而，现实中也会有与此截然相反的情形。下班后吃过饭，你希望静下心来读点书或做点事，那些不请自来的"好聊"分子又要扰得你心烦意乱了。他唠唠叨叨，没完没了，一再重复你毫无兴趣的话题，还越说越来劲。你勉强敷衍，焦急万分，极想对其下逐客令但又怕伤了感情，故而难以启齿。

但是，你"舍命陪君子"，就将一事无成，因为你最宝贵的时间，正在白白地被别人占有着。鲁迅先生说："无端的空耗别人的时间，无异于谋财害命。"任何一个珍惜时间的人都不甘任人"谋财害命"。

那要怎样对付这种说起来没完没了的常客呢？最好的对付办法是：运用高超的语言技巧，把"逐客令"说得美妙动听，做到两全其美；既不挫伤好话者的自尊心，又使其变得知趣。要将"逐客令"下得有人情味，可以参考以下方法：

1. 以婉代直

用婉言柔语来提醒、暗示滔滔不绝的客人：主人并没有多余的时间跟他闲聊胡扯。与冷酷无情的逐客令相比，这种方法容易被对方接受。

例一："今天晚上我有空，咱们可以好好畅谈一番。不过，从明天开始我就要全力以赴写职评小结，争取这次能评上工程师了。"这含意是：请您从明天起就别再打扰我了。

例二："最近我妻子身体不好，吃过晚饭后就想睡觉。咱们是不是说话时轻一点？"这句话用商量的口气，却传递着十分明确的信息：你的高谈阔论有碍女主人的休息，还是请你少来光临为妙吧。

2. 以写代说

有些"嘴贫"（北京方言，指爱乱侃）的人对婉转的逐客令可能会意识不到。对这种人，可以用张贴字样的方法代替语言，让人一看就明白。影片《陈毅市长》里有一位著名的科学家，在自家客厅里的墙上贴上了"闲谈不得超过三分钟"的字样，以提醒来客：主人正在争分夺秒搞科研，请闲聊者自重。看到这张字样，纯属"闲谈"的人，谁还会好意思喋喋不休地说下去呢？

根据具体实际情况，我们可以贴一些诸如"我家孩子即将参加高考，请勿大声喧哗"、"主人正在自学英语，请客人多加关照"等字样，制造出一种惜时如金的氛围，使爱闲聊者理解和注意。因为标语是写给所有来客看的，并非针对某一位，所以不会令某位来客有多少难堪。

3. 以热代冷

用热情的语言、周到的招待代替冷若冰霜的表情，使好闲聊者在"非常热情"的主人面前感到今后不好意思多登门。爱闲聊者一到，你就笑脸相迎，沏好香茗一杯，捧出瓜子、糖果、水果，很有可能把他吓得下次不敢贸然再来。你要用接待贵宾的高规格，他一般也不敢老是以"贵客"自居。

过分热情的实质无异于冷待，这就是生活辩证法。但以热代冷，既不失礼貌，又能达到"逐客"的目的，效果之佳，不言自明。

4. 以攻代守

用主动出击的姿态堵住好闲聊者登门来访之路。先了解对方一般每天几点到你家，然后你不妨在他来访前的一刻钟先"杀"上他家门去。于是，你由主人变成了客人，他则由客人变成了主人。你从而掌握交谈时间的主动权，想何时回家，都由你自己安排了。你杀上门去的次数一多，他就会让你给黏在自己家里，原先每晚必上你家的习惯很快会改变。一段时间后，他很可能不再"重蹈旧辙"。以攻代守，先发制人，是一种特殊形式的逐客令。

5. 以疏代堵

闲聊者用如此无聊的嚼舌消磨时间，原因是他们既无大志又无高雅的兴趣爱好。如果改用疏导之法，使他有计划要完成，有感兴趣的事可做，他就无暇光顾你家了。显然，以疏代堵能从根本上解除闲聊者上门干扰之苦。

怎样进行疏导呢？如果他是青年，你可以激励他："人生一世，多学点东西总是好的，有真才实学更能过上好生活，我们可以多学习学习，充实充实自己。"如果他是中老年，可以根据他的具体条件，诱导他培养某种兴趣爱好，或种花，或读书，或练书法，或跳迪斯科。"老张，您的毛笔字可真有功底，如果再上一层楼，完全可以在全县书法大奖赛中获奖！"这话一定会令他欣喜万分，跃跃欲试。一旦有了兴趣爱好，你请他来做客也不一定能请到呢！

接站宜早等候

无论是业务上的往来还是私人亲朋好友间感情的联系，互相拜访都是社交活动中重要的一环。你去拜访别人或客人来访时，你的一些行为举止表现出你的礼仪修养。事实上，你一个小小的举动，就可能改变别人对你的印象。比如说你不像你的客人那样有广博的知识，因此客人觉得好像找不到共同语言。但是，你一直在认真地听他说话，并默默地为他端茶送水，这样小小的动作让他感到你的真诚和礼貌，因此对你的印象很好，乐意与你做朋友。

现代的商务交往中，尤其要注意这一点，接待客人不当就可能断送生意，下面就是一个真实的例子：

泰国某政府机构为泰国一项庞大的建筑工程向美国工程公司招标。经过筛选，最后剩下 4 家候选公司。泰国派遣代表团去美国亲自与各家公司商谈。代表团到达芝加哥时，那家工程公司由于忙乱中出了差错，又没有仔细复核飞机到达时间，未去机场迎接泰国人。但是泰国代表团尽管初来乍到，不熟悉芝加哥，还是自己找到了芝加哥商业中心的一家旅馆。他们打电话给那位局促不安的美国经理。在听了他的道歉之后，泰国人同意在第二天 11 时在经理办公室会面。第二天美国经理按时到达办公室等候，直到下午三四点钟才接到客人的电话说："我们一直在旅馆等候，始终没有人前来接我们。我们对这样的接待实在不习惯。我们已订了下午的机票飞赴下一个目的地。再见吧！"

如果没有意识到待客之道的重要性，那些一开始也许是很有希望的商业活动很可能在瞬间化为泡影。这里的问题是，国际范围内的商务，可以毫不夸张地说是随着第一次见面的情况而决定成败的。礼节、礼仪或风度，不管你叫它什么，编织在我们的商业活动之中，就像一块精细的用手工编织的波斯地毯，如果抽去几根关键性的丝，整个图案会失色不少，甚至会面目全非。所以在商业交往中要时刻注意待客之道，给人留下良好的印象，以后的事也就好办得多。

日常生活中有个值得一提的问题就是送客时的礼仪，当我们离开他人的家时，如果自己刚踏出门外，对方就把门"砰"一声重重关上，即使先前受到相当热情的款待，也会觉得像被泼了一盆冷水，十分扫兴，这是很多人都有的体验。也许这只是主人的一时疏忽，但站在访客的立场，当然会怀疑自己是否不受欢迎。

所以，不管是在机场，还是在车站，接站人员都要时刻注意自己的礼仪表现，给客人一个好印象，让他有宾至如归的感觉。那么，如何接站呢？主要有以下几点要注意：

（1）对于贵宾，要备有其照片。

（2）准确掌握客人乘坐的飞机、火车、船舶抵达的时间，如有变化，应及时通知。对提前预订远道而来的客人，应主动到车站、码头、机场迎接。一般要提前15分钟赶到。

（3）在前往接站之前，接待人员应先行以大纸明显写出贵宾姓名，由接待人员拿着，以顺利接到贵宾。

（4）接待人员应熟悉各国人员对颜色的喜好。要考虑到不同国别的客人所能接受的服饰颜色的习惯。

（5）西方人在初次见面时的礼节习惯是拥抱、吻颊，应坦然接受，大方应对。而东方人，尤其是日本人一向多礼，在初次见面时，有时会送一份见面礼，所以，最好预先准备手提袋。

第七章　送礼的细节

送礼前，需考虑风俗禁忌

送礼要尊重对方的传统习俗，有很多人就是因为没有注意这一点，而闹得不欢而散的结局，使得该办的事情办不成。

所以，送礼前，应了解受礼人的民族习惯，免得送礼送出麻烦来。有个人去医院看望病人，带去一袋苹果以示慰问，哪知引出了麻烦。原来那位病人是上海人，上海人叫"苹果"跟"病故"二字发音相同。送去苹果，岂不是咒人病故？由于送礼人不了解情况，弄得不欢而散。

鉴于此，送礼时，一定要考虑周全，以免节外生枝。例如，别人结婚时，不要送钟，因为"钟"与"终"谐音，让人觉得不吉利；对文化素养高的知识分子，你送去一幅蹩脚的书画，就很没趣；给伊斯兰教徒，送去有猪的形象作装饰图案的礼品，可能会让人轰出来；给意大利人送菊花，给日本人送荷花，给法国人送核桃，都会引起外宾的反感。

再者，牛是印度教的圣物，你要送对方牛肉干会让他愤怒不已。在阿拉伯，初次见面时不送礼，否则会被视为行贿。依照阿拉伯习俗，用旧的物品和酒不能送人，特别不能送礼物给有商务往来的客户的妻子。在德国送礼，对礼品是否适当、包装是否精美要格外注意。玫瑰是专送情人的，绝不可送给其他人。应邀去法国人家用餐时，应送几枝不捆扎的鲜花，菊花在法国只在葬礼上才用。拉丁美洲国家的人不能送刀剪，否则认为友情的完结；手帕也不能作为礼品，因为它是和眼泪相联系的。美国人对礼品主要讲究实用性和奇特性。如果能送一些具有独特风格或民族特色的小礼品，美国人会很欢迎。例如，我国产的仿兵马俑，在美国人心中就是一种难得的礼品。此外，包装礼品时不要用黑色的纸，因为黑色在美国人眼里是不吉利的颜色。同时，要注意赠送礼物应在生意交谈结束的时候。拉丁美洲人喜欢美国生产的小型家用产品，比如厨房用具等。在拉美国家，征税很高的物品极受欢迎。给日本人送礼，不要一次送4样或9

样东西，因为"4"字在日文中与"死"谐音，而"9"则与"苦"字谐音。日本人喜欢中国的丝绸和名酒及中药，对一些名牌货也很喜欢。但对狐狸图案的东西则比较反感，因为狐狸是贪婪的象征，獾则代表狡诈。在日本，到普通百姓家做客，送菊花只能有15片花瓣，皇家徽章才有16瓣的菊花。给英国人送礼时，如果礼品价格很高，就会被误认为是一种贿赂。送一些高级巧克力、一两瓶名酒或鲜花，都能得到受礼者的喜欢。但要注意，最好不要送印有公司标记的礼品。公司若送礼，最好以老板和私人名义。

总之，送礼时，要考虑周全，以免节外生枝，造成不必要的麻烦。

在送礼的说法上大做文章

人人爱收礼，可是接受礼物有时候是勉为其难的。送礼，总要在说法上有个由头，才好送出去。用"师出有名"来形容送礼的时机最恰如其分了。节日、生日、婚礼等有意义的纪念日，或探视病人时，这都是送礼的最佳时机。因为这些时候送礼可以使收礼者不感到突兀，认为自然，容易接受。在西方国家，圣诞节是最重大的节日。圣诞节时，天真烂漫的孩子们为收到各种新奇的玩具而兴高采烈，以为这是圣诞老人送给他们的礼品。大人们之间常送些书籍、文具、巧克力糖或盆景等。探病大多是赠鲜花，有时也赠盆景。芬芳的花朵给人带来春天的气息，使病人获得精神上的安慰。礼物送得名不正、言不顺，那就会给双方都造成不好的后果。

所以，你在送礼时，一定要先找个理由，下面的几种方法可供你参考：

方法一：把理由说到对方的孩子身上

你可以说："东西是给孩子买的，和你没关系。别说是来找你办事，就是没这事，随便来串门儿还不一样应该给孩子买点东西吗?"

方法二：把理由说到对方老人身上

你可以说："你不用客气，这东西是给老爷子买的——老爷子身体最近还行吧……你方便时把东西给老爷子拎过去得了，我就不再过去专门看他了。"

方法三：把理由说到不在身边的爱人身上

你可以说："是啊，我也说找您办事用不着拿东西。可我爱人说啥也不干，非让我拿着不可。既然拿来了，就先搁这儿吧，要不然，我爱人准得埋怨我不会办事，回到家也交不了差。"

方法四：把理由说到托办事的朋友身上

你可以说："这东西是我朋友给你买的，我也没花钱，咱把事给他办了，就啥都有了，咱也不用太跟他（她）客气。"

方法五：把理由说到对方可能存在的损失上

你可以说："您给办事就够意思了，难道还能让您搭钱破费？这钱您先拿着，必要时替我打点打点，不够用时我再拿。"

方法六：把送给对方的钱说成是暂存在对方手里的

你可以说："我知道，咱们之间办事用不着钱，但万一需要打点，再找我拿钱就不赶趟了。所以，这钱先放你这儿，用上了就用，用不上到时候再给我不是一样吗？"

以上这六种说法都颇有人情味，对方听了也会觉得好受些，"有道理"把礼物收下，而没有明显拒绝的理由。在求人办事时，不妨参考这些理由，轻松地把礼送出去，办成你想办的事，取得极佳的效果。

抓住逢年过节送礼的时机

有很多人都知道在求人办事时应提前送礼，但苦于找不到合适的时机，其实逢年过节送礼就是一个不错的时机。中国悠久的传统文化，很大一部分都体现在节日上，如春节、元宵节、端午节、中秋节、重阳节、元旦等。另外如三八妇女节、五一劳动节、母亲节、父亲节、六一儿童节、教师节、国庆节等，也都被列入传统节日内。

逢年过节送礼尤其体现在求领导办事上，人们都明白求领导办事，不能临时抱佛脚，所以，最好能提前在节日上，表示一下自己的心意。打着节日的旗号，这样也名正言顺，让对方无法拒绝，自己的目的也容易达到。

小张是那种死要面子活受罪的人。凡事都讲面子，帮人积极主动，求人羞于启齿，人送绰号"莫不开"。他办事有自己的原则，自己能办的事绝不求人，自己不能办的事只好不办。但事与愿违，小张也有不得不求人的时候。连他自己也不清楚，在很多人托关系拉帮派竞争厂长的硝烟弥漫的战场上，一向退缩不前的他，竟被推举为英雄，当上了厂长。开初，他自己都不相信。但主管局长在选举前有言在先：民主选举，公开竞争，谁被选中不干不行，干不好也不行。

小张真为难了，一个既将倒闭的单位，虽然他有新产品的专利，但需要设备技术改进，这可是上百万元的差事。单位本身亏损，这笔费用怎么办？

小张面对职工上千双希望的眼睛，自己打不了退堂鼓，唯一的办法就是，找上级领导申请资金。

　　小张虽然办事不求人，但他也懂得人情世故，无论公事私事，都得向领导意思一下才成。他也是被逼无奈，为了公家的事，破了自己多年雷打不动的原则。

　　公事私办，他买好了礼品。其实领导就在他楼上住，每天都见面，但他还是觉得不太合适，犹豫几天，终于抓住中秋节这一机会，在妻子大力支持下，走上三楼，敲开了领导家的房门，以迎接中秋节为名，向领导表示祝福。

　　领导很高兴，以好烟好茶相待。随便聊几句，小张便如坐针毡，开口说话都觉喉咙发堵，支支吾吾几句，便告辞下楼。

　　回家后，妻子把他一顿数落。机不可失，时不再来，小张窝火一阵后，又安慰妻子："过几天是国庆，咱还有机会，下次你陪我去。"妻子埋怨道："节日一个接一个，总不能为了公事，我陪你送一辈子礼吧！"

　　说归说，做归做，国庆节，小张与妻子再次拜访领导，向领导祝福。

　　临别时，小张的妻子说明来意。局长眼皮都不眨就答应了他们的要求。事办成了。

　　过后，小张对妻子说："我终于明白有'礼'好办事的道理了。"

　　求领导办事，千万莫错过节日这个送礼的好机会。礼物不论轻重，节日中的吉祥祝福，几句关爱的话语，更是情义无价，更能让对方感动。有这样的基础，办事就不难了。

投其所好送礼物

　　送礼时还应讲究投其所好，把挑选出的礼品在适当的时候送给所求之人，才能使别人高兴，同时，送礼也要送得准，不能乱送，这样才能得到帮助。

　　张敬尧最初跟一个说书艺人学说书，在生活困难的时候还能耐住性子学说一段，后来看说书整天东跑西走很辛苦，就利用一个偶然的机会混进了北洋军队。

　　张敬尧虽胸无点墨，但耍嘴皮子却很有一套。凭着能说会道、投机钻营，很快由排长升为营长，但他还嫌不过瘾，竭力往上爬。看到别人一年年高升，自己"岿然不动"，他十分心焦，搜索枯肠，想着怎么钻袁世凯的门路。

　　也是一个偶然的机会，他意外获悉袁世凯的宠妾杨氏喜爱喝进口白兰地名酒，而且还是"海量"。这个消息，使他心花怒放，决心利用这一点敲开袁世凯的大门。再说杨氏这里，经常收到一箱箱不署名的人送的"白兰地"，过了有半个月时间，她暗中查访，才知道是有个叫张敬尧的营长送的，自然十分欢喜，亲自召见。张敬尧一见面，即满口"师母长""师母短"，把个杨氏溜得如登青云，内心甚喜。

从此，张敬尧通过杨氏算是在袁世凯那里挂了号，几年后竟升为旅长。

张敬尧之所以日后得以高升，全凭着投杨氏所好来送礼。因此，求人办事时不仅要送礼，而且要做到别出心裁地"会"送礼才行。

下面还有一个例子，也是说投其所好送礼的重要。

一次，英国女王伊丽莎白访问日本，有一项活动是访问 NHK 广播电台。当时 NHK 派出的接待人是该公司的常务董事野村中夫。他接到这个重大任务之后，便开始搜集有关女王的一切资料并且进行仔细研究，以便在与其初次见面的时候引起女王的注意而给女王留下深刻的印象。

于是，他开始绞尽脑汁在礼物上寻求突破点，可是一直都没有发现更好的办法。偶然之间，他有了一个新的发现，英国女王的爱犬是一种长毛狗，灵感就从这里来了。他马上跑到服装店特制了一条绣有女王爱犬图样的领带……

在迎接女王那天，他特意打上了这条领带。果然，女王一眼便注意到了这条领带，微笑着走过来和他握手。

野村所送的礼物是无形的，只是一种认同感。但是，正是这种认同感，切合了女王的心意。他用他的良苦用心，把自己的礼物送到了女王的心坎上，让女王感受到他的深深情意。求人办事，不能盲目鲁莽，以"礼"压人或以"礼"求人。要了解对方的兴趣爱好，投其所好，巧妙安排，这样对方才易于接受，办事也就十拿九稳了。

呈上礼物时，说一句谦和得体的话

语言的表达在送礼时特别的重要，平和友善的表情、落落大方的动作伴着你得体的语言表达，受礼方在不知觉中就接受了礼物。与那种做贼似的悄悄将礼品置于桌下或房间的某个角落的行为相比，这种效果肯定是最好的。

在我们几千年文明的国度里，一般来说，在呈上礼物时，送礼者应站着，双手把礼品递送到受礼人手中，并说上一句得体的话，这样送礼的效果自然好上加好。

一般而言，送礼时运用谦和得体的语言，会营造一种祥和的气氛，无形中增加相互间的友谊。但过分的谦虚最好避免，如"微薄""不成敬意"或"很对不起"等，这可能会引起对方的轻视。

送礼时，有人喜欢强调自己礼品的微薄，如"区区薄礼，不成敬意，请笑纳""这是我们的一点小心意，请收下"。其实，这种时候你完全可以说出自己在礼品上所花的心思，以表示自己的诚意，如"这是我特意为您挑选的"。

送礼时的话语一般应与送礼的目的吻合，如送生日礼物时说一句"祝您生日快乐"，送结婚礼物时说一句"祝两位百年好合"等，拜年送礼时可说一句"新年好"。

当然，如果在赠送时以一种近乎骄傲的口吻说"这可是很贵重的东西"也不合适。在对所赠送的礼品进行介绍时，应该强调自己对受赠一方所怀有的好感与情义，而不是强调礼品的实际价值。否则，就落至了重礼轻义的地步，甚至会让对方觉得你是在炫耀。这样以来对方即使接受了你的礼品也不会开心地给你办事。

有些人到对方家中拜访直到要离开时才想起该送的礼品，在门口拿出礼品时，受礼人却因为谦逊、客套而不肯接受，此时在门口推推扯扯，颇为狼狈。

避免这种情况的办法是：进到大门，寒暄几句就奉上礼品，这样就不会出现因为对方客套而不收礼的尴尬情形。如果错过了在门口送礼的时机，不妨等坐定后，在受礼人倒茶的时候送。此时，不仅不会打断原来谈话的兴头，反而还可增加一些话题，谈话进入氛围，你要办事情也就好办多了。

在求人办事时，一定要选择恰当的语言送出你的礼物，事情办好了，双方的关系还进一步地加强。

送礼可以走老人、孩子路线

求人办事，所求之人一般是年富力强的角色，刚好是"上有老，下有小"的年龄，所以在必要的时候，走一下老人、孩子路线，迂回接近目标，拉近彼此的感情，不失为一个好方法。

为什么走老人和小孩的路线比较好呢？

1. 老人、小孩容易接近

老人因体力虚乏在家休养，或因年岁高而退职在家，没有工作做，家务不让做，谈话是心里有而没处说（儿女上班少有时间；年辈相距，话难投机），因此，常常显得孤寂。如果有人主动接近老人，哪怕是暂时解除老人的孤寂，老人自然非常乐意。而小孩子纯朴，喜新好奇爱动，一句唐诗、一段故事、一个鬼脸、一声哄捧就能很快赢得小孩的亲近。

2. 掌握老人和孩子的心理，让他们喜欢和你接近

一般来说，老年人见多识广，阅历丰富，精神仓库里贮藏有大量感性或理性的"经验产品"，一有机会，他们总乐于滔滔倾诉，希望能影响、感动后人，获得人生些许的慰勉。因此，老人的生理、心理便表现出极大限度的和善、平易。尤其对于年轻人，他们总乐于主动招呼、热情交谈。至于小孩，若你真诚地以童心相待，带给小孩新奇欢乐，小孩会立刻把你当成"快活大王"或"英雄人物"般崇拜、亲近。

3. 通过老人、小孩达到融洽全家的目的

老人是长者，而中国人有敬老、尊老、孝老的传统。假如老人心悦神怡，全家随之活跃和愉快。况且现代家庭小孩多是"独苗"，家里人更是哄捧宠爱，如果能和小孩玩在一块，家庭融洽自是水到渠成。

但是走老人、孩子路线也需要注意下面几点：

1. 多了解和积累有关老人和小孩的知识

了解老人、小孩，除了感性的调查、观察之外，平时也应适当地作些理性积累，通过报纸杂志、电视电影等，积累有关老年健身知识、休闲知识、小孩游戏知识、智力故事等，以便到时"妙手偶得，借题发挥"。

2. 主动套近乎，消除陌生感

进入一个家庭，见到老人、小孩，要想见一面便产生"一见如故"的融洽气氛，登门人应该主动引出话题打开话匣，而不应该等待家庭一方（老人、小孩）搜寻话题勉强问答。你主动开口，能表示亲近，消除陌生感。

3. 态度要谦虚、谨慎

对老人务必态度谦恭、心性美善、行为礼让。这一方面表现你的虚心、诚实，一方面显出你对长者的尊重、敬仰。和小孩交往，必须因情因境，投其所好，把握分寸。要用忠诚、童稚去换取欢悦，千万不能居高临下、装腔作势、虚情假意。

求人办事必须灵活多变。遇到办事不顺之时，不妨多想想，动动他孩子的脑筋，打一打老人家的主意，这是不可忽视的获取好感、打通关系的绝妙办法。